Basistextseite

① Einstiegskasten
Hier wird dir gezeigt, mit welchem Inhalt sich diese Seite beschäftigt.

② Lernwörterbox
Die wichtigsten Begriffe werden hier für dich gesammelt. Viele von ihnen findest du außerdem im Lexikon.

③ Merk dir!
Die wichtigsten Inhalte werden am Ende der Seite für dich zusammengefasst.

④ Arbeitsaufträge
Leichte (grün) und schwierigere (rot) Arbeitsaufträge unterstützen dich beim selbstständigen Lernen und helfen dir, Wissen anzueignen und anzuwenden.

Natur und Technik

Biologie

Differenzierende Ausgabe
Niedersachsen

5|6

Cornelsen

Natur und Technik
Biologie

Autorinnen und Autoren: Monika Bartels-Eder, Ebenhausen; Ekkehard Darge, Oldenburg; Elke Dröge, Bochum; Susanne Heise, Leipzig; Michael Jütte, Dortmund; Dr. Walter Kleesattel, Schwäbisch Gmünd; Cornelia Pätzelt, Borgholzhausen; Dr. Jutta Rach, Münster; Ulrike Reinold, Vaterstetten; Elfriede Schöning, Stade; Dr. Julia Schwanewedel, Kassel; Karl-Heinz Werner, Klein Nordende

Redaktion: Christine Amling, Ulrike Reinold

Beraterinnen und Berater: Elfriede Schöning, Hans Tüllmann, Franz Walz

Bildrecherche: Kathrin Kretschmer, Berlin

Illustration und Grafik: diGraph, Lahr; Peter Hesse, Berlin; Kurt Krischke, Marbach; Jörg Mair, München; Karin Mall, Berlin; Tom Menzel, Rohldorf; Heike Möller, Rödental; Lutz-Erich Müller, Leipzig; Hans Wunderlich, Berlin

Layoutkonzept: Rosendahl Grafikdesign, Berlin
Technische Umsetzung: Rosendahl Grafikdesign, Berlin; zweiband.media, Berlin
Umschlaggestaltung: SOFAROBOTNIK GbR, Augsburg und München

www.cornelsen.de

1. Auflage, 1. Druck 2011

Alle Drucke dieser Auflage sind inhaltlich unverändert und können im Unterricht nebeneinander verwendet werden.

Druck: CS-Druck CornelsenStürtz, Berlin

ISBN 978-3-06-014636-9

Inhalt gedruckt auf säurefreiem Papier aus nachhaltiger Forstwirtschaft.

Inhalt

My 1st
Barbados
T-SHIRT
POSS

Kennzeichen der Lebewesen

Vorsichtig kommt die Rennmaus aus ihrem Schlafhäuschen. Jetzt richtet sie sich halb auf, schaut umher und putzt sich. Sie sieht eine Karotte und nagt daran. Gleich darauf rennt sie zurück in ihr Haus – irgendetwas hat sie erschreckt. Eine Rennmaus ist natürlich ein Lebewesen. Oft ist es leicht, ein Lebewesen zu erkennen. Manchmal ist das aber auch schwierig. Der Biologe kann anhand von bestimmten Kennzeichen erkennen, ob es sich um ein Lebewesen handelt oder nicht. Diese Kennzeichen lernst du hier kennen.

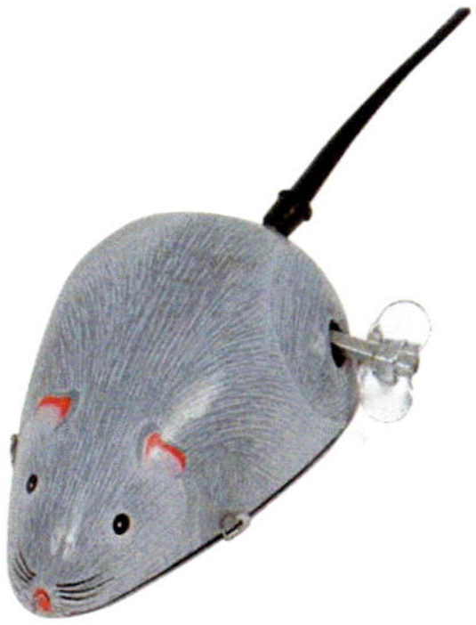

1 Rennmaus und Spielzeugmaus sehen auf den ersten Blick recht ähnlich aus. Findest du Unterschiede zwischen den beiden? (Siehe Seite 11.)

2 Die Venusfliegenfalle reagiert auf Berührung. Bedeutet das, dass Pflanzen Lebewesen sind? (Siehe Seite 12.)

3 Der Pullover passt nicht mehr. Bist du schon wieder gewachsen? (Siehe Seite 14.)

4 Es gibt Lebewesen und Gegenstände. Woran kann man sie unterscheiden? (Siehe Seite 16.)

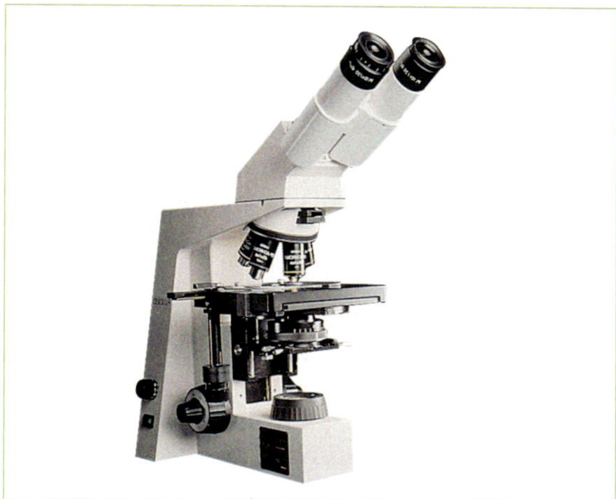

5 Viele Dinge sind mit dem bloßen Auge nicht mehr zu erkennen. Wie lässt sich die Welt des Kleinen erkunden? (Siehe Seite 18.)

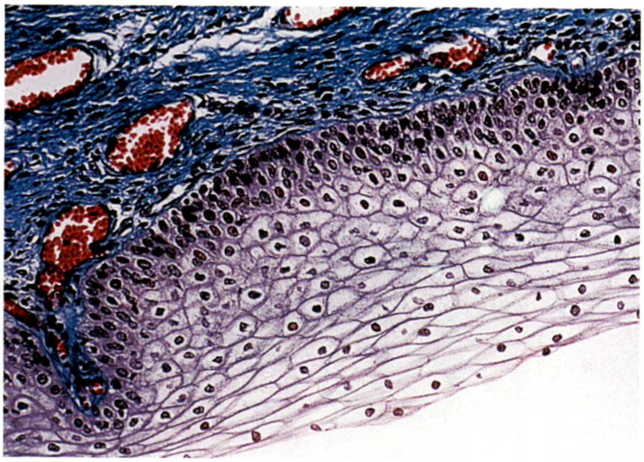

6 Alle Lebewesen bestehen aus Zellen. Welche Gemeinsamkeiten und Unterschiede gibt es zwischen Pflanzen und Tieren? (Siehe Seite 20.)

Jeder aus der Klasse will unbedingt Ronny streicheln. Ronny ist die zutraulichste Rennmaus im Käfig auf der Fensterbank im Biologiesaal. Wie groß sind Rennmäuse? Was und wie fressen sie? Wie verhalten sich Rennmäuse?

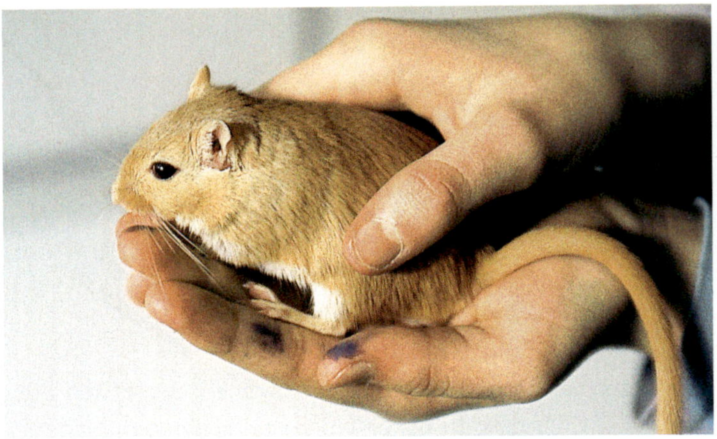

1 So trägt man eine Rennmaus.

Rennmäuse im Haus und im Freiland

Die Heimat der Rennmaus

Die Mongolische **Rennmaus** stammt aus den trockenen Steppen Zentralasiens. → 2 Dort wird es im Sommer oft bis zu 35 °C heiß. Die Winter sind bis - 40 °C kalt.

Lebensweise

Rennmäuse leben in Familien zusammen. Sie können gut laufen, klettern und springen. Immer wieder richten sie sich auf ihren Hinterbeinen auf und sichern die Umgebung ab. Unter Wurzeln von Sträuchern und Gräsern legen sie ausgedehnte Gangsysteme an.

2 Rennmaus im Freiland

Nahrung

Die Rennmaus frisst Gräser, Blätter, Früchte und Wurzeln, aber auch Insekten und Würmer. Das Wasser, das in der Nahrung enthalten ist, reicht den Tieren aus. Sie brauchen also nicht zu trinken. Dies ist eine Angepasstheit an den trockenen Lebensraum der Rennmaus. In der Steppe findet man keine freien Wasserstellen.

Feinde

Greifvögel, Schlangen und Wüstenfüchse machen Jagd auf Rennmäuse. Sobald eine Rennmaus einen Feind erkennt, rennt sie schnell zum Baueingang. Durch Trommeln mit den Hinterbeinen warnt sie die anderen Familienmitglieder.

Fortpflanzung

Rennmäuse vermehren sich rasch. Die Jungtiere entwickeln sich im Mutterleib. Bei der Rennmaus dauert die Tragzeit 23 bis 26 Tage. Dann gebären die Weibchen bis zu 12 Junge. → 3

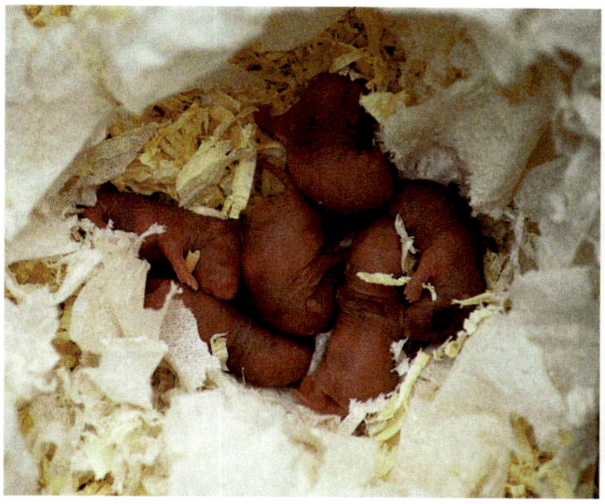

3 Neugeborene Rennmäuse im Nest

4 Drei Wochen alte Rennmäuse

Säugen

Bei der Geburt sind die Jungen nackt und blind. Sie suchen sofort die Zitzen der Mutter, um daran zu saugen. Zitzen sind die Austrittsöffnungen der Muttermilch. Die Mutter säugt ihre Jungen mit Muttermilch.

Entwicklung

Erst nach einer Woche beginnen die Haare zu wachsen. Bis das Fell dicht ist, vergeht eine weitere Woche. → 4 Nach etwa 5 bis 6 Wochen entwöhnt sie die Mutter von der Milch. Von nun an müssen die Jungen Körner, Samen und Früchte nagen.

→ Merk dir! Rennmäuse leben über und unter der Erde. Sie ernähren sich von Früchten und Körnern. Die Jungen werden von der Mutter gesäugt.

Arbeitsaufträge

1. Damit Ronny sich wohlfühlt, muss der Käfig so ausgestattet sein, dass er dem natürlichen Lebensraum ähnelt. Lies dazu noch einmal den Text.

- **a** Nenne die Dinge, die Ronny in seinem Käfig unbedingt braucht.
- **b** Fertige eine Zeichnung an, die deinen Käfig zeigt.

2. Vergleiche alle abgebildeten „Mäuse". → 5 Prüfe sie dabei auf die nebenstehenden Kennzeichen. Trage die Ergebnisse in eine Tabelle in dein Heft ein.

Kennzeichen:
Bewegung?
Ernährung?
Wachstum?
Reaktion auf Reize?
Fortpflanzung?

5 Verschiedene „Mäuse"

Eine Pflanze rennt nicht flink umher wie eine Rennmaus. Sie schnüffelt nicht an der Futterschale und frisst keine frischen Möhren. Eine Pflanze säugt auch keine Jungen.
Sind Pflanzen trotzdem Lebewesen?

1 Ackerwinde

Sind auch Pflanzen Lebewesen?

Die Rosskastanie im Stadtpark
Der große Baum ist aus einem Samen entstanden, der von einer anderen Rosskastanie abgefallen ist (Fortpflanzung). → 2 Im Laufe von vielen Jahren ist der Baum herangewachsen (Wachstum). Jedes Jahr bildet er Blätter, die im Herbst abfallen (Stoffwechsel). → 3 Wenn sich im nächsten Frühjahr die Knospen öffnen, wenden sich die jungen Blätter dem Licht zu (Reizbarkeit). → 4, 5

2 Rosskastanie

3 Blätter der Rosskastanie

4 Knospen der Rosskastanie

5 Blüten der Rosskastanie

6 Ackerwinde durchbricht den Asphalt.

7 Kennzeichen der Ackerwinde

Die Ackerwinde keimt und wächst

Durch ein Loch im Asphalt wächst eine Ackerwinde. → 6 Bevor der Asphalt aufgetragen wurde, hatte der Wind Samen herangetragen. Unter der Asphaltdecke konnte der Samen keimen. Nun durchbricht die junge Pflanze den Asphalt und gelangt dabei ans Licht. Im Laufe des Sommers wird sie immer weiterwachsen und sich dabei verzweigen. Findet die Ackerwinde eine Stütze, klettert sie daran empor. → 7

Auch bei allen anderen **Pflanzen** kannst du die Kennzeichen des Lebens entdecken. Pflanzen gehören daher zu den Lebewesen wie die Tiere.

→ **Merk dir!** Auch Pflanzen sind Lebewesen. Sie zeigen die Kennzeichen des Lebens: Bewegung, Stoffwechsel, Reizbarkeit, Wachstum und Entwicklung sowie Fortpflanzung – wie die Tiere.

Arbeitsaufträge

1. Betrachte die Abbildungen 6 und 7 und lies den Text dazu genau durch.
   a Versuche anhand der Abbildungen und des Textes Merkmale herauszufinden, an denen du die Ackerwinde als Lebewesen erkennst. Schreibe zu den Merkmalen jeweils einen Satz in dein Heft.
   b Begründe nun, warum die Pflanze Ackerwinde ein Lebewesen ist.

2. Betrachte das Foto der Rose. → 8
Erkläre, an welchen Merkmalen du feststellen kannst, ob sie echt ist.

8 Echte Rose oder Kunstrose?

Am Sonntag war Familienfest. Oma hatte Geburtstag. Natürlich sagte Opa wie immer, als er die Enkel in den Arm genommen hatte: „Was bist du groß geworden!" Es gab reichlich zu essen. Der Kuchen duftete und munter wurde an der Kaffeetafel geplaudert. Welche Kennzeichen der Lebewesen zeigen die Geburtstagsgäste?

1 Familienfest

Der Mensch als Lebewesen

Menschen zeigen Kennzeichen der Lebewesen

Auf der Erde leben ungefähr 6,6 Milliarden **Menschen**. Sie wohnen auf unterschiedlichen Erdteilen in der Stadt oder auf dem Land. → 2 Aber trotzdem haben sie vieles gemeinsam. Wie du atmen alle Menschen den Sauerstoff der Luft, sie müssen Nahrung zu sich nehmen und trinken. Beim Essen nehmen wir alle Stoffe auf, die wir zum Leben brauchen. Unverdauliche Reste werden ausgeschieden.

Wachsen und Älterwerden

Alle Kinder wachsen und werden älter. Dabei durchlaufen sie verschiedene Wachstums- und Altersstufen. Besonders Kinder sind bei ihrer Entwicklung auf die Hilfe anderer Menschen angewiesen. Man unterscheidet die Entwicklungsstufen Kleinkind, Kind, Jugendlicher und Erwachsener. Viele bekommen im Erwachsenenalter Nachkommen, die ihnen ähneln. So haben viele Kinder die gleiche Augenfarbe wie ihre Mutter oder die Nasenform von ihrem Vater. → 3

2 Menschen – verschieden und doch gleich

3 Familie

4 Mithilfe der Sinnesorgane finden wir uns zurecht.

Sichzurechtfinden

Auch Menschen müssen sich in ihrer Umgebung orientieren können. Wenn wir über eine stark befahrene Straße gehen wollen, helfen uns unsere Augen und unsere Ohren, damit wir uns zurechtfinden. → 4 Bei der Auswahl von Nahrung helfen uns Nase und Zunge.

> **→ Merk dir!** Der Mensch nimmt Stoffe auf und scheidet Stoffe aus. Er wächst und bekommt Kinder. Mithilfe von Augen und Ohren findet er sich zurecht. Am Menschen lassen sich also alle Kennzeichen der Lebewesen beobachten: Bewegung, Stoffwechsel, Reizbarkeit, Wachstum und Fortpflanzung.

Arbeitsaufträge

Alle Menschen weisen den gleichen Körperbau auf. Nenne Merkmale, die bei verschiedenen Menschen unterschiedlich sind. → 5, 6

1. Der Mensch ist auf den Kontakt mit anderen Menschen angewiesen. Gib an, wobei du andere Menschen brauchst.

2. Hätte sich Frau Maier bei der Auswahl eines Geschenks nicht für ein Parfüm, sondern für einen Schal oder eine CD entschieden, hätte sie das Geschenk mit anderen Sinnesorganen geprüft. → 7 Beschreibe, mit welchen Sinnesorganen wir unsere Umwelt prüfen.

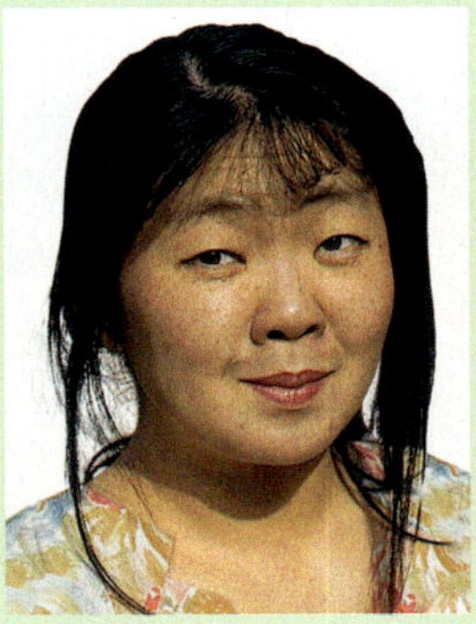

5 Asiatin

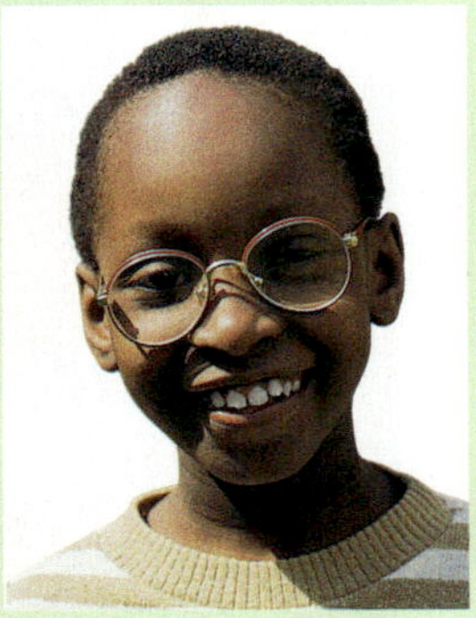

6 Afroamerikaner

7 Bei der Parfümauswahl

Die Puppe von Annas kleiner Schwester ist wie ein richtiges Baby: Sie kann trinken, in die Windel machen, essen und aufs Töpfchen gehen, weinen und quietschen. Sie ist voll beweglich und kann auch gebadet werden. Wenn man ihr ihren Schnuller in den Mund steckt, schließt sie die Augen.
Ist die Puppe ein lebendiges Baby? Woran kannst du ein Lebewesen erkennen?

1 Eine Puppe – fast wie ein richtiges Baby?

Kennzeichen der Lebewesen

Lebewesen und Gegenstände

Anhand von Kennzeichen können Biologen Lebewesen erkennen. Nur wenn alle Kennzeichen vorhanden sind, spricht man von einem Lebewesen. Gegenstände können einzelne Eigenschaften von Lebewesen besitzen, aber nicht alle zusammen.

Bewegung durch eigene Kraft

Rennmäuse können graben, laufen und springen. Die Spielzeugmaus braucht dazu einen Motor. Die Rennmaus bewegt sich durch eigene Muskelkraft. → 2

Reizbarkeit

Beim Rennen hält die Rennmaus immer wieder an, schnuppert und horcht. Willst du sie festhalten, flüchtet sie. Lebewesen können Reize aus der Umwelt aufnehmen und entsprechend reagieren. Lebewesen zeigen **Reizbarkeit.** → 3

Stoffwechsel

Rennmäuse müssen fressen. Sie nehmen ihre Nahrung auf. Aus den in der Nahrung enthaltenen Nährstoffen gewinnen Rennmäuse Energie. Die Nährstoffe werden auch

2 Lebewesen sind durch Bewegung …

3 … und Reizbarkeit gekennzeichnet.

4 Auch Stoffwechsel, Wachstum, Entwicklung, Fortpflanzung und Vererbung kennzeichnen Lebewesen.

als notwendige Baustoffe für das Wachstum benötigt. Die Stoffaufnahme, den Stoffumbau im Körper und das Ausscheiden von nicht verwertbaren Abfallstoffen nennt man **Stoffwechsel.** → **4**

Wachstum und Entwicklung

Eine Rennmaus wiegt bei der Geburt etwa drei Gramm. Durch ihren Stoffwechsel wächst sie rasch heran. Während ihrer **Entwicklung** wird sie ihren Eltern immer ähnlicher. Nach drei Wochen kann sie sich selbstständig ernähren. Die aufgenommene Nahrung benötigt die junge Rennmaus, um zu wachsen. Mit etwa zwölf Wochen ist die Rennmaus ausgewachsen.

Fortpflanzung und Vererbung

Nach zwölf Wochen sind Rennmäuse geschlechtsreif. Sie können sich fortpflanzen und nun selbst Junge bekommen. Die Nachkommen gleichen in vielen Eigenschaften ihren Eltern. Diese Eigenschaften werden von den Eltern auf die Nachkommen vererbt.

→ **Merk dir!** Tiere, Pflanzen und Menschen sind Lebewesen, die sich in folgenden Kennzeichen von den unbelebten Dingen der Natur unterscheiden: Bewegung, Stoffwechsel, Reizbarkeit, Wachstum und Entwicklung sowie Fortpflanzung und Vererbung.

Arbeitsaufträge

1. Sammle Abbildungen von Tieren. Fertige dazu Steckbriefe an, die du im Biologieraum an der Pinnwand befestigst.

2. Entzünde eine Kerze und beobachte die Flamme. Beantworte mithilfe deines Wissens über Kennzeichen von Lebewesen folgende Frage: Lebt die Kerzenflamme?

3. Entscheide, ob es sich bei einem Vogelei um ein Lebewesen handelt, und begründe deine Entscheidung. → **5**

5 Vogeleier

Beobachten mit dem Mikroskop

Manche Dinge sind so klein, dass man sie mit dem bloßen Auge kaum oder gar nicht erkennen kann. Diese „Welt der kleinen Dinge" ist aber größer, als man denkt. Mithilfe eines Mikroskops kannst du viele Geheimnisse dieser Welt erkunden.
Um mit dem Lichtmikroskop arbeiten zu können, musst du seine einzelnen Bestandteile genau kennen und mit ihnen umgehen können.

1 Arbeit mit dem Mikroskop

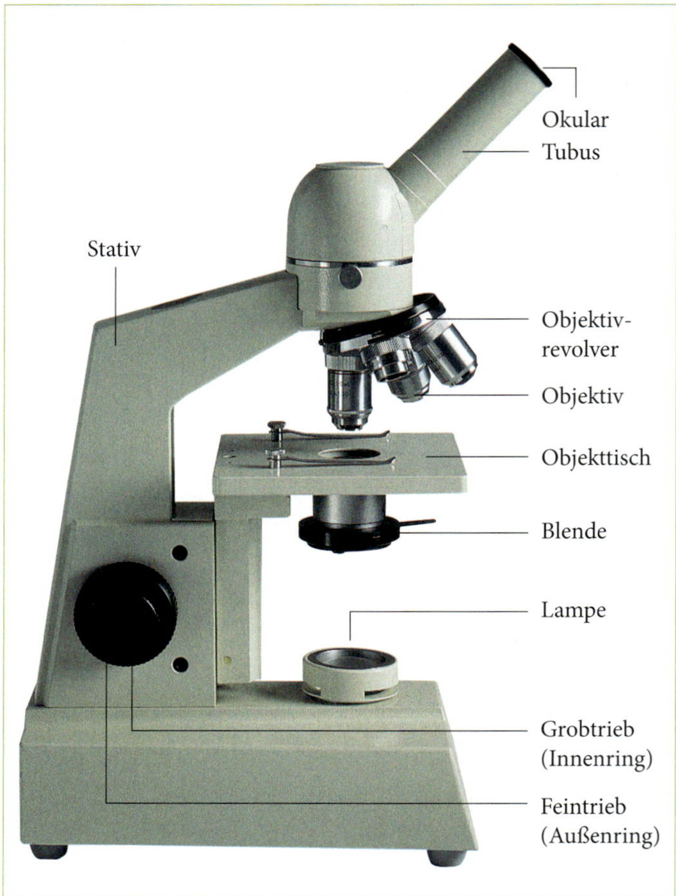

2 Lichtmikroskop

Okular	Es vergrößert das Bild des zu untersuchenden Objekts.
Tubus	Er verbindet Okular und Objektiv.
Objektivrevolver	Durch Drehen des Revolvers werden ein anderes Objektiv und damit eine andere Vergrößerung eingestellt.
Objektiv	Es liefert ein vergrößertes Bild des Objekts. Die Vergrößerung ist umso größer, je länger das Objektiv ist.
Objekttisch	Das zu untersuchende Objekt wird hier abgelegt und mit Halteklammern befestigt.
Blende	Sie reguliert die Helligkeit und den Kontrast des Bildes.
Grobtrieb, Feintrieb	Hiermit lässt sich der richtige Abstand zwischen Objektiv und Objekt einstellen und man erhält ein scharfes Bild.
Lampe	Sie liefert das nötige Licht zur Durchleuchtung des Objekts.
Stativ	An ihm sind die einzelnen Teile befestigt. Das Stativ dient als Tragegriff.

Wie ermittelt man die Vergrößerung des Mikroskops?

Die Zahl auf dem Objektiv gibt an, wievielmal das Bild des Objekts vergrößert wird. Die Zahl auf dem Okular zeigt, wievielmal das Bild zusätzlich durch das Okular vergrößert wird. Wenn du beide Zahlen miteinander multiplizierst, erhältst du die Gesamtvergrößerung.

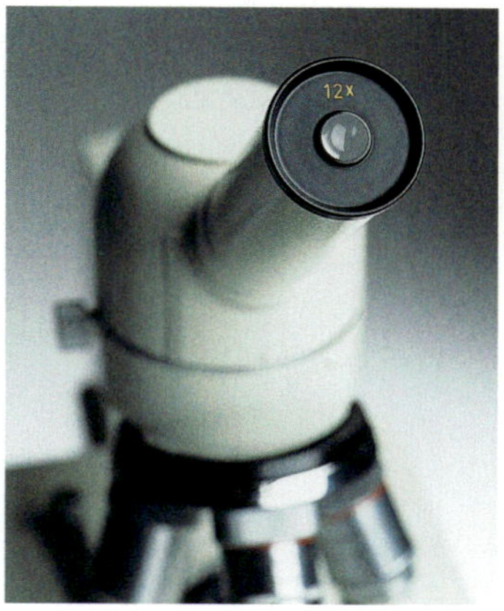

3 Okular

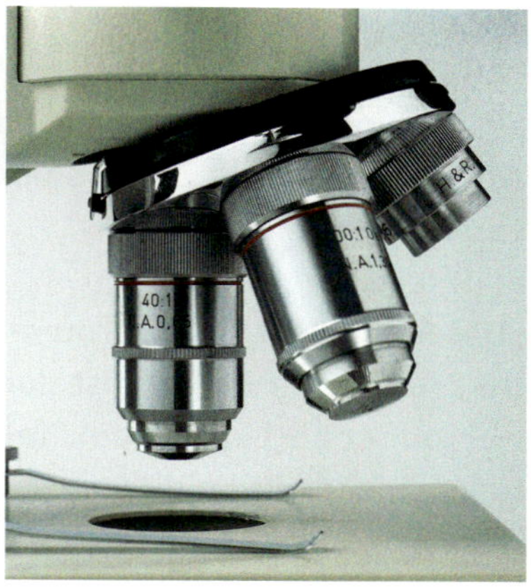
4 Objektiv

Wichtige Schritte beim Mikroskopieren

Schritt 1 Fasse das Mikroskop immer nur am Stativ an und trage es grundsätzlich aufrecht. Berühre die Linsen niemals mit den Fingern. Entferne Schmutz immer mit einem Reinigungstuch.

Schritt 2 Drehe den Objekttisch am Grobtrieb so weit wie möglich nach unten. Lege nun den Objektträger mit deinem Objekt auf den Objekttisch und schiebe ihn unter die Halteklammern. Schalte die Beleuchtung ein.

Schritt 3 Um dein Objekt richtig betrachten zu können, beginne immer mit der kleinsten Vergrößerung, also dem kürzesten Objektiv. Drehe dazu immer am Objektivrevolver, nie am Objektiv selbst.

Schritt 4 Schließe die Blende, während du durch das Okular schaust. Du siehst, wie sich das ausgeleuchtete Feld verkleinert. Den besten Kontrast erreichst du, wenn du die Blende so weit öffnest, dass die Ränder gerade aus dem Sichtfeld verschwinden.

Schritt 5 Beim Einstellen der nächsthöheren Vergrößerung wiederholst du die Schritte 2 bis 4.

Schritt 6 Du beendest das Mikroskopieren, indem du das Objekt vom Tisch nimmst. Stelle das kleinste Objektiv ein und schalte die Lampe aus. Stelle das Mikroskop an seinen Aufbewahrungsort zurück.

Arbeitsaufträge

1. Klebe ein Haar mit durchsichtigem Klebeband auf einen Objektträger. Achte darauf, dass sich in dem Bereich, den du mikroskopieren willst, kein Klebeband befindet.
2. Mikroskopiere das Präparat mit unterschiedlichen Vergrößerungen und zeichne einen Ausschnitt auf ein DIN-A4-Blatt.
3. Du wählst für die Betrachtung deines Haarpräparats das Objektiv mit der Aufschrift 40×. Auf dem Okular steht 10×. Berechne die Gesamtvergrößerung.

„Alle Lebewesen bestehen am Anfang ihres Lebens aus nur einer Zelle und die Zellen sind eigentlich alle gleich groß", erklärt Aylin. „Das kann nicht sein", protestiert Alex. „Der Blauwal ist doch viel größer als ein Marienkäfer!" Haben vielleicht beide recht?

1 Bestehen Blauwal und Marienkäfer aus Zellen?

Alle Lebewesen bestehen aus Zellen

Grundbaustein aller Lebewesen

Alle Pflanzen und Tiere sind aus **Zellen** aufgebaut. Zellen von Pflanzen und Tieren sind ungefähr gleich groß. Eine Zelle ist ein bis zehn Mikrometer groß. → 2 Ein Mikrometer (µm) entspricht einem Tausenstelmillimeter. Große und kleine Lebewesen, wie Wal und Marienkäfer, unterscheiden sich also lediglich in der Zahl ihrer Zellen. Eine Zelle entsteht niemals neu: Zellen können nur durch Teilung bereits vorhandener Zellen entstehen.

Pflanzenzelle

Wenn man ein Blättchen der Wasserpest unter dem Mikroskop betrachtet, erkennt man viele abgerundete Vier- bis Sechsecke. → 2, 3 Sie liegen dicht beieinander und bilden Reihen. Das sind die Zellen. Erkennbar sind die **Zellwände**, die der Zelle ihre feste Gestalt geben. Das **Zellplasma** füllt die Zellen aus. Das Zellplasma ist von einem dünnen Häutchen, der **Zellmembran**, umgeben. Da sie ganz dicht an der Zellwand anliegt, kann man sie im Mikroskop aber nicht

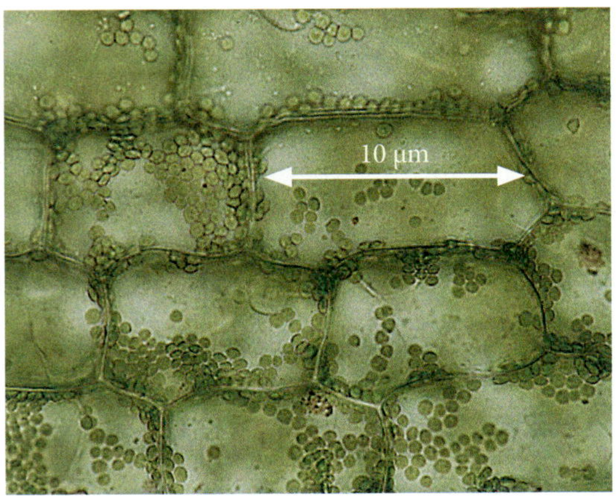

2 Pflanzenzellen im Mikroskop

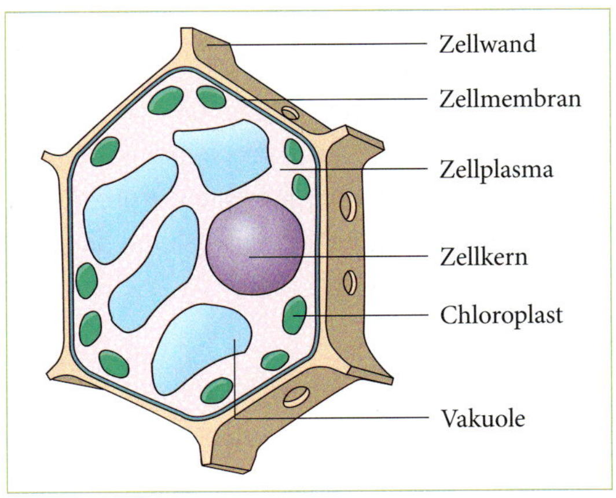

3 Schema einer Pflanzenzelle

Zelle
Zellkern
Zellmembran
Zellplasma
Zellsaftraum
Zellwand

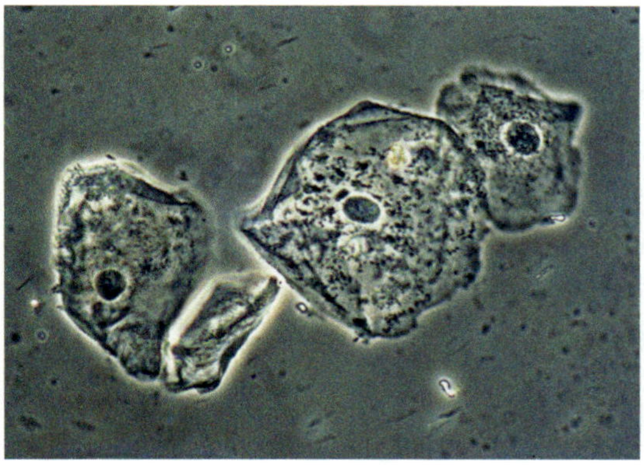

4 Tierzelle im Mikroskop

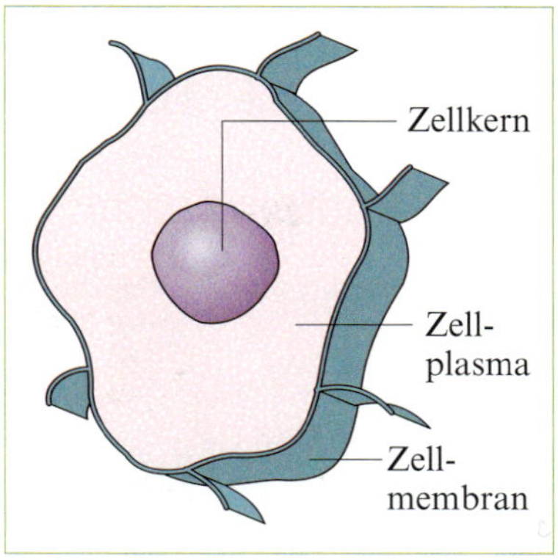

5 Schema einer Tierzelle

erkennen. Im Zellplasma liegt der **Zellkern.** Weiter sind in einer Pflanzenzelle ein **Zellsaftraum** (Vakuole) und in grünen Pflanzenteilen zusätzlich die Zellmembran zu erkennen. → **2, 3**

Tierzelle

Auch die Zellen der Tiere und des Menschen besitzen eine Zellmembran, Zellplasma und einen Zellkern. Sie haben aber keine Vakuole, keine Blattgrünkörner und auch keine Zellwand. Bei den Zellen der Mundschleimhaut kannst du daher die dünne Zellmembran erkennen. → **4, 5**

> → **Merk dir!** Die Grundbausteine aller Lebewesen heißen Zellen. Alle Pflanzen und Tiere sind daraus aufgebaut. Die Zelle ist ein wesentliches Kennzeichen der Lebewesen.

Arbeitsaufträge

1. Übernimm die Abbildungen 3 und 5 möglichst exakt in dein Heft und beschrifte sie.

2. Vergleiche Pflanzenzelle und Tierzelle. Stelle Gemeinsamkeiten und Unterschiede in einer Tabelle zusammen.

3. Untersuche Zellen deines eigenen Körpers:
- **a** Schabe dazu von der Innenseite deiner Wange mit einem Teelöffel etwas Mundschleimhaut ab.
- **b** Gib mit einer Pipette einen Tropfen Wasser auf einen Objektträger und bringe die Mundschleimhaut ein. Decke dein Präparat mit einem Deckgläschen ab. → **6**
- **c** Mikroskopiere dein Präparat und zeichne, was du siehst.

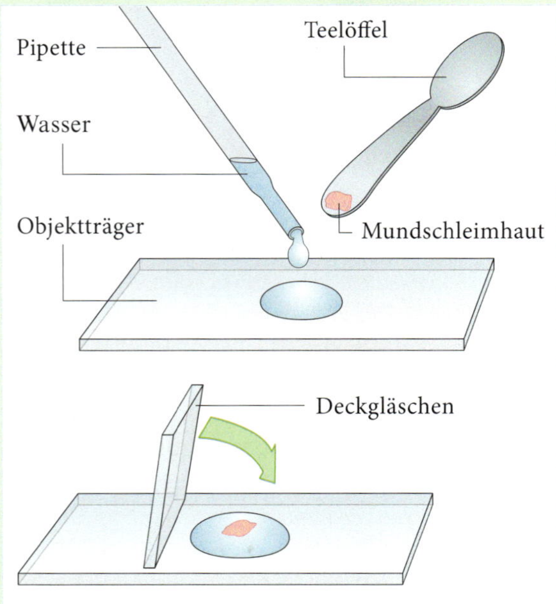

6 Versuchsdurchführung

Zellen – bunt und vielgestaltig

1. Pflanzenzellen – immer gleich?

1 Dreimasterblume

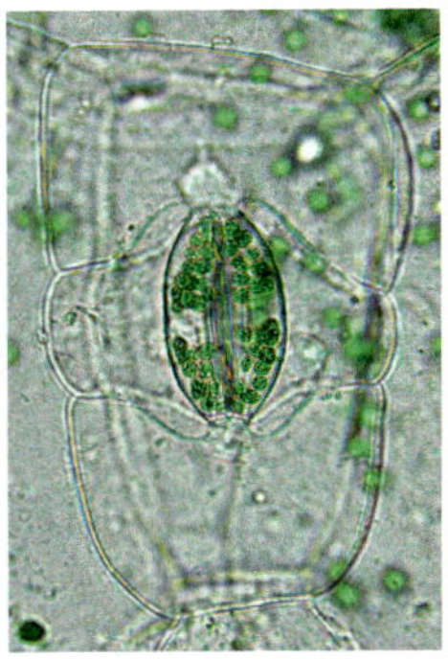

2 Spaltöffnungzelle

Ihr braucht: Dreimasterblume, Mikroskop, Objektträger, Deckgläschen, Pipette, Pinzette.

Brich ein Blatt der Dreimasterblume vorsichtig durch, sodass die Blattunterseite innen liegt. Die unterste Zellschicht bleibt dabei an einigen Stellen intakt.

Schiebe die beiden Blatthälften aneinander vorbei, sodass du die Fasern der untersten Zellschicht mit der Pinzette abziehen kannst.

Tropfe mit der Pipette Wasser auf den Objektträger und lege die abgezogenen Fasern hinein. Lege ein Deckgläschen auf.

a Mikroskopiere dein Präparat wie bei der Methode „Beobachten mit dem Mikroskop" beschrieben.
b Untersuche, ob alle Zellen auf der Blattunterseite gleich sind. Suche besonders nach den Zellen aus Abbildung 2. Diese Zellen heißen Spaltöffnungszellen. Mit ihrer Hilfe kann die Pflanze ihren Wasserhaushalt regulieren. Zeichne dein Präparat.
c Beschrifte deine Zeichnung.

2. Wieso sind Tomaten rot?

3 Tomaten

Ihr braucht: Tomaten, Präpariernadel, Mikroskop, Objektträger, Deckgläschen, Messer.

Schneide eine Tomate mit dem Messer in mehrere Teile.

Schabe mit der Präpariernadel einen Teil des Fruchtfleisches ab und verteile es auf dem Objektträger. Lege ein Deckgläschen auf.

a Mikroskopiere dein Präparat wie bei der Methode „Beobachten mit dem Mikroskop" beschrieben.
b Zeichne dein Präparat. Achte besonders auf die farbigen Anteile in den Zellen.
c Beschrifte deine Zeichnung. Die farbigen Bestandteile heißen Chromoplasten.
d Beantworte die Frage: Wieso sind Tomaten rot?

3. Steine in der Birne?

4 Aufgeschnittene Birne

Ihr braucht: Birnen, Messer, Präpariernadel, Mikroskop, Objektträger, Deckgläschen.

Zerteile eine Birne mit dem Messer in mehrere Teile.

Schabe einen Teil des Fruchtfleisches ab und verteile es auf dem Objektträger.

> **→ *Achtung:*** *Nun wird vom Lehrer ein Tropfen Phloroglucin-Salzsäure (ätzend, Färbemittel) hinzugetropft.*

Lege ein Deckgläschen auf.

a Mikroskopiere dein Präparat wie bei der Methode „Beobachten mit dem Mikroskop" beschrieben.

b Zeichne dein Präparat. Achte besonders auf die gefärbten Zellen. → **5** Das Färbemittel Phloroglucin-Salzsäure färbt die pflanzliche Zellwand rot.

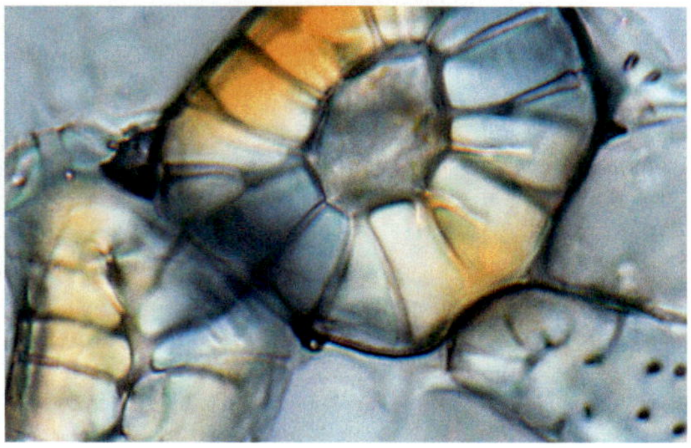

5 Steinzellen

c Beschrifte deine Zeichnung.

d Beim Kauen einer Birne kann man kleine Körner im Mund spüren. Erkläre diese Beobachtung.

4. Zellen im Blut?

Ihr braucht: Schweineblut (vom Schlachthof), Mikroskop, Objektträger, Deckgläschen, Pipette.

Tropfe mit der Pipette Schweineblut auf einen Objektträger.

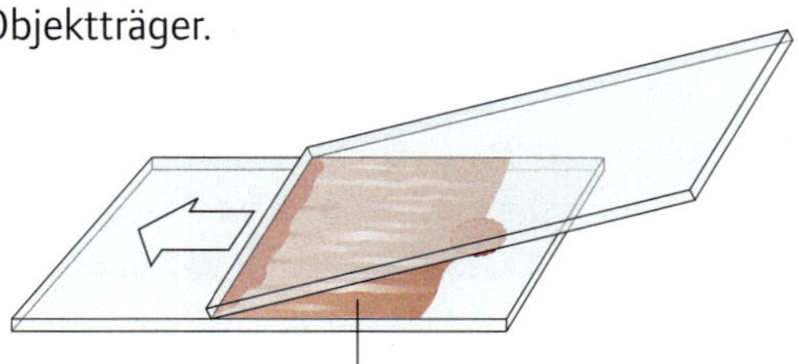

6 Versuchsdurchführung

Setze einen zweiten Objektträger an den Rand des Tropfens und verteile den Tropfen auf dem Objektträger. → **6** Es entsteht eine dünne Blutschicht.

Lege ein Deckgläschen auf.

a Mikroskopiere dein Präparat wie bei der Methode „Beobachten mit dem Mikroskop" beschrieben.

b Zeichne dein Präparat mithilfe von Abbildung 7.

c Beschrifte dein Präparat.

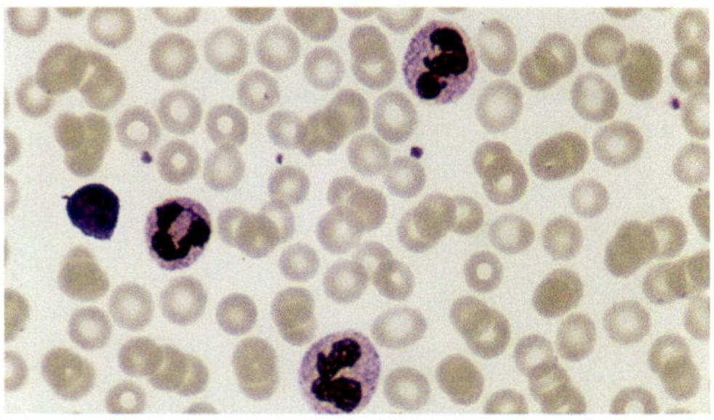

7 Mikroskopisches Bild eines Blutausstriches

Kennzeichen der Lebewesen

→ Lebewesen haben bestimmte Kennzeichen, die sie von Gegenständen unterscheiden. (Siehe Seite 10–17.)

→ Lebewesen nehmen Stoffe auf, verarbeiten sie und scheiden nicht verwertbare Reste aus. Dieser Stoffwechsel dient dazu, den Körper mit Energie zu versorgen. (Siehe Seite 12, 14.)

→ Neue Lebewesen entstehen durch Fortpflanzung. (Siehe Seite 11, 14, 17.)

→ Jedes Lebewesen durchläuft eine Entwicklung, während es heranwächst. Mit seinen Sinnesorganen nimmt ein Lebewesen Reize aus der Umwelt auf und reagiert. (Siehe Seite 11, 14, 17.)

→ Pflanzen besitzen wie Tiere und Menschen alle Merkmale von Lebewesen. (Siehe Seite 12.)

→ Weil er denken kann und über sich selbst Bescheid weiß, ist der Mensch ein ganz besonderes Lebewesen. (Siehe Seite 14.)

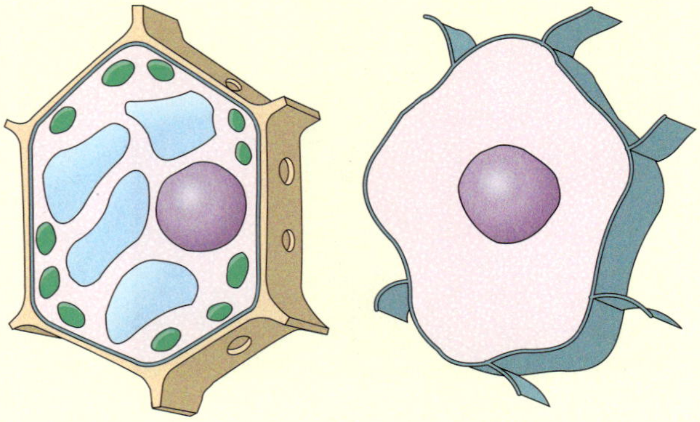

→ Die Grundbausteine aller Lebewesen heißen Zellen. Alle Pflanzen, Tiere und der Mensch sind daraus aufgebaut. (Siehe Seite 20.)

1 Eiskristall

2 Windfahne

3 Heckenrose

4 Singvogel

1. Betrachte die Abbildungen 1 bis 4 und entscheide, ob auf ihnen auch Lebewesen abgebildet sind. Begründe deine Entscheidung.

5 Roboter

2. Auch ein Roboter zeigt einige Merkmale eines Lebewesens. → 5

a Beschreibe Kennzeichen des Lebens, die auch ein Roboter aufweist.

b Erläutere, warum Roboter dennoch keine Lebewesen sind, und begründe deine Meinung.

6 Ziege mit Zicklein

3. Lies den Text aufmerksam durch. Liste Kennzeichen der Lebewesen auf, die im Text angesprochen werden.

Auf der Wiese vor dem Bauernhof stehen einige Ziegen. Vor wenigen Tagen erst kamen die Jungziegen zur Welt. → 6 Schon können sie der Mutter überallhin folgen. Das Euter der Geiß ist prall gefüllt mit Milch. Sie macht die Zicklein in den ersten Wochen ihres Lebens immer satt. Erst später beginnen sie selbst nach Pflanzen zu suchen. Der Hofhund nähert sich den Ziegen. Erschreckt rennen die Zicklein davon. Die Geiß geht langsam hinterher. Sie weiß, dass der Hofhund für sie keine Gefahr bedeutet.

4. Mindmaps sind eine gute Hilfe, wenn du Lernstoff wiederholen willst. In Abbildung 7 siehst du eine Mindmap für Kennzeichen des Lebens bei der Rennmaus.

a Suche dir ein Tier aus und schreibe seinen Namen in die Mitte des Papierblatts. Füge Begriffe hinzu, die dir zu dem Tier einfallen.

b Versuche die Begriffe Bewegung, Reizbarkeit, Stoffwechsel, Fortpflanzung und Wachstum einzubauen.

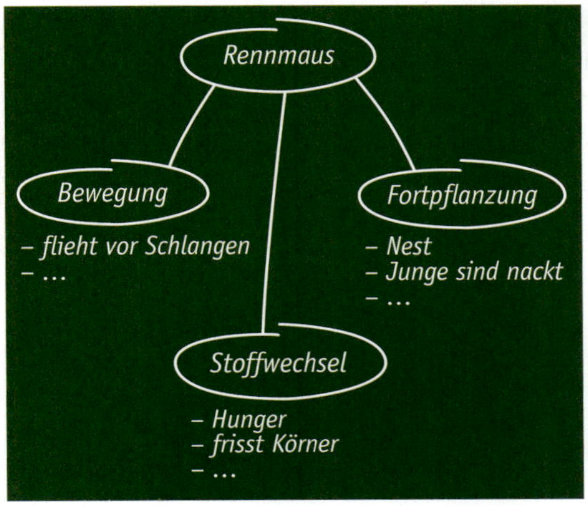

7 Mindmap zu Kennzeichen der Lebewesen

5. Erkläre den Aufbau und die Handhabung eines Mikroskops. → **8**

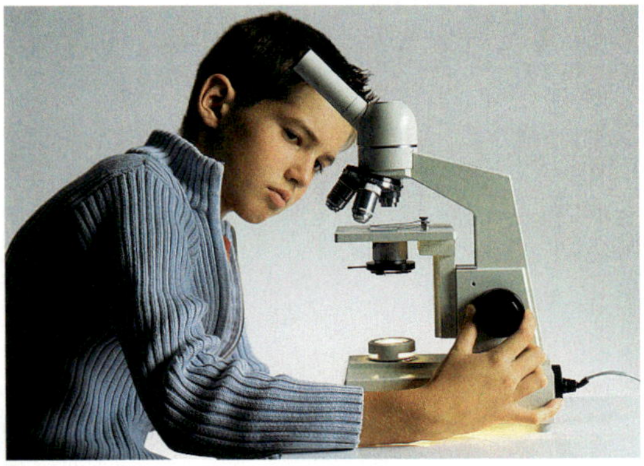

8 Mikroskopieren

6. Vergleiche Tier- und Pflanzenzelle. Nenne Gemeinsamkeiten und Unterschiede. Erstelle dazu eine Tabelle nach folgendem Muster:

Bestandteile der Pflanzenzelle	Bestandteile der Tierzelle
...	...

Ordne deiner Lösung im Heft ein Smiley zu:

☺ Ich habe die Aufgabe richtig lösen können.

😐 Ich habe die Aufgabe nicht komplett lösen können.

☹ Ich habe die Aufgabe nicht lösen können.

Aufgabe	Fähigkeit	Hilfe findest du auf Seite ...
1, 2	Ich kann entscheiden und begründen, ob Dinge leben oder unbelebt sind.	16
3	Ich kann den Lebensäußerungen von Tieren die richtigen Begriffe zuordnen und die Merkmale des Lebens darstellen. Ich kann den Begriff Stoffwechsel erklären.	16
4	Ich kann eine Gedankenkarte für die Kennzeichen der Lebewesen am Beispiel eines Tieres anfertigen. Ich kann die allgemeinen Kennzeichen der Lebewesen richtig hinzufügen.	16
5	Ich weiß, wie man mit einem Lichtmikroskop umgeht und wie es aufgebaut ist.	18
6	Ich kenne den Grundaufbau einer Zelle und die Unterschiede zwischen Tier- und Pflanzenzelle.	20

Menschen halten Tiere

Weißt du, dass der Hund in deiner Nachbarschaft von wilden Tieren abstammt? Die Ururur…großeltern des Hundes waren vor langer Zeit wilde Wölfe. Auch alle anderen Tierarten, die wir Menschen halten, waren einmal wilde Tiere. Die Pflanzen auf den Feldern waren einmal Wildpflanzen. Erfahre mehr aus dem Leben von Nutztieren und Nutzpflanzen und welche Bedeutung sie für den Menschen haben.

1 Man sagt, in jedem Hund steckt noch ein Wolf. Was ist davon wahr? (Siehe Seite 30.)

2 Tiere vermehren sich. Wie funktioniert das? (Siehe Seite 40.)

3 Milch schmeckt gut. Doch wie entsteht eigentlich Milch? (Siehe Seite 45.)

4 Wie werden Tiere gehalten? Wie ergeht es den Tieren dabei? (Siehe Seite 46.)

5 Sind Pferde nur zum Reiten da? (Siehe Seite 49.)

Als Alex neulich bei seiner Tante zu Besuch war, hatte ihre Hündin gerade Junge bekommen. Am liebsten möchte Alex einen Welpen mit nach Hause nehmen. Heute bekommt man Haustiere von Verwandten, aus einer Tierhandlung oder von einem Züchter.
Doch wie kamen die Menschen früher zu ihren Tieren?

1 Hundewelpen bei der Mutter

Vom Wildtier zum Haustier

Wie die Menschen zu ihren Tieren kamen

Vor vielen Tausend Jahren, als die Menschen ihre Nahrung noch jagen gehen mussten, gab es nur wilde Tiere. → 2 Einige Jäger kamen auf die Idee, die Wildtiere zu fangen und sie an sich zu gewöhnen. Dies nennt man **Zähmung**. Aus vielen Wildtieren wurden später treue oder nützliche Begleiter und Helfer wie Hunde, Pferde und Rinder.

Die Urform des Rindes

Das Urrind wurde vor etwa 8 500 Jahren von Menschen erstmals gefangen und gezähmt. Dieses Rind hieß Auerochse, auch „Ur" genannt. → 3 Der letzte Auerochse in Europa wurde 1627 erlegt.

Was sind Haustiere?

Alle Tiere, die der Mensch zu seinem Nutzen oder zum Vergnügen hält und züchtet, heißen **Haustiere**. Bei der **Züchtung** wählt man gezielt Tiere aus, die Nachwuchs bekommen sollen. Die Auswahl erfolgt dabei nach ganz bestimmten Merkmalen wie Größe oder Farbe des Tieres. Aber auch eine gute Fleischbildung bei Schweinen, die Schnelligkeit bei Pferden oder schönes Aussehen bei Hunden können solche Merkmale sein.

2 Höhlenmalerei mit wilden Rindern und Pferden

3 Der Auerochse lebte in Wäldern.

Haustiere
Heimtiere
Nutztiere
Zähmung
Züchtung

4 Weibliches Hausschwein mit Ferkeln

5 Weibliches Wildschwein

Die Vorfahren des Hausschweins

Als die Menschen nicht mehr umherzogen, bauten sie Hütten und Häuser. Sie konnten die Tiere in festen Ställen halten. So wurde das gefangene Wildschwein durch Zähmung und Züchtung allmählich zu einem Hausschwein. → 4
Seit etwa 6 000 Jahren werden Hausschweine vom Menschen gehalten und dienen als Fleischlieferanten.
Wildschweine leben noch heute in unseren Wäldern. Sie durchwühlen den Waldboden auf der Suche nach Nahrung. → 5 Sie sind kleiner als unsere Hausschweine und haben noch ihr borstiges Fell.

Von Heimtieren und Nutztieren

Werden Tiere zur eigenen Freude gehalten, spricht man von **Heimtieren**. Sie leben gemeinsam mit den Menschen in der Wohnung. Hunde, Katzen, Hamster und Wellensittiche zählen zu den Heimtieren. Haustiere, die der Mensch nutzt, um Fleisch, Milch, Wolle oder Leder zu gewinnen, bezeichnet man als **Nutztiere**. Hühner, Schweine, Rinder und Schafe gehören dazu.

→ Merk dir! Alle Haustiere waren vor langer Zeit einmal wilde Tiere. Man unterscheidet dabei Heim- und Nutztiere.

Arbeitsaufträge

1. Nenne die wilden Vorfahren von Rind und Hausschwein.
2. Vergleiche das Aussehen von Hausschwein und Wildschwein. → 4, 5
   a Beschreibe die Abbildungen.
   b Welche Merkmale könnten beim Hausschwein besonderen Nutzen für den Menschen haben?
3. Erkläre, ob es sich bei dem Kanarienvogel um ein Haustier, Heimtier oder Nutztier handelt.

6 Kanarienvogel

Alex ist im Zoo und beobachtet die Wölfe. Sie laufen umher und geben Laute von sich – fast so wie Hunde. Gibt es da einen Zusammenhang?

1 Wölfe im Rudel

So kam der Mensch auf den Hund

Wolf und Mensch freunden sich an

Die **Wölfe** begleiteten die Menschen der Steinzeit bei der Jagd. Hin und wieder fielen dabei ein paar Fleischreste für sie ab. Mit der Zeit wurden die Wölfe zutraulich. Die Menschen nahmen junge Wölfe mit in ihre Höhlen und zogen sie auf. Diese gezähmten Wölfe waren für die Menschen nützlich. → 2 Sie halfen bei der Jagd und bewachten die Höhlen. Durch Zähmung und Züchtung wurde der wilde Wolf in Tausenden von Jahren zum Haustier.

2 Steinzeitmensch mit gezähmtem Wolf

3 Hunde verschiedener Rassen

Hunderassen
Wölfe

4 Hunde bei der Arbeit

Durch Züchtung entstehen Hunderassen

Durch Züchtung hat der Mensch besondere Fertigkeiten des Wolfes verfeinert. Dabei wählte er jene Tiere aus, die von ihm gewünschte Eigenschaften haben. Auf diese Weise sind die vielen verschiedenartigen **Hunderassen** entstanden. → 3

Hundeberufe

Bei der Züchtung von Hunden haben Menschen besonders auf Eigenschaften geachtet, die nützlich für sie waren. Solche Eigenschaften sind zum Beispiel Treue, Wachsamkeit, der gute Geruchssinn und Gehorsam. Der Hund ist seit Tausenden von Jahren Freund und Helfer des Menschen, zum Beispiel als Blindenhund oder als Spürhund. → 4

→ **Merk dir!** Aus dem Wildtier Wolf wurde durch Zähmung ein Haustier, der Hund. Durch Züchtung sind viele verschiedene Hunderassen mit unterschiedlicher Nutzung entstanden.

Arbeitsaufträge

1. Der Mensch machte aus dem Wildtier Wolf ein Haustier. Nenne die Eigenschaften des Wolfes, die der Mensch dafür nutzte.

2. Informiere dich über die Lebensweise des Wolfes. Nimm für die Suche Bücher oder Lexika zu Hilfe.

a Nenne Unterschiede zwischen einem zahmen Hund und einem wilden Wolf.

b Beschreibe die Lebensweise von Wölfen. → 1 Vergleiche mit unseren Haushunden.

3. Beschreibe, wie ein besonders großer Hund gezüchtet werden kann.

Wir fertigen einen Steckbrief an

Der Steckbrief ist eine kurze und genaue Beschreibung einer Person, eines Tieres oder einer Pflanze. In Stichworten werden Name, Aussehen und Eigenschaften festgehalten. Der Text wird durch ein Foto oder selbst gemaltes Bild ergänzt. Ein Steckbrief darf nicht zu lang sein.

Steckbrief

Name: Deutscher Schäferhund

Größe: bis 65 Zentimeter (Schulterhöhe)

Gewicht: bis 40 Kilogramm

Körperbau: kräftig

Kopf: groß, stets gespitzte Ohren, spitz auslaufende Schnauze, starkes Gebiss

Fell: schwarz und rotbraun gefärbt, borstig und kurz

Eigenschaften: reaktionsstark, treu, mutig, kraftvoll, ausdauernd, aufmerksam

Verwendung: Sporthund, Familienhund, Spürhund, Schutzhund, Rettungshund, Blindenführhund, Hütehund

Besonderheiten: eignet sich gut als Familienhund

1 Beispiel für einen Steckbrief

Tipp

- *Schreibe in Stichworten, dann bekommst du mehr Informationen über dein Tier auf den Steckbrief.*
- *Beginne mit den wichtigen Informationen.*
- *Gestalte den Steckbrief mit unterschiedlichen Schriften oder Farben. Das macht das Lesen interessanter.*

In 3 Schritten einen Steckbrief erstellen

Schritt 1 Besorgt euch zuerst Informationen über das Tier, zu dem ihr einen Steckbrief erstellen wollt. Sucht auch nach einem geeigneten Foto. Ihr könnt es zeichnen, kopieren oder einscannen und ausdrucken.

Schritt 2 Überlegt dann, zu welchen Oberbegriffen ihr in eurem Steckbrief Informationen aufschreiben möchtet. Was ist wichtig? → 1
Für die Beantwortung dieser Frage müsst ihr die Kennzeichen des Tieres und seine Besonderheiten kennen.

Schritt 3 Plant nun den Aufbau des Steckbriefes. Bringt dazu die Oberbegriffe in die richtige Reihenfolge. Überlegt, wo das Foto platziert werden soll. Achtet auf ein interessantes Aussehen eures Steckbriefes. → 1

Der Bullterrier

Er wurde ursprünglich aus Bulldoggen und Terriern als Kampfhund gezüchtet. Er sollte Schaukämpfe mit Stieren überstehen. Dabei zeigte sich das typische Terrierverhalten: kampfbereit und schmerzunempfindlich. Seine Beute fasst er mit den Zähnen und hält sie fest.
Seine Größe beträgt 50 bis 55 Zentimeter. Bullterrier haben einen kräftigen, muskulösen Körperbau. Der Kopf ist massig oder „bullig“. Sein Fell ist weiß, manchmal mit Flecken durchsetzt, das Haarkleid ist kurz und drahtig.
Bei nicht artgerechter Haltung dieser Rasse reagieren die Hunde manchmal aggressiv und bissig. Deshalb unterliegt diese Rasse der „Kampfhundeverordnung“. Der Bullterrier ist als Familienhund eher ungeeignet. Man sollte ihm stets mit großer Vorsicht begegnen.

2 Bullterrier

Arbeitsaufträge

1. Fertige einen Steckbrief an. Beachte dabei die Tipps und Schritte.
   a Erstelle mithilfe des Infotextes einen Steckbrief über den Bullterrier. → 2
   b Erstelle einen Steckbrief über deine Lieblingshunderasse. Nimm ein Lexikon oder das Internet zu Hilfe.

2. Stellt eure Steckbriefe in der Klasse vor.

3. Erstelle einen Steckbrief über ein weiteres Haustier. Sammelt alle Steckbriefe der Klasse und stellt sie aus.

Ein Hund als Haustier – das wäre prima. Aber wie hält und erzieht man einen Hund richtig?

1 Anna mit ihrem Hund

Ein Hund als Haustier

Die Sprache der Hunde

Hunde verständigen sich untereinander durch ihre **Körpersprache.** → 2, 3 Sie zeigt sich in ihrer Körperhaltung und Schwanzhaltung, durch ihre Lautäußerungen und ihren Gesichtsausdruck. Auch der Mensch kann aus der Körpersprache des Hundes auf die Stimmung des Tieres schließen. Sein Revier grenzt der Hund mithilfe von Harn ab, den sogenannten Duftmarken. Der Hund ist ein **Nasen- und** ein **Ohrentier.** Er orientiert sich über Gerüche und Geräusche. Seine Sinnesorgane sind viel empfindlicher als die der Menschen.

Hundehaltung – aber richtig!

Bevor ein Hund angeschafft wird, sollten wichtige Fragen der Hundehaltung geklärt werden: Welche Rasse soll der Hund haben? Wohin mit dem Hund im Urlaub? Soll der

2 Zwei männliche Hunde begegnen sich.

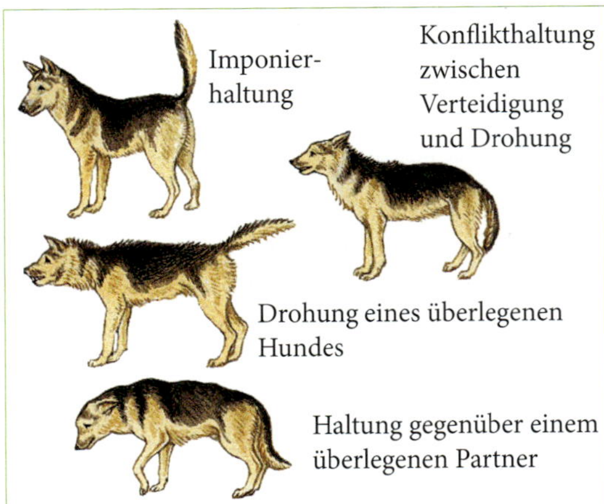

3 Körpersprache von Hunden

Hundeschule
Körpersprache
Nasentier
Ohrentier

Informationen über:

- die geeignete Rasse
- die Unterschiede von weiblichen und männlichen Hunden
- Krankheiten und Impfungen
- …

4 Wichtige Informationen

5 In der Hundeschule

Hund vom Züchter oder aus dem Tierheim kommen? → 4 Wie sieht der Alltag aus? Ein Hund sollte nie länger als fünf Stunden am Tag alleine sein. Hunde sind Rudeltiere und brauchen die Zuwendung des Menschen. Dreimal am Tag eine halbe Stunde mit dem Hund spazieren gehen ist wichtig. Hunde brauchen viel Bewegung. Wer übernimmt die Kosten für Hundefutter, Tierarzt, Hundesteuer und Versicherungen?

Hunde müssen erzogen werden

Ein Hund muss lernen, sich in die Gemeinschaft einzuordnen. Im Alter von vier bis sechs Monaten muss mit der Erziehung begonnen werden. Ein Hund muss wissen, was er darf und was er nicht darf. Das beste Erziehungsmittel ist das Lob. Bestraft werden darf er nur für Fehler, die er gerade begangen hat. Ein gut erzogener Hund ist stubenrein, geht bei Fuß, macht auf Befehl „Sitz“ und kommt sofort, wenn man ihn ruft. Es gibt **Hundeschulen**, in denen der Umgang mit einem Hund geübt wird und der Hund lernt, sich richtig zu verhalten. → 5

→ **Merk dir!** Hunde verständigen sich untereinander durch ihre Körpersprache. Vor der Anschaffung eines Hundes sollten wichtige Voraussetzungen erfüllt sein. Ein Hund muss erzogen werden.

Arbeitsaufträge

1. Sieh dir Abbildung 3 genau an.
- **a** Nenne die Körperhaltungen des Hundes, bei denen sich der Mensch in Acht nehmen sollte.
- **b** Erkläre das Verhalten des Hundes.

2. Zwei männliche Hunde begegnen sich. → 2
- **a** Beschreibe die Körpersprache.
- **b** Nenne die Bedeutung der Körpersprache.

3. Welche Bedürfnisse des Hundes müssen beachtet werden, wenn man Hundebesitzer werden möchte? Übernimm die Liste aus Abbildung 4 und ergänze sie.

Ganz langsam und kaum hörbar schleicht sich Lenas Katze Minchen heran. Vorher hat sie minutenlang unbeweglich im hohen Gras gesessen. Jetzt duckt sie sich und setzt zum Sprung an. Kraftvoll stößt sie sich ab und fängt die Maus mit ihren ausgefahrenen Krallen. Oft hat Lena das schon beobachtet.
Doch wie erkennt die Katze eigentlich ihre Beute?

1 Katze auf der Lauer

Die Katze – ein Schleichjäger

Herkunft

Unsere **Katze** stammt von der Falbkatze ab, die ursprünglich in Afrika lebte. → 2 Katzen wurden in Ägypten bereits zur Zeit der Pharaonen als Haustiere sehr geschätzt. Wie der Hund ist auch die Katze heute ein beliebtes Haustier. Im Unterschied zum Hund lebt sie gerne als **Einzelgänger**.
Sie gewöhnt sich zwar an den Menschen, geht aber keine feste Bindung zu ihm ein. Viel eher noch ist sie mit der Wohnung verbunden, in der sie lebt.

Der Körperbau der Katze

Die Katze ist ein **Schleichjäger**. Sie hat eine biegsame Wirbelsäule und starke Muskeln. Das macht ihr das Anschleichen an die Beute und das Springen leicht. Ihr Beutefang besteht aus Anschleichen, Fangen, Töten und Fressen. Manchmal spielt die Katze mit ihrer Beute. Ihre Krallen kann sie einziehen. Die weichen Ballen an den Pfoten machen ihren Schritt fast unhörbar. Erst beim Beutesprung fährt sie die scharfen Krallen aus und ergreift die Beute. → 3

2 Falbkatze

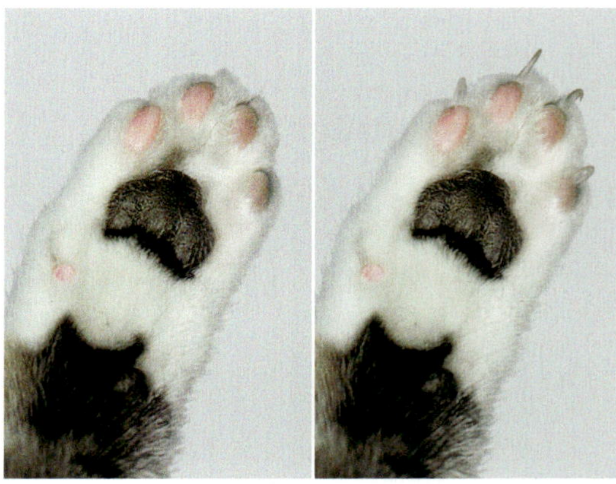

3 Katzenpfote

Augentier
Einzelgänger
Katze
Körpersprache
Schleichjäger

4 Aus der Körpersprache von Katzen

Die drei Katzensprachen

Katzen verständigen sich durch ihre Körpersprache, mit ihrer Stimme und mit Duftmarken. Wird eine Katze angegriffen, macht sie einen Buckel und faucht. → **4** Andere Katzen verstehen dies. Fühlt sich eine Katze wohl, schnurrt sie. Knurren und Fauchen bedeutet Warnen und Drohen. Hat sie Hunger oder will sie aus dem Haus, dann miaut sie. Wenn sich zur Paarungszeit Kater und Katze suchen, kann man lautes Jaulen hören. Um ihr Revier abzugrenzen, setzt die Katze Geruchszeichen. Sie verspritzt Harn und hinterlässt so ihre Duftmarken genauso wie Hunde.

Sinnesorgane der Katze

Ihre Umwelt nimmt die Katze durch Hören, Sehen und Tasten wahr. Das Auge ist ihr schärfstes Sinnesorgan. Bei Dämmerung sieht sie ungefähr 6-mal besser als der Mensch. Katzen sind **Augentiere**. Werden Katzenaugen im Dunkeln mit Licht angestrahlt, so leuchten sie. → **5**

5 Katzenaugen in der Dämmerung

Merk dir! Die Katze ist ein Schleichjäger. Sie ist ein Augentier und kann in der Dämmerung jagen.

Arbeitsaufträge

1. Erkläre, warum es für die Katze wichtig ist, dass sie ihre Krallen einziehen kann.

2. Lenas Familie will umziehen. Stelle eine Vermutung an, welche Probleme mit ihrer Katze Minchen auftreten können.

Tarek beobachtet zwei Kater, die in einen heftigen Kampf verwickelt sind. Schon den ganzen Tag hat er immer wieder lautes Miauen gehört. Sein Onkel erklärt ihm, dass die Katze des Nachbarn „rollig" ist. Doch Tarek weiß nicht genau, was das ist. Er ahnt, dass es mit Katzen und Katern und deren Paarung zu tun hat. Was ist denn nun „rollig"? Und warum kämpfen die Kater miteinander?

1 Kampf zweier Kater

Wie Katzen Junge bekommen

Paarungszeit

Zu bestimmten Zeiten ist der Körper der Katze bereit, Nachwuchs zu bekommen. Die Weibchen miauen in dieser Zeit laut, sind unruhig und rollen sich häufig auf dem Boden. Man sagt: Die Katze ist rollig. In ihrem Revier versammeln sich oft mehrere Kater. Sie versuchen sich durch laute „Gesänge" gegenseitig zu vertreiben. Dabei kann es zu heftigen Auseinandersetzungen kommen. → 1

Paarung

Ist die Katze bereit dazu, kommt es zur **Paarung**. Bei der Befruchtung verschmilzt eine Spermienzelle des Katers mit der Eizelle der

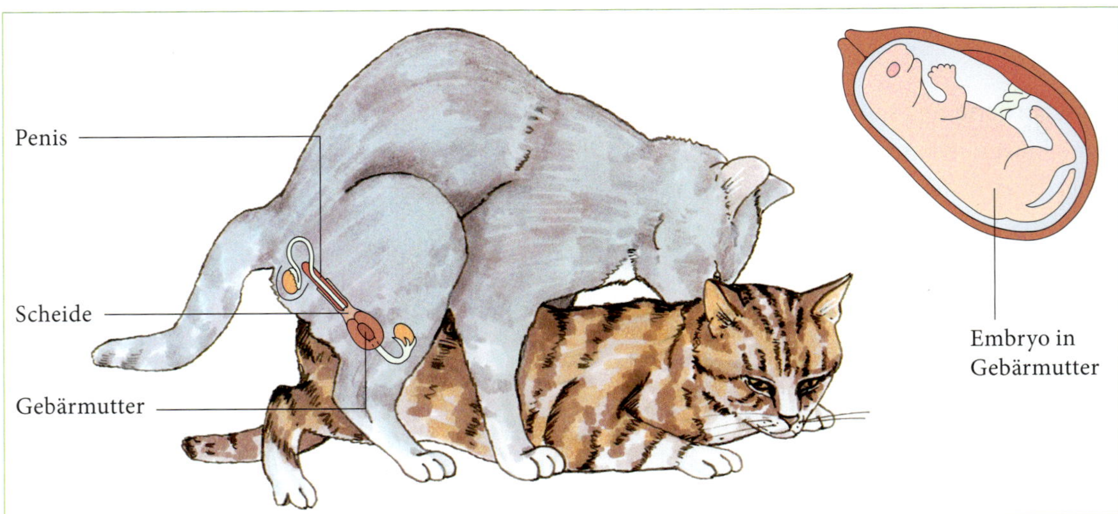

2 Nach der Paarung verschmelzen Ei- und Spermienzelle. Es entwickelt sich ein Katzenjunges.

Nesthocker
Paarung

3 Katzenmutter mit ihren Welpen

4 Junge Katze „spielt“ mit einer Maus.

Katze. Die befruchtete Eizelle beginnt sich darauf zu teilen und zu wachsen. Der Embryo wächst in der Gebärmutter. → 2 Acht Wochen nach der Paarung bringt die Katze in einem Versteck vier bis acht Welpen zur Welt.

Junge Katzen

Unmittelbar nach der Geburt sind die Welpen blind und taub. Mithilfe des Tast- und Geruchssinns suchen sie die Zitzen ihrer Mutter. Nach 10 Tagen öffnen die Kätzchen die Augen und richten die Ohren auf. Die Jungtiere sind **Nesthocker**. Sie beginnen erst nach ungefähr zwei Wochen ihre Umgebung zu erkunden und zu spielen. Bei Gefahr packt die Mutter die Welpen am Nackenfell und bringt sie an einen sicheren Ort. Katzen sind Säugetiere. Sie ernähren ihre Jungtiere mit Muttermilch. → 3 Noch 4 Wochen säugt und betreut die Mutter die Jungen. Die Kätzchen werden zunehmend selbstständiger, bleiben zunächst aber in der Nähe der Mutter. Leben auf Dauer mehrere Katzen zusammen, lässt sich unter ihnen eine Rangordnung beobachten. Die Tiere bilden aber nie so ein festes Rudel wie Hunde oder Wölfe.

→ **Merk dir!** In der Paarungszeit kämpfen die Kater um die Weibchen. Die Katze ist rollig und damit zur Paarung bereit. Die Jungtiere sind Nesthocker.

Arbeitsaufträge

1. Beantworte Tareks Fragen.
   - **a** Was bedeutet „rollig“?
   - **b** Warum kämpfen die Kater miteinander?
2. Erkläre mithilfe von Abbildung 2, wie Katzen sich fortpflanzen.
3. Auch wenn die Katzenwelpen noch gesäugt werden, bringt ihnen die Mutter ab und zu eine halbtote Maus. Erkläre diese Beobachtung.

Dieses Rind hat lockiges braunes Fell. Es sieht ganz anders aus als die üblichen schwarz-weiß gefleckten Rinder, die du auf vielen Wiesen sehen kannst.
Warum gibt es unterschiedliche Rinderrassen?

1 Hochlandrind

Das Rind liefert uns Milch und Fleisch

Nutztier Rind

Rinder werden gehalten, weil sie Milch und Fleisch liefern. Der Mensch hat für diese Zwecke verschiedene Rinderrassen gezüchtet.

Milchrinder

Die Deutsche Schwarzbunte wird am häufigsten gehalten. → 2 Sie gehört zu den **Milchrindern.** Du wirst sie auf den Wiesen schon einmal gesehen haben. Die Schwarzbunte ist ein wahrer „Milch-Champion". Sie liefert bis zu 10 000 Liter Milch pro Jahr. Das sind gut 27 Liter pro Tag. Auch die Deutsche Rotbunte gehört zu den Milchrindern. → 5

Fleischrinder

Anders als Milchrinder werden **Fleischrinder** auf gute Fleischqualität hin gezüchtet. Das aus Schottland stammende Galloway-Rind und das Hochlandrind sind dafür besonders geeignet. → 1, 4 Da ihr Nutzen als

2 Deutsche Schwarzbunte

Kuh	→	weibliches Rind
Bulle/Stier	→	männliches Rind
Kalb	→	Jungtier bis zum Alter von 6 Monaten

3 So werden Rinder benannt.

Fleischrinder

Milchrinder

4 Galloway-Rind

5 Deutsche Rotbunte

Milchgeber nicht wichtig ist, leben Kälber und Kühe in einer Herde zusammen. Die Kühe werden nicht gemolken und die Kälber nicht von ihren Müttern getrennt, wie es sonst üblich ist.

Produkte vom Rind

Nach der Schlachtung lassen sich neben dem Fleisch noch weitere Teile des Rindes nutzen. Die Haut findet als Leder bei der Herstellung von Schuhen und Taschen Verwendung. Aus den Hörnern können Kämme oder Späne zur Düngung hergestellt werden. → 6

> **Merk dir!** Rinder werden in vielfältiger Form von den Menschen genutzt. Es gibt Milchrinder und Fleischrinder.

6 Die Produkte vom Rind lassen sich vielfältig verwenden.

Arbeitsaufträge

1. Erstelle eine Liste der Milchprodukte, die du im Supermarkt finden kannst. Welche isst oder trinkst du selbst?
2. Sammelt leere Verpackungen von Milchprodukten und stellt sie in der Klasse aus.
   - **a** Lest die Angaben auf den Verpackungen.
   - **b** Nenne die Inhaltsstoffe.
3. Erläutere mithilfe der Abbildung 6 den vielseitigen Nutzen des Rindes für den Menschen.

Dass die Milch von der Kuh stammt, weiß Jakob. Aber wie stellt die Kuh eigentlich Milch her? Und wie kommt die Milch von der Kuh in den Supermarkt?

1 Rinder fressen Gras und geben Milch.

Rinder sind Wiederkäuer

Rätselhaftes Kauen

Rinder fressen nur Pflanzen. Daher gehören sie zu den **Pflanzenfressern**. Sie stehen auf der Wiese und fressen Gras. Andere Rinder haben sich niedergelegt und kauen. Dabei fressen sie gar nicht mehr. Warum?

Der lange Weg der Verdauung

Rinder schlucken das Gras, fast ohne es zu zerkauen. Für die Verdauung von Gras haben Rinder gleich vier Mägen. → 2 Die schwer verdaubaren Grasfasern werden im ersten Magen, dem **Pansen**, eingeweicht.

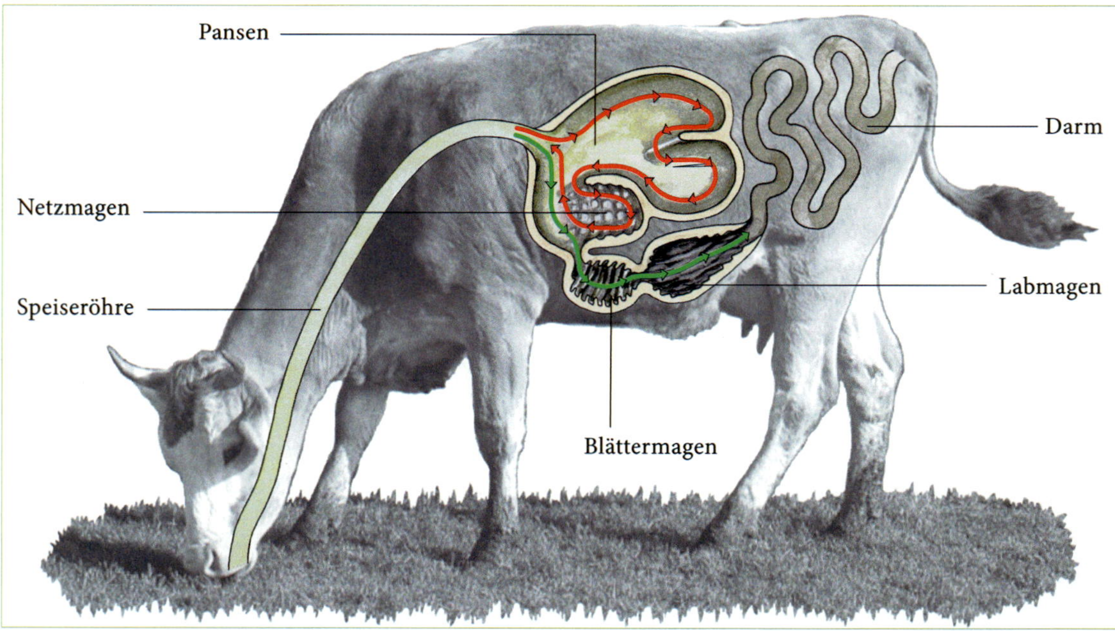

2 Der Weg der Nahrung beim Rind vor (rot) und nach dem Wiederkäuen (grün)

Blättermagen
Labmagen
Netzmagen
Pansen
Pflanzenfresser
Wiederkäuer

3 Eine Kuh säugt ihr Kalb.

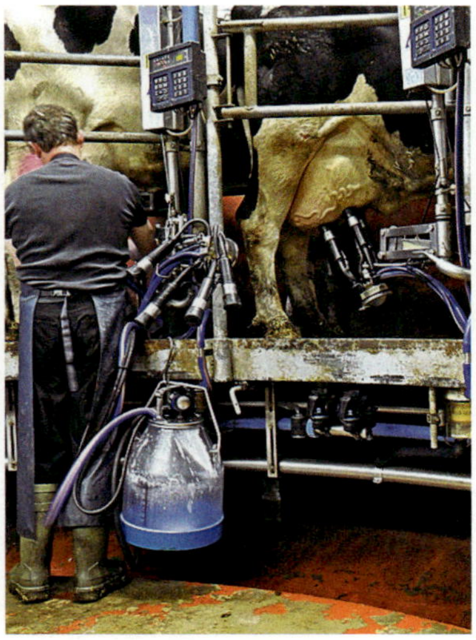

4 Kühe im Melkstand

Das Gras gelangt nun in den **Netzmagen** und wird von dort aus in kleinen Portionen zurück ins Maul befördert. Nun kaut das Rind das Gras. Diesmal aber gründlich. Rinder sind **Wiederkäuer**. Beim erneuten Hinunterschlucken gelangt der Grasbrei in den **Blättermagen**. Dort wird ihm das Wasser entzogen. Im **Labmagen** und im langen Darm findet dann die endgültige Verdauung statt. Die Nährstoffe werden aufgenommen. Unverdauliche Reste werden als Kot ausgeschieden.

Aus Gras wird Milch

Am Euter wandeln Milchdrüsen die Nährstoffe zu Milch um. Nachdem die Kuh gemolken wurde, wird die Milch zur Molkerei gebracht. Dort wird sie zu Milchprodukten verarbeitet.

Ohne Kalb keine Milch

Eine Kuh gibt nur Milch, wenn sie ein Kalb geboren hat. Nach neun Monaten bringt die Kuh ihr junges Kalb zur Welt. Dann beginnt auch die Bildung der Milch.
Das Kalb trinkt etwa sechs Monate die Milch vom Euter der Kuh. → 3 Häufig wird es jedoch von der Kuh getrennt. Das Kalb lebt dann mit anderen Kälbern zusammen. Es bekommt Muttermilchersatz zu trinken. Die Kuh wird aber weiter gemolken und die Milch verarbeitet. → 4

→ Merk dir! Rinder sind Wiederkäuer. Sie besitzen vier Mägen, die bei der Verdauung des Grases helfen. Im Euter sitzen die Milchdrüsen, sie wandeln Nährstoffe in Milch um.

Arbeitsaufträge

1. Beschreibe den Weg der Nahrung des Rindes mithilfe der Abbildung 2.

2. Erstellt ein Plakat mit der Überschrift „Vom Gras zur Milch".
- **a** Sammelt dazu Fotos aus Zeitschriften.
- **b** Ergänzt die Fotos mit kleinen Texten.

Hast du zu Hause ein Haustier? Dann kennst du auch seine Bedürfnisse. Annas Hund braucht jeden Tag Auslauf, Gesellschaft, einen Kauknochen für die Zähne und vieles mehr.
Auch Nutztiere haben Bedürfnisse. Es wird oft darum gestritten, wie man diese Tiere richtig hält.

1 In der Freilandhaltung können die Hühner all ihren Bedürfnissen nachgehen.

Haltung von Nutztieren

Vom wilden Huhn zum Haushuhn

Unsere Haushühner stammen vom Bankiva-Huhn ab. → 2 Dieses wild lebende Huhn scharrt bei der Futtersuche mit den Füßen im Boden nach Würmern, Insekten und Samen. Es gräbt sich gerne Sandkuhlen und bestreut sich zur Federpflege mit Sand. Auf der Suche nach einem sicheren Schlafplatz fliegt es auf Äste von Büschen und Bäumen. Für den Nachwuchs baut es ein Nest. Dort legt die Henne ihre Eier hinein und brütet sie aus. Ein Hahn lebt meistens mit mehreren Hennen zusammen.
Unsere Haushühner haben die gleichen Verhaltensweisen und Bedürfnisse wie das Bankiva-Huhn. Dazu brauchen sie aber Platz und geeignete Gelegenheiten. → 1

Geld spielt bei der Tierhaltung eine Rolle

Für den Menschen ist die Haltung von Nutztieren aufwändig. Je weniger Arbeit die Haltung von Tieren macht, desto billiger kann

2 Hahn des Bankiva-Huhnes

3 Bodenhaltung bei Hühnern

4 Käfighaltung

5 Massentierhaltung bei Schweinen

ein Bauer tierische Produkte wie Fleisch und Eier herstellen. Viele Menschen achten beim Kauf dieser Produkte vor allem auf einen günstigen Preis. Deshalb werden viele Tiere inzwischen in beengter **Massentierhaltung** gehalten. → 5

→ Merk dir! **Bei der Haltung von Nutztieren unterscheidet man verschiedene Haltungsformen. Die Freilandhaltung ist besonders artgerecht. Die Massentierhaltung ist besonders kostengünstig.**

Arbeitsaufträge

1. Gehe in einen Supermarkt und notiere dir die Preise für Eier aus Freilandhaltung und aus Bodenhaltung. → 1, 3

- **a** Errechne den Preis für ein einziges Ei.
- **b** Vergleiche die Preise. Wie lautet das Ergebnis? Erkläre die Unterschiede.

2. Welche Verhaltensweisen kann ein Huhn in Freilandhaltung und in Käfighaltung zeigen, → 1, 4 welche nicht? Schreibe die Antworten in dein Heft.

3. Welches Fleisch würdest du einkaufen: Fleisch aus Massentierhaltung oder Fleisch von Schweinen aus Freilandhaltung? Begründe deine Meinung. Tausche dich mit deinem Tischnachbarn aus.

4. Lena hat einen Bauernhof mit „artgerechter Tierhaltung" besucht. Ihrer Brieffreundin will sie schreiben, was artgerechte Tierhaltung ist. Kannst du Lena helfen? Schreibe den Brief. Nimm den Text aus dem Tierschutzgesetz zu Hilfe. → 6

§ 1 Grundsatz: Niemand darf einem Tier ohne vernünftigen Grund Schmerzen, Leiden oder Schäden zufügen.

§ 2 Artgemäße Tierhaltung: Wer ein Tier hält, betreut oder zu betreuen hat, muss das Tier seiner Art und seinen Bedürfnissen entsprechend angemessen ernähren, pflegen und verhaltensgerecht unterbringen.

6 Auszug aus dem Tierschutzgesetz

Aylin macht Ferien auf einem Reiterhof. Sie findet den Umgang mit Pferden toll. Viele Menschen sind so begeistert von Pferden wie Aylin.
Was ist das Besondere an diesen Tieren?

1 Reitunterricht

Das Pferd – ein Tier aus der Steppe

Woher kommen Pferde?

Neuste Untersuchungen haben ergeben, dass unsere Hauspferde vom **Steppentarpan** abstammen. → 2 Ihre Zähmung und Züchtung begann vor etwa 6000 Jahren. Der Steppentarpan war ein Wildpferd. Er lebte in Russland in offenen Graslandschaften, auch Steppe genannt.

Lebensweise von Pferden

Wildpferde leben in kleineren Herden zusammen. → 3 Eine Herde besteht aus einem Hengst und mehreren Stuten mit ihren Jungtieren. Es gibt eine Rangordnung unter den Tieren. Der Hengst bewacht und verteidigt seine Herde. Die erfahrenste Stute führt als Leittier die Herde an.

2 Nachzüchtung eines Steppentarpans

3 Wild lebende Pferde

Fluchttiere
Kaltblutpferde
Steppentarpan
Vollblutpferde
Zehenspitzengänger

4 Vollblutpferde beim Pferderennen

5 Kaltblutpferde

Laufen auf Zehenspitzen

Zum Schutz gegen Feinde ergreifen Pferde schnell die Flucht. Sie sind **Fluchttiere**. Die Gliedmaßen der Pferde berühren den Boden nur mit den Zehenspitzen. Die Zehenspitzen stecken in einem Huf. Pferde zählen zu den **Zehenspitzengängern**.

Vom Arbeitstier des Menschen …

Für die Menschen haben Pferde schon immer ganz unterschiedliche Aufgaben übernommen. Sie wurden als Reittier und Lasttier verwendet. Kutschen wurden von Pferden gezogen und Bauern setzten Pferde in der Feldarbeit ein. Mit der Erfindung von Maschinen und Motoren lösten Eisenbahn, Autos und Traktoren die Pferde als Arbeitstiere überwiegend ab.

… zum Freizeittier

Heute hat das Pferd im Reitsport und in der Freizeitgestaltung seine größte Bedeutung. Die schnellen **Vollblutpferde** starten bei Wettrennen oder springen über Hindernisse. → 4 Es gibt nur noch wenige Arbeiten, die Pferde verrichten, wie zum Beispiel das Holzrücken im Wald. Dafür werden die großen, starken **Kaltblutpferde** eingesetzt. → 5

→ Merk dir! Unsere Hauspferde stammen von wilden Pferden ab. Ihr Körper ist an schnelles Laufen angepasst. Dem Menschen dienten Pferde früher als Arbeitstiere. Heute werden sie meist in Sport und Freizeit genutzt.

Arbeitsaufträge

1. Erkläre, was man unter einem „Zehenspitzengänger“ versteht.

2. Wildpferde lebten in offenen Landschaften. Beschreibe, welche Vorteile dies für die Pferde hat?

3. Informiere dich in Büchern über die Pferderassen Vollblut, Warmblut und Kaltblut. → 4, 5

a Nenne Eigenschaften dieser Pferderassen.

b Liste Einsatzbereiche dieser Pferde auf.

Rund um Haustiere

1. Wie funktioniert eine Katzenkralle?

Ihr braucht: Pappe (DIN-A4-Blatt), Schere, Bindfaden, Gummiband, Musterklammer.

Zeichne den Umriss der Katzenpfote (graue Farbe) und der Katzenkralle (blaue Farbe) nebeneinander auf die Pappe.

Schneide die Krallen und die Pfote aus.

Bohre mit der Schere Löcher in die Pfote (zwei Löcher) und in die Kralle (drei Löcher). → 1

Verbinde die Kralle und die Pfote mithilfe der Musterklammer.

Binde den Bindfaden an der Kralle fest.

Verbinde die Kralle und die Pfote mit dem Gummiband.

a Ziehe vorsichtig an dem Bindfaden. Lass ihn anschließend wieder locker. Beschreibe deine Beobachtungen.

b Vergleiche dein Modell mit einer echten Katzenpfote. Betrachte Abbildung 2. Liste auf, welcher Teil des Modells einem Teil der echten Katzenpfote entspricht.
Erkläre, wie bei der echten Katzenpfote die Bewegung der Krallen zustande kommt.

c Beschreibe die Unterschiede zwischen dem Modell und der echten Katzenpfote.

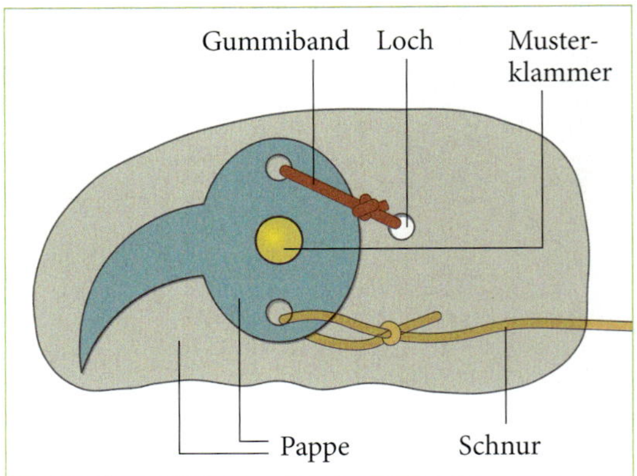

1 Modell der Katzenkralle

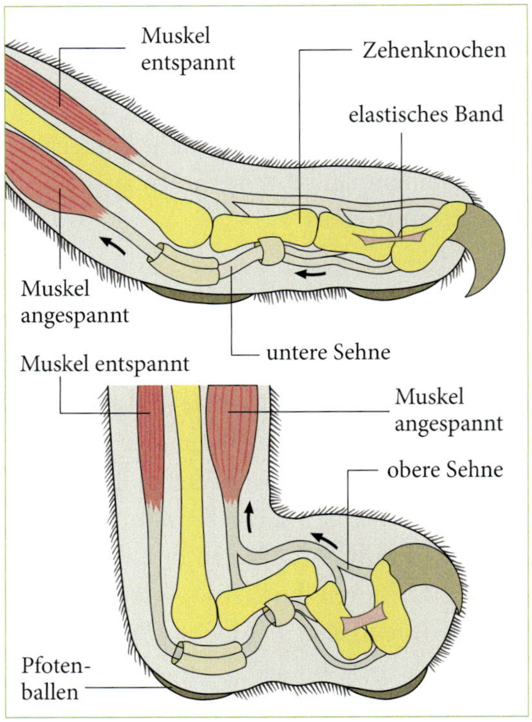

2 Bewegung der Katzenkralle

2. Was kannst du an einem Hund entdecken?

3 Hund

Ihr braucht: einen Hund (Dauer etwa 30 Minuten).

a Achte auf das Verhalten des Hundes. Beschreibe sein Verhalten, wenn er neu einen Raum betritt. Beschreibe was er tut, wenn er ein Geräusch hört, zum Beispiel Händeklatschen.

b Achte auf die Schnauze des Hundes. Beschreibe, wie der Hund seine Zunge hält. Beschreibe die Zähne des Hundes.

c Achte auf den Schwanz des Hundes. Beschreibe die Schwanzbewegung, wenn der Hund jemanden begrüßt. Beschreibe die Schwanzhaltung, wenn der Hund ruhig steht.

d Achte auf die Beine des Hundes. Unterscheide Oberschenkel, Unterschenkel, Fußkrallen und Zehenknochen. Finde heraus, auf welchen Knochen der Hund läuft.

3. Wie wird Käse hergestellt?

4 Mozzarella

Ihr braucht: mindestens 2 Liter Milch, ein großes, sauberes Becherglas (2 l), Zitronensaft, Heizrührgerät, flaches Sieb, sauberes Tuch, 2 Glasschalen, Gewichte, 50 Gramm Salz.

Schütte die Milch in das Becherglas und erwärme sie auf dem Heizgerät auf etwa 30 °C. Gib nun den Zitronensaft hinzu, bis die Milch flockig wird.

Lege das Sieb mit dem Tuch aus und stelle es auf die Glasschale. Schütte die Milch aus dem Becherglas in das Sieb und lass die Flüssigkeit gut abtropfen.

Nun wird der Käse gepresst. Dazu wird das Tuch aus dem Sieb genommen und flach ausgelegt. Auf den Käse wird eine weitere Glasschale gestellt und für drei Stunden mit Gewichten beschwert.

50 Gramm Salz werden in einem halben Liter Wasser aufgekocht. Nachdem diese Lösung abgekühlt ist, wird der gepresste Käse in große Würfel geschnitten und für etwa 30 Minuten in diese Salzlösung gelegt.

Nach dem Abspülen ist der Käse fertig und im Kühlschrank drei bis vier Tage haltbar. In Scheiben geschnitten und mit Olivenöl, Essig und Basilikum schmeckt er gut zu Tomaten.

Was haben Säugetiere gemeinsam und was unterscheidet sie voneinander?

1 Säugetiere

Wir vergleichen und ordnen Säugetiere

Gemeinsamkeiten der Säugetiere

Die in Abbildung 1 gezeigten Tiere ernähren alle ihre Jungen eine Zeit lang mit Milch. Man nennt dies säugen. Daher heißen alle diese Tiere auch **Säugetiere**. Säugetiere haben ein Fell. Ihre Körpertemperatur ist **gleichwarm**. Auch Seehunde und Fledermäuse sind Säugetiere.

Wie man Tiere ordnen kann

Es gibt noch viele andere Säugetiere. Den Biologen erscheint es zu unübersichtlich, alle nur Säugetiere zu nennen. Sie versuchen diese große Gruppe von Tieren weiter zu ordnen. Wie geht das? Die Wissenschaftler beobachten die Tiere und können dabei weitere Merkmale entdecken.

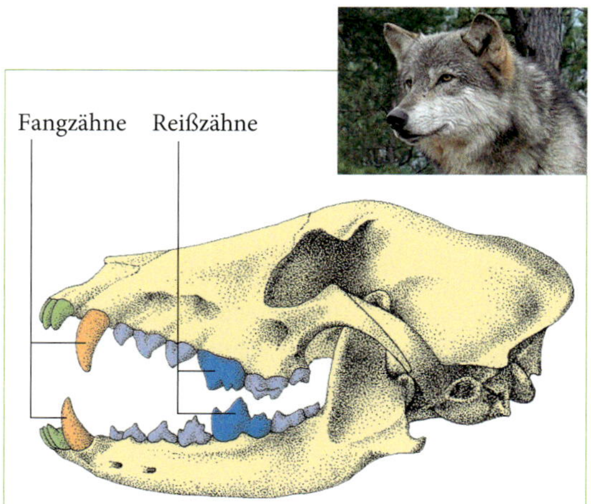

2 Fleischfressergebiss

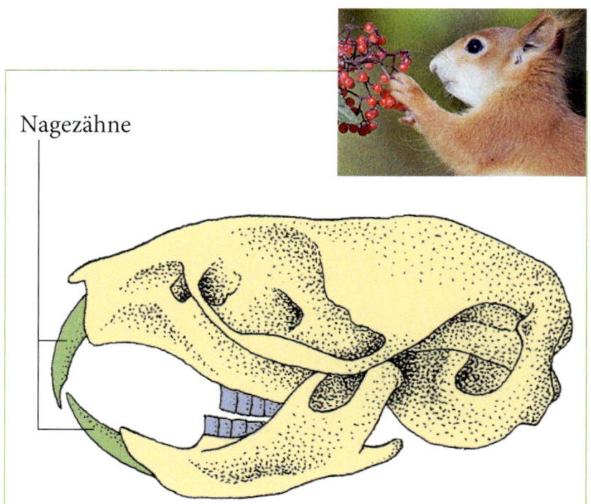

3 Nagetiergebiss

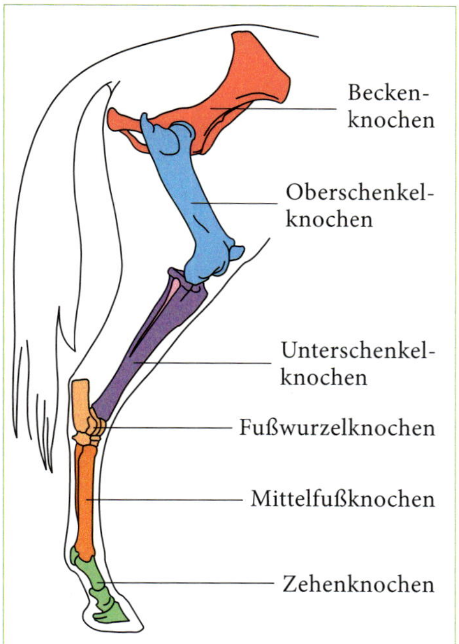

4 Unpaarhufer

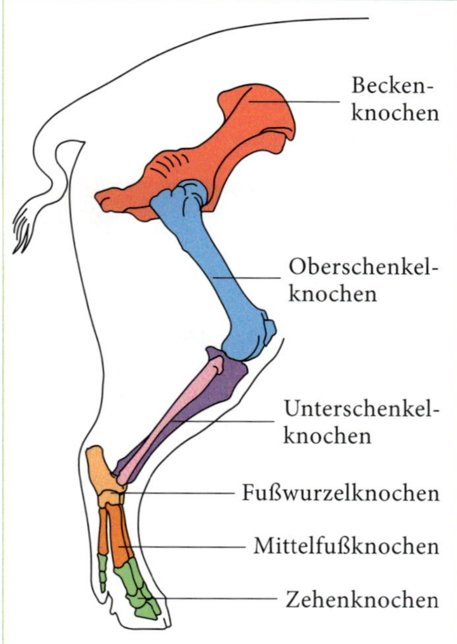

5 Paarhufer

Fleischfressergebiss
gleichwarm
Nagetiergebiss
Paarhufer
Säugetiere
Unpaarhufer

Die Zähne zeigen es

Tiere mit spitzen Fangzähnen und gezackten Reißzähnen haben ein **Fleischfressergebiss.** → 2 Sie werden in die Gruppe der Raubtiere eingeordnet. Beispiele für Raubtiere sind Wölfe, Katzen, Hunde, Füchse und Löwen.

Außerdem gibt es Tiere, die als Vorderzähne große Nagezähne haben. Sie haben ein **Nagetiergebiss.** → 3 Sie werden in die Gruppe der Nagetiere eingeordnet. Dazu gehören Kaninchen, Hamster, Mäuse, Biber und Eichhörnchen.

Unterscheidung über die Füße

Auch über die Füße kann man Säugetiere ordnen. Haben die Tiere nur einen Huf pro Bein, dann handelt es sich um **Unpaarhufer**. → 4 Zu ihnen gehören Pferd, Esel und Zebra. Tiere, bei denen der Huf geteilt ist, heißen **Paarhufer.** → 5 Zu ihnen zählen Rind und Schwein. Paarhufer und Unpaarhufer gemeinsam bilden die Gruppe der Huftiere.

Merk dir! Säugetiere lassen sich mithilfe von Merkmalen in Gruppen ordnen.

Arbeitsaufträge

1. Überprüfe anhand des Textes, ob Mensch, Pinguin, Delfin und Krokodil zu den Säugetieren gehören.

2. Raubtiere haben Fang- und Reißzähne. Nenne den Nutzen dieser Zähne für die Tiere.

3. Suche in diesem Buch nach Tieren, die zu den Raubtieren, Nagetieren und Paarhufern gehören. Schreibe ihre Namen auf und begründe deine Entscheidung.

Menschen halten Tiere

Der Hund stammt vom Wolf ab. Durch Züchtung sind verschiedene Hunderassen entstanden. Als Haustier braucht der Hund Pflege, Aufmerksamkeit und Erziehung. (Siehe Seite 30–35.)

Die Katze ist ein Schleichjäger. Sie orientiert sich mithilfe ihrer Sinnesorgane. Die Jungen sind Nesthocker und werden von der Katzenmutter gesäugt. (Siehe Seite 38–41.)

Kühe sind Nutztiere. Sie liefern uns Milch und Fleisch. (Siehe Seite 42–45.)

Auch Tiere haben Bedürfnisse. Bei der Haltung sollte der Mensch auf diese Rücksicht nehmen. (Siehe Seite 46.)

Das Pferd ist vom Körperbau an schnelles Laufen angepasst. Der Mensch nutzt es für Sport und Freizeit. (Siehe Seite 48.)

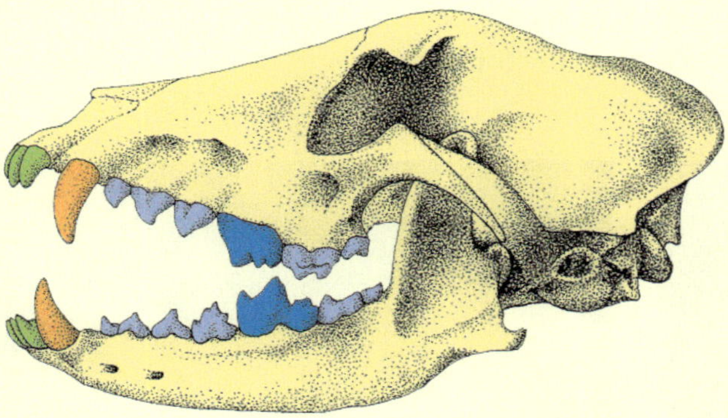

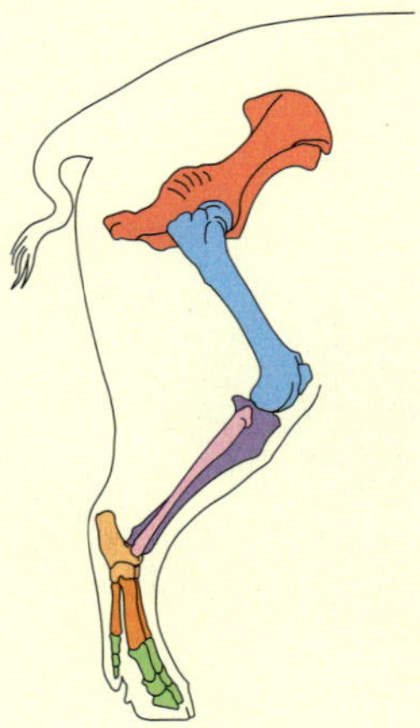

Säugetiere lassen sich anhand von Merkmalen ordnen. (Siehe Seite 52.)

1

2

1. Teile folgende Tiere in Haustiere und Nutztiere ein. Begründe deine Zuordnung.
- **a** Schwein
- **b** Wellensittich
- **c** Kuh
- **d** Katze
- **e** Huhn
- **f** Hund

2. Sieh dir die Abbildungen 1 bis 4 an. Schreibe auf, was für eine Botschaft der Hund mitteilt.

3. Nenne Gründe, warum die Katze besonders gut Mäuse jagen kann.

4. Warum kauen Kühe ihre Nahrung zweimal? Erkläre den Begriff „Wiederkäuer“.

5. Entscheide, welche der folgenden Tiere nicht zu den Säugetieren gehören. Begründe deine Wahl.
- **a** Eisbär
- **b** Hamster
- **c** Storch
- **d** Reh
- **e** Esel
- **f** Pinguin
- **g** Hai
- **h** Seehund
- **i** Schlange

3

4

5 Futter

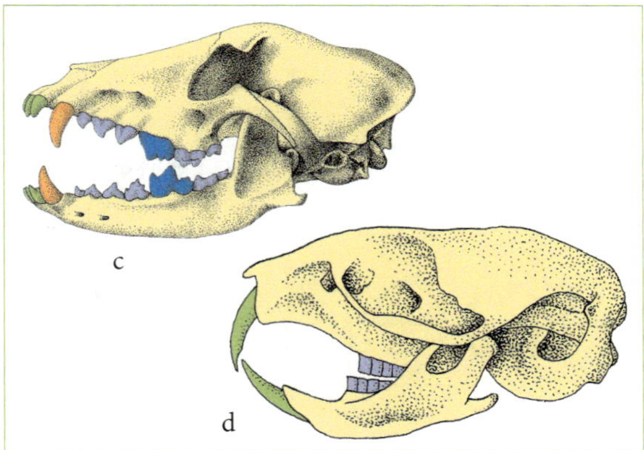

6 Gebisse

6. Erkläre, welches Futter zu welchem Gebiss passt. → **5**, **6**

Ordne deiner Lösung im Heft ein Smiley zu:

☺ Ich habe die Aufgabe richtig lösen können.

😐 Ich habe die Aufgabe nicht komplett lösen können.

☹ Ich habe die Aufgabe nicht lösen können.

Aufgabe	Fähigkeit	Hilfe findest du auf Seite …
1	Ich kann Tiere in Haus- und Nutztiere unterscheiden.	30
2	Ich kann die Körpersprache eines Hundes verstehen.	36
3	Ich kann das Beutefangverhalten der Katze erklären.	38
4	Ich kann Wiederkäuen erklären.	44
5	Ich kann Säugetiere benennen.	52
6	Ich kann Gebisstypen der entsprechenden Nahrung zuordnen.	52

Tiere in ihrem Lebensraum

Kaum ein Fleck unserer Erde ist unbewohnt. Tiere kommen in fast allen Lebensräumen vor. Sie leben an Land, im Wasser, in der Luft, in der Wüste und im Eis. Dort haben sie es nicht immer leicht. Sie müssen zum Beispiel mit großer Hitze und Kälte zurechtkommen. Bei uns sind die Tiere dem Wechsel der Jahreszeiten ausgesetzt. Wie die Tiere mit diesen Bedingungen leben, erfährst du in diesem Kapitel.

1 Fische leben im Wasser. Wie können sie dort eigentlich atmen? Warum ertrinken Fische nicht? (Siehe Seite 66.)

2 Im Frühling begeben sich Lurche auf Wanderschaft. Wohin wandern sie? Warum tun sie dies? (Siehe Seite 72.)

3 Kriechtiere kommen meistens in warmen Ländern vor. Woran liegt das? (Siehe Seite 78.)

4 Vögel sind wahre Flugkünstler. Warum können sie so gut fliegen? Wie kann man die verschiedenen Arten unterscheiden? (Siehe Seite 84.)

5 Wir ziehen uns im Winter dicke Kleidung an. Was machen die Tiere? (Siehe Seite 90.)

6 Frieren die Pinguine am Südpol eigentlich? (Siehe Seite 96.)

7 Es gibt Tiere, die in der Wüste leben. Wie ertragen sie die Hitze? (Siehe Seite 98.)

Feldhasen und Wildkaninchen werden häufig verwechselt: Beide haben ein braunes Fell, mit dem sie gut getarnt sind. Die Hinterbeine sind länger als die Vorderbeine, dadurch kommt das Hoppeln zustande. Anders als Feldhasen sind Wildkaninchen keine Einzelgänger, sondern leben zusammen in Gruppen.

1 Wildkaninchen

Feldhase und Wildkaninchen

Bevorzugte Nahrung

Feldhasen und Wildkaninchen sind Pflanzenfresser. Sie besitzen lange, gebogene und scharfe Schneidezähne, mit denen sie sogar Baumrinde abnagen können. Wegen dieser auffälligen Zähne wurden Feldhasen und Wildkaninchen früher den Nagetieren zugeordnet. Sie zählen aber zur Gruppe der Hasenartigen. Mit ihren Backenzähnen zerkauen sie Gras, Löwenzahn und Wurzeln.

Feinde von Feldhasen und Wildkaninchen

Feldhasen und Wildkaninchen haben einen guten Geruchssinn und können damit ihre Feinde wittern. Zu ihren Feinden gehören Habicht, Bussard, Marder, Hund und Katze.

Wildkaninchen leben zusammen

Wildkaninchen kommen in sandigen Gegenden vor. Dort bauen sie unterirdische Gänge, in denen sie schlafen. → 2
Wildkaninchen leben in Gruppen, die man als Kolonien bezeichnet.
Die Weibchen können bis zu fünfmal im Jahr vier bis zwölf Junge bekommen. Diese sind in den ersten Tagen nackt und haben noch geschlossene Augen. → 3 Die Jungtiere bleiben etwa drei Wochen im Bau und heißen deshalb **Nesthocker**. Da Kaninchen oft in von Menschen geschaffenen Landschaften leben, heißen sie **Kulturfolger**.

2 Kaninchenbau

3 Frisch geborene Wildkaninchen

Kulturfolger
Nesthocker
Nestflüchter

4 Feldhase

5 Junge Feldhasen

Feldhasen sind Einzelgänger

Feldhasen leben überwiegend auf Feldern und in Hecken. → 4 Sie haben keinen Bau, sondern bekommen ihre Jungen in einer Mulde im Feld, die man als Sasse bezeichnet. Die frisch geborenen Hasen sind vollständig behaart und haben geöffnete Augen. → 5 Sie können schon nach vier Tagen schnell davonlaufen. Sie werden deshalb **Nestflüchter** genannt. Eine Häsin bekommt bis zu viermal im Jahr zwei bis vier Junge.

Lange „Löffel"

Die Hasenohren werden auch Löffel genannt. Sie reichen, wenn man sie über den Kopf legt, über die Schnauze hinaus und sind damit länger als Kaninchenohren. Auch die Hinterbeine der Hasen sind länger. Mit ihnen können sie große Sprünge machen: Auf der Flucht vor ihren Feinden machen Hasen Zickzacksprünge, das nennt man „Haken schlagen".

→ Merk dir! Feldhasen und Wildkaninchen sind Pflanzenfresser. Feldhasen sind Einzelgänger und Wildkaninchen leben gemeinsam im Kaninchenbau. Frisch geborene Feldhasen sind Nestflüchter, bei Wildkaninchen spricht man von Nesthockern.

Arbeitsaufträge

1. Vergleiche Feldhase und Wildkaninchen. Lege dazu eine Tabelle an:

	Feldhase	Wildkaninchen
Lebensraum	…	…
…	…	…

2. Erläutere die Begriffe Nesthocker und Nestflüchter.

3. Berechne mit Hilfe der Angaben im Text, wie viele Nachkommen ein Kaninchenweibchen im Laufe eines Jahres höchstens bekommen kann. Stelle die gleiche Rechnung für ein Hasenweibchen auf.

4. Nenne mindestens zwei Gründe, warum Kaninchen sehr häufig sind, aber Hasen immer seltener werden.

Manche Grünflächen im Park sind von vielen Erdhügeln übersäht. Solche Erdhügel stammen von Maulwürfen, die versteckt im Boden leben.

1 Grünfläche mit Maulwurfshügeln

Der Maulwurf – ein Leben im Boden

Leben unter Tage

Maulwürfe bekommt man selten zu Gesicht, weil sie fast ihr ganzes Leben unter der Erde verbringen. → 2 Wenn ein Maulwurf unter der Erde seine Gänge gräbt und die Erde nach oben wirft, entsteht ein Maulwurfshügel. Sofern der Boden locker ist, schafft ein Maulwurf in einer Stunde, einen zehn Meter langen Gang zu graben. Er durchläuft seine Gänge mehrmals täglich, um dort seine Nahrung zu suchen. Maulwürfe ernähren sich von Regenwürmern, Insektenlarven und Schnecken. Sie haben ein typisches Gebiss mit vielen kleinen spitzen Zähnen. Damit können sie ihre Beute gut festhalten und zerbeißen. Aufgrund dieses Gebisses zählen Maulwürfe zu den **Insektenfressern**.

Angepasstheit ist alles

Maulwürfe sind perfekt an ihre unterirdische Lebensweise angepasst. → 3 Der etwa 15 Zentimeter lange Körper ist **walzenför-**

2 Gangsystem eines Maulwurfs

Grabschaufel
Insektenfresser
walzenförmig

3 Maulwurf

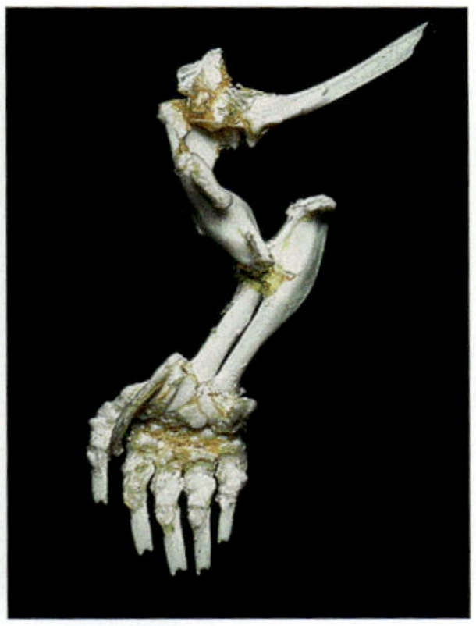

4 Armskelett

mig und läuft zur Schnauze mit dem knorpeligen Rüssel spitz zu. Der schwarze Pelz ist dicht und hat keinen „Strich", so kann der Maulwurf sich vorwärts- und rückwärtsbewegen, ohne dass das Fell struppig wird. Die Vordergliedmaßen bilden kräftige **Grabschaufeln**. An den Fingern befinden sich lange Krallen. → 3 Maulwürfe haben keine Ohrmuscheln und können ihre Gehörgänge verschließen. Die Nasenlöcher sind unten, und die winzigen Augen sind im Fell versteckt. So dringt keine Erde in diese Öffnungen.

Feinde der Maulwürfe

Maulwürfe haben viele Feinde. Zu ihnen gehören Füchse, Marder, Störche und Eulen. Bei Menschen sind Maulwürfe wegen ihrer Haufen unbeliebt. Oft wird vergessen, dass sie täglich eine große Menge an kleinen Tieren verzehren und dadurch nützlich sind.

→ **Merk dir!** Maulwürfe leben in unterirdischen Gangsystemen. Durch ihren walzenförmigen Körper, die Grabhände und das Fell ohne Strich sind sie sehr gut an ihren Lebensraum angepasst.

Arbeitsaufträge

1. Nenne Merkmale, durch die ein Maulwurf an ein Leben unter der Erde angepasst ist.
2. Die Abbildungen zeigen eine Spitzmaus und eine Haselmaus. Stelle eine Vermutung auf, welche der beiden eine ähnliche Lebensweise wie der Maulwurf hat. Begründe deine Vermutung.

5 Spitzmaus

6 Haselmaus

Viele Menschen reden vom „Walfisch“ und bringen damit zum Ausdruck, dass Wale wie Fische aussehen. Wale sind aber keine Fische, sondern Säugetiere.

1 Buckelwal

Wale – Säugetiere des Wassers

Riesen der Meere

In den Weltmeeren gibt es etwa 80 verschiedene Walarten, die bekanntesten sind Blauwal, Pottwal und Schwertwal. → 2 Wale werden in zwei Gruppen unterschieden: **Zahnwale** haben Zähne und ernähren sich überwiegend von Fischen. → 3 Hierzu zählt beispielsweise der Pottwal. **Bartenwale** wie der Blauwal und der Buckelwal haben anstelle von Zähnen hornige Platten am Gaumen, die mit groben Fransen, den Barten, besetzt sind. → 4 Die Wale nehmen mit dem Maul Wasser und darin enthaltene Tiere auf. Anschließend pressen sie das Wasser durch die Barten hinaus, während kleine Tiere oder auch winzige Krebstiere im Maul zurückbleiben – ähnlich wie bei einem Besen, an dem der Schmutz hängen bleibt.

Angepasstheit ist alles

Wale besitzen eine Lunge zum Atmen, deshalb müssen sie zum Luftholen auftauchen. Sie können bis zu 90 Minuten die Luft anhalten, Pottwale sogar über zwei Stunden. Beim Auftauchen atmen sie durch ein oder zwei Blaslöcher kräftig aus. Bei den Blaslöchern handelt es sich im Prinzip um Nasenlöcher. Wale können aber trotzdem nicht an

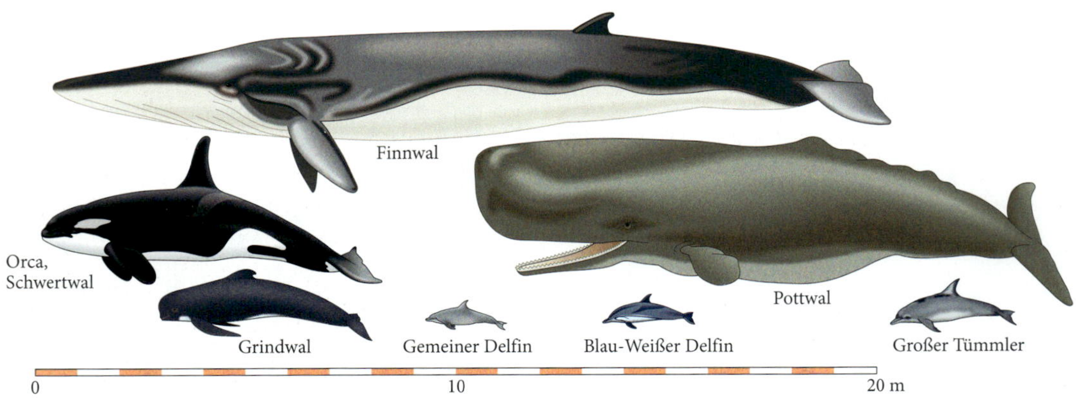

2 Walarten

3 Zahnwal

4 Bartenwal

Land leben. Außerhalb des Wassers würde ihre Haut austrocknen. Mit ihrem mächtigen Gewicht würden sie an Land ihre Lungen zusammendrücken und dadurch ersticken. Wale besitzen einen stromlinienförmigen Körper. Die waagerecht liegende Schwanzflosse dient als Antrieb. Vor der Kälte unter Wasser sind sie durch eine bis zu 50 Zentimeter dicke Speckschicht geschützt.

Nachwuchs bei Walen

Blauwale haben eine Tragzeit von elf Monaten, danach wird das Kalb im Wasser geboren. Bei der Geburt ist das Kalb etwa sieben Meter lang und 2500 Kilo schwer. Die Kälber saugen sechs bis sieben Monate die besonders fettreiche Muttermilch.

Wale brauchen Schutz

Obwohl der Fang generell verboten ist, werden Wale auch heute noch von manchen Ländern gejagt, vor allem weil Walfleisch als Delikatesse gilt. Früher wurden viele Produkte aus den Tieren gewonnen. So wurde das Fleisch und das Fett von Bartenwalen für Dosennahrung, Brot, Backfett, Maschinenfett und Seife verwendet. Aus den Barten stellte man unter anderem Schuhlöffel, Angelruten und Medikamente her. Viele Walarten sind vom Aussterben bedroht.

→ Merk dir! **Wale werden in zwei Gruppen unterschieden: Zahnwale und Bartenwale. Eine dicke Fettschicht schützt sie vor Kälte.**

Arbeitsaufträge

1. Eine Schulklasse mit 30 Fünftklässlern wiegt ungefähr eine Tonne, also 1000 kg. Berechne, wie viele Fünftklässler zusammen so viel wiegen wie ein Blauwal.
2. Manche Länder fangen immer noch Wale. Schreibe einen Brief an einen Regierungschef, in dem du ihn darum bittest, den Walfang einzustellen. Begründe in dem Brief deine Meinung.
3. Vergleiche den Körperbau eines Schwertwals mit dem eines Weißen Hais.

5 Weißer Hai

**Wir müssen nach kurzem Tauchen immer wieder Luft holen.
Wie schaffen es Fische, unter Wasser zu atmen? Warum ertrinken Fische nicht?**

1 Der Karpfen lebt in ruhigen Gewässern.

Leben unter Wasser – Fische

Körperbau

Fische sind an das Leben im Wasser gut angepasst. Ihr Körper läuft an Kopf und Schwanz spitz zu. Er hat eine Stromlinienform. → 2 Damit kann ein Fischkörper beim Schwimmen durch das Wasser „hindurchschlüpfen". Dies wird noch durch die Schuppen verbessert, die wie Dachziegel übereinanderliegen. Die Haut sondert Schleim ab. Dadurch werden Fische noch schneller bei der Fortbewegung im Wasser.

Fortbewegung und Orientierung

Die **Flossen** der Fische dienen zur Fortbewegung und zur Steuerung. Schwanz-, After- und Rückenflosse sind einfach vorhanden, Brust- und Bauchflossen liegen paarig vor. → 2

Fische können sich im Wasser sehr gut orientieren. Dabei hilft ihnen ihr **Seitenlinienorgan**. Es besteht aus vielen kleinen Sinneshärchen, die in kleinen Hautöffnungen sitzen. → 2

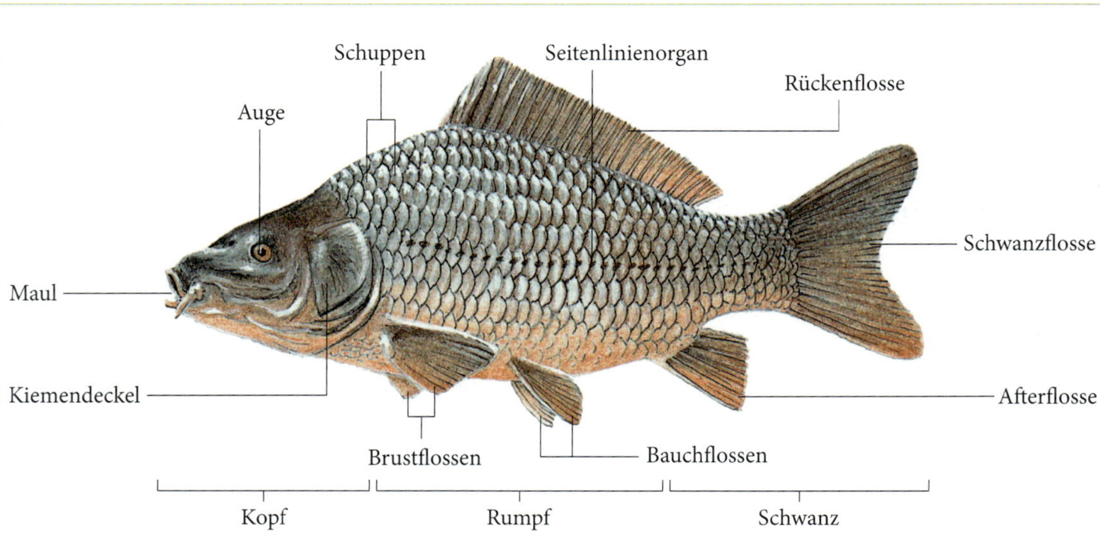

2 Äußerer Körperbau des Karpfens

Flossen
Kiemen
Schwimmblase
Seitenlinienorgan

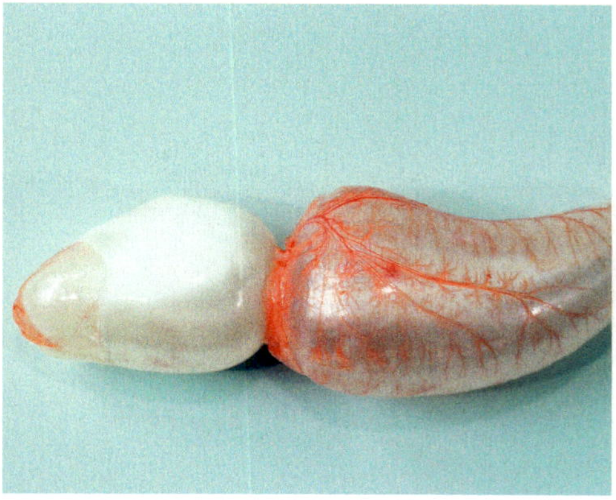

3 Schwimmblase

4 Kiemen (Kiemendeckel entfernt)

Schwerelos Schweben

Fische verfügen über eine mit Luft gefüllte **Schwimmblase.** → 3 Dadurch können sie auf einer Stelle schweben und sinken nicht einfach zu Boden. Möchte ein Fisch weiter oben schweben, nimmt er zunächst seine Flossen zu Hilfe. Dann lässt er etwas mehr Luft in die Schwimmblase hinein. Taucht er tiefer, lässt er etwas Luft ab.

Atmen unter Wasser

Mit jedem Öffnen des Mauls nehmen Fische Wasser auf und drücken es anschließend an der Seite des Kopfes durch die Kiemendeckel wieder nach außen. Unter den Kiemendeckeln liegen geschützt die roten **Kiemen.** → 4, 5 Mit den Kiemen atmen die Fische. An den Kiemenblättchen fließt das eingeatmete frische Wasser vorbei. Dadurch können diese gut durchbluteten Häute ständig den im Wasser gelösten Sauerstoff aufnehmen und Kohlenstoffdioxid abgeben.

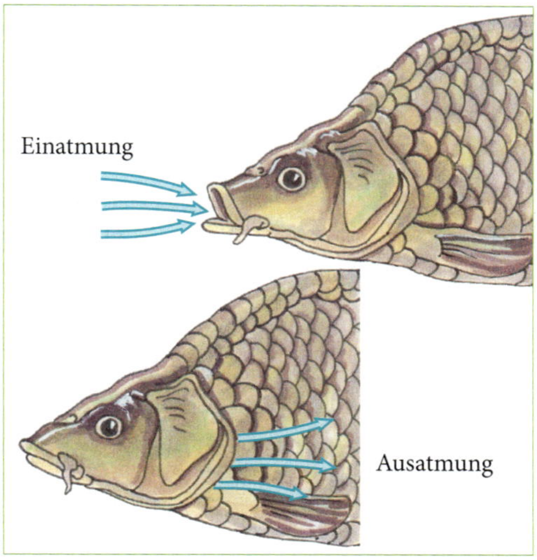

5 Weg des Wassers beim Einatmen und Ausatmen

→ **Merk dir!** Fische sind durch ihren Körperbau und ihre Organe gut an das Leben im Wasser angepasst. Mit der Schwimmblase können sie im Wasser schweben. Sie atmen unter Wasser durch Kiemen.

Arbeitsaufträge

1. Beschreibe genau, wodurch die Fische an das Leben unter Wasser angepasst sind.

2. Fische atmen ebenso wie Landlebewesen Sauerstoff. Begründe, wieso sie ersticken, wenn sie an Land gespült werden.

1 Fortpflanzung und Entwicklung eines Karpfens

Wie pflanzen Fische sich fort?

Die Eier entwickeln sich im Körper des Weibchens. Sie legen ihre Eier von Mai bis Juli im warmen, flachen Wasser ab. Anschließend schwimmt das Fischmännchen über die Eier und gibt seine Spermienzellen darüber ab. → 1 Die Spermienzellen befruchten die Eier. Aus den befruchteten Eiern entwickeln sich kleine Fischlarven. Sie schlüpfen nach einigen Tagen bis Wochen. Die frei schwimmenden Fischlarven ernähren sich zunächst aus Nährstoffen des Dottersacks. Sind diese aufgebraucht, beginnen die Tiere sich Futter zu suchen. Sie sind nun Jungfische und erreichen in einigen Monaten bis Jahren das Erwachsenenalter.

Lebensweise der Bachforelle

Als Süßwasserfisch braucht die **Bachforelle** klares Wasser und Versteckmöglichkeiten im Bach. → 2 Flussverschmutzungen und die Zerstörung von Verstecken durch Begradigung der Bäche vernichten Lebensräume für die Bachforelle. Sie gilt als bedrohte Art.

Die Scholle ist ein Plattfisch

Die Scholle ist ein Plattfisch und lebt in Nord- und Ostsee. Sie versteckt sich im Sandboden. → 3 Die Oberseite ist graubraun gefärbt. Die Fischlarven der Scholle sehen noch wie alle anderen Fischlarven aus, in der Entwicklung wandert dann ein Auge auf die Seite zum anderen Auge.

2 Bachforelle

3 Scholle

Bachforelle
Gewässerschutz
Hai

4 Hai

5 Toter Fisch

Haie sind Knorpelfische

Alle Fische mit Gräten gehören zu den Knochenfischen. Der **Hai** besitzt ein Skelett aus Knorpel. → 4 Da er keine Schwimmblase hat, muss er sich ständig bewegen. Sonst würde er absinken. Haie haben für die Jagd ein besonderes Sinnesorgan, mit dem sie Nervensignale anderer Tiere wahrnehmen. Versteckte Fische kann ein Hai so ausfindig machen. Nur ganz wenige Haiarten greifen Menschen an.

Bedrohung für viele Fische

Durch die Eingriffe des Menschen sind heute viele Fischarten bedroht. Der **Gewässerschutz** ist ein wichtiges Thema geworden. Die Lebensräume vieler Fische werden durch die Begradigung von Gewässern zerstört. Durch das Einleiten von giftigen Stoffen aus Industrie und Haushalt werden viele Flüsse und Seen verschmutzt. → 5 In Badeseen werden die hier lebenden Tiere von Wassersportlern gestört.

→ Merk dir! Die Eier des Fischweibchens werden von den Spermienzellen des Fischmännchens befruchtet. Aus den befruchteten Eiern schlüpfen Larven, die zu den Jungfischen heranwachsen.

Arbeitsaufträge

1. Lies die unten stehenden Bezeichnungen durch und ordne sie den einzelnen Schritten 1 bis 3 in Abbildung 1 zu:
- **a** Fischlarve mit Dottersack
- **b** Männchen und Weibchen
- **c** Jungfisch
- **d** Fischlarve im Ei
- **e** Befruchtetes Ei

2. Informiere dich anhand von Literatur oder Internet, welche Fische zu den Knorpelfischen gehören. Ermittle die Besonderheiten der verschiedenen Arten.

Vom Schwimmen und Schweben

1. Welche Körperform eignet sich am besten zum Schwimmen?

Ihr braucht: 1 Standzylinder (40 cm Höhe), Wasser, 4 Knetstangen gleicher Größe, Stoppuhr. Bildet Gruppen zu je drei Schülern.

Forme aus den Knetstangen unterschiedliche Körper: 1 Pyramide, 1 Kugel, 1 Spindel, 1 Quader. → 1

Lass die verschiedenen Körper senkrecht auf die 30 cm hohe Wassersäule fallen.

Miss die Zeitdauer vom Eintauchen der Körper bis zum Erreichen des Bodens. Notiere die Zeit und weitere Beobachtungen zum Schwimmen oder Sinken.

a Vergleiche eure Ergebnisse mit anderen Gruppen. Erkläre, welcher Körper sich am besten für die Fortbewegung im Wasser eignet.

1 Pyramide, Kugel, Spindel und Quader

b Übertrage deine gewonnenen Erkenntnisse auf die Form des Fischkörpers. Begründe seinen Vorteil.

c Nenne Beispiele, wo die Technik die Stromlinienform nutzt, und diskutiere ihren Nutzen.

2. Flossen zur Fortbewegung oder zur Stabilisierung?

Ihr braucht: 1 Blumenkasten (1 m), Wasser, 2 Fischmodelle (Knete) ohne Flossen, aber mit Einschnitten, Heftstreifen aus Plastik, 2 Ösen, 2 lange Nylonfäden (je 1,30 m), 2 Gewichte (20 g).

Befestige an den Modellen je eine Öse. Knote je einen Nylonfaden an euer Modell und befestige am anderen Ende des Fadens je 1 Gewicht.

a Vergleiche das Modell mit einem echten Fisch (Foto oder Aquarium). Benenne die Flossen, die ihr für euer Fischmodell aus dem Heftstreifen ausschneiden müsst.

Befestige an einem Modell die Flossen (Einschnitte).

Setze eure Modelle mit und ohne Flossen in den mit Wasser befüllten Blumenkasten. Der Nylonfaden mit dem Gewicht hängt auf einer Seite herunter. → 2

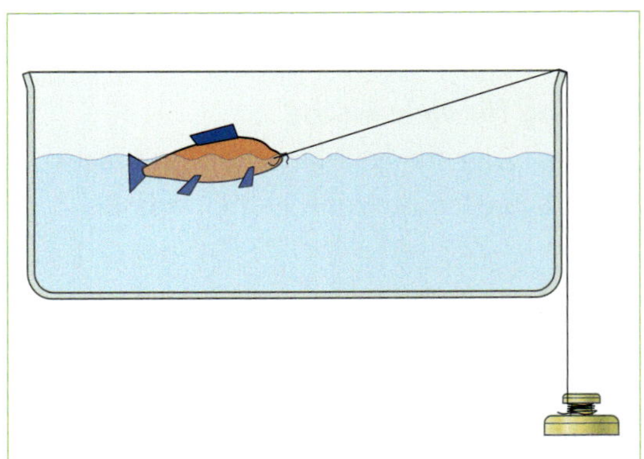

2 Versuchsaufbau zur Flossenfunktion

b Notiert eure Beobachtungen, während die Fischmodelle durch das Wasser gleiten, und diskutiert die Funktion der Flossen.

3. Können Fische untergehen?

Ihr braucht: 1 Aquarium, Wasser, 1 Erlenmeyerkolben, 1 Luftballon, 1 Schlauch, 1 Gummiring.

Verbinde den Luftballon mit dem Schlauch und verschließe die Öffnung luftundurchlässig mit dem Gummiring. Schiebe den Luftballon in den Kolben und lege den Kolben auf den Boden des Aquariums. → 3

Puste langsam Luft in den Luftballon im Kolben.

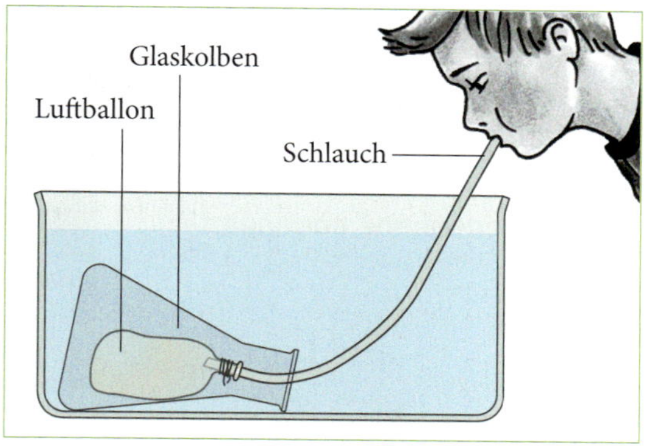

3 Versuchsaufbau zur Schwimmblase

a Beschreibe deine Beobachtung. Verändere die Luftmenge im Ballon. Protokolliere und erkläre deine Beobachtungen.

b Übertrage deine Beobachtungen am Modell auf die Schwimmblase eines Fisches.

c Informiere dich über U-Boote. Erkläre, wie sich die Erfinder der U-Boote die Kenntnisse aus der Biologie der Fische zunutze gemacht haben. → 4

d Beschreibe das Tauchverhalten der U-Boote.

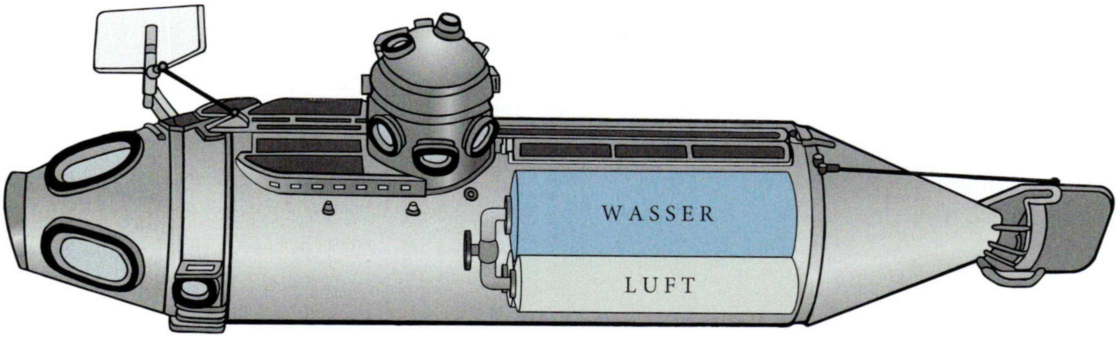

4 Schnitt durch ein U-Boot

4. Können Menschen wie Fische in der Wassersäule schweben?

Selbstversuch im Schwimmbad

Tauche mit gefüllter Lunge möglichst tief im Sprungbecken.

a Was musst du tun, um den Grund des Beckens zu erreichen. Beschreibe deine Beobachtungen.

b Erkläre, wie ein Flaschentaucher fast schwerelos im Wasser schweben kann. → 5

5 Flaschentaucher

Frösche kannst du auf der Wiese, am Wasser und auch im Wasser finden. Wodurch sind Lurche an diese verschiedenen Lebensräume angepasst?

1 Ein Leben zwischen Wasser und Land.

Lurche führen ein Doppelleben

Was der Name verrät

Die Biologen bezeichnen die Lurche als **Amphibien**. Das Wort stammt aus der griechischen Sprache und kann mit „zwei Leben" übersetzt werden. Der Name verrät schon, dass diese Tiere in zwei verschiedenen Lebensräumen leben: auf dem Land und im Wasser. → 1, 3

Feuchte Haut

Hast du schon einmal einen Grasfrosch aus der Nähe gesehen oder sogar berührt? Dann wirst du festgestellt haben, dass seine Haut feucht ist. Die Feuchtigkeit schützt den Frosch vor dem Austrocknen. Er atmet auch über die feuchte Haut (Hautatmung). Deswegen kann er so lange unter Wasser bleiben. An Land atmet der Grasfrosch über die Lungen (Lungenatmung). Die Haut besitzt Schleim- und Giftdrüsen. Sie schützt den Frosch vor Infektionen und Feinden.

Fortbewegung

Der Frosch kann so gut springen, weil er kräftige und sehr lange Hinterbeine hat. Mit ihnen stößt er sich vom Boden ab. Mit den Vorderbeinen landet er wieder. Auf diese Weise kann der Frosch bis zu 1 Meter weit springen. Aber auch im Wasser ist er ein guter Schwimmer und Taucher. → 3

Mit Klappzunge auf Beutefang

Sein Sprungvermögen nutzt der Frosch auch beim Fangen von Insekten. Ist die Beute nah

2 Atmung über Haut und Lunge

3 Grasfrosch unter Wasser

Amphibien
Froschlurch
Klappzunge
Schwanzlurch

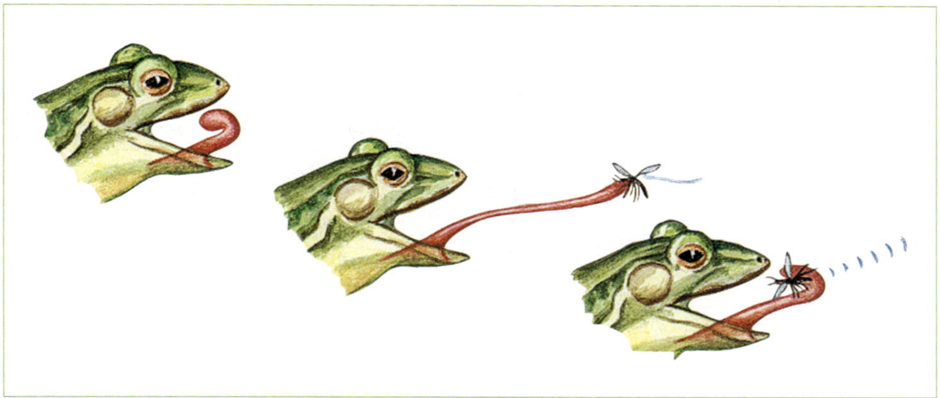

4 Beutefang beim Frosch

genug, springt der Frosch und schnappt gleichzeitig zu. Dabei klappt er seine lange, klebrige Zunge aus und fängt das Insekt ein. Mit dieser **Klappzunge** zieht der Frosch das Insekt sofort in das Maul. → 4

Froschlurch oder Schwanzlurch?

Froschlurch und **Schwanzlurch** zu unterscheiden ist ganz einfach. Besitzt der Lurch einen Schwanz, dann gehört er zu den Schwanzlurchen. Hierzu zählen beispielsweise Salamander oder Molche. Lurche ohne Schwanz sind Froschlurche. Zu ihnen gehören Frösche, Kröten und Unken.

> → **Merk dir!** Der Grasfrosch atmet über die Lunge und die Haut. Mit seinen Beinen kann er sich an Land und im Wasser gut fortbewegen. Lurche kann man in Frosch- und in Schwanzlurche einteilen.

Arbeitsaufträge

1. Erläutere an Beispielen, wie Lurche an das Leben im Wasser und an Land angepasst sind.

2. Ermittle mithilfe des Internets, was ein „Amphibienfahrzeug" ist. Erkläre, warum es so genannt wird.

3. Auf Abbildung 5 und 6 kannst du Lurche sehen. Handelt es sich jeweils um einen Froschlurch oder einen Schwanzlurch? Begründe und erkläre deine Antwort. Finde mithilfe eines Lexikons heraus, wie diese Lurcharten heißen.

5 Frosch- oder Schwanzlurch?

6 Frosch- oder Schwanzlurch?

1 Teichfrosch

2 Frösche bei der Paarung

Warum quaken Frösche?

Der Grasfrosch ist bei uns die häufigste Froschart. Während des Jahres lebt er an Land, vor allem im Wald und auf feuchten Wiesen. Im Frühling begeben sich die Grasfrösche auf Wanderschaft zu ihren Seen oder Teichen. In dieser Zeit können wir die Rufe als wahre „Froschkonzerte" hören. Die Männchen machen sich durch Quaken, Knurren und Brummen bemerkbar.→ 1 Damit versuchen sie, die Weibchen anzulocken und gleichzeitig andere Männchen zu vertreiben.

Im „Huckepack" ins Wasser

Kommt ein Weibchen in die Nähe, klammert sich das Männchen auf seinem Rücken fest. Im „Huckepack" geht es dann in das Wasser. Im Wasser findet die Paarung statt. → 2 Dort stößt das Weibchen die Eier – den **Laich** – aus. Das Männchen verteilt über den Laich seine Spermienzellen. Der Laich ist nun befruchtet.

Von der Kaulquappe zum Frosch

Nach etwa zwei Wochen schlüpfen aus dem Laich winzige **Kaulquappen**, sie atmen durch Kiemen wie Fische. → 3 Die Kaulquappen bewegen sich mithilfe ihres Ruderschwanzes schlängelnd durch das Wasser. Nach sechs bis sieben Wochen entwickeln sich die vorderen und hinteren Gliedmaßen, der Schwanz wird kleiner. → 4 Im letzten Entwicklungsschritt haben sich die Lungen

3 Kaulquappe

4 Frosch mit Ruderschwanz

Kaulquappe
Laich

5 Arbeit am Krötenzaun

6 Warnschild an Straßen mit Krötenwanderung

gebildet. Die Kiemenatmung setzt aus und der Ruderschwanz wird abgestoßen. Ein erwachsener Grasfrosch verlässt das Wasser.

Schutz auf Wanderschaft

In Deutschland gibt es ungefähr 20 Lurcharten. Davon sind sehr viele gefährdet. Der Hauptgrund ist die Zerstörung und Verkleinerung der Lebensräume wie Teiche und andere Feuchtgebiete. Aber auch auf der Wanderung der Kröten und Frösche zu ihren Laichgewässern droht Gefahr. Beim Überqueren einer Straße benötigen die Tiere bis zu 20 Minuten. Werden sie vom Licht der Autos geblendet, rühren sie sich vor Schreck nicht von der Stelle und werden überfahren. Auf diese Weise sterben jedes Jahr Millionen Lurche auf unseren Straßen. Es gibt verschiedene Möglichkeiten, Lurche vor dem Straßentod zu schützen. Beim Bau einer Straße kann ein Tunnel mit eingebaut werden. Sogenannte Krötenzäune sind meist 50 Zentimeter hohe, undurchsichtige Kunststofffolien, die parallel zur Straße aufgebaut werden. → **5, 6**

→ Merk dir! Im Frühjahr paaren sich die Lurche im Wasser. Aus dem Laich schlüpfen Kaulquappen, die mit Kiemen atmen. Aus den wasserlebenden Kaulquappen entwickeln sich die landlebenden Jungfrösche.

Arbeitsaufträge

1. Lies die unten stehenden Entwicklungschritte von Fröschen durch und ordne sie in eine sinnvolle Reihenfolge.
- **a** Jungfrosch mit Ruderschwanz
- **b** Laich
- **c** Erwachsener Frosch
- **d** Kaulquappen mit Kiemen
- **e** Frösche im Huckepack auf dem Weg zu einem Gewässer

2. Erkläre anhand der richtig geordneten Entwicklungschritte des Paarungsverhalten der Lurche mit eigenen Worten.

Die spannende Welt der Lurche

1 Knoblauchkröte

Froschlurch des Jahres 2007 – mit Kopfnüssen gegen Feinde

Der Naturschutzbund (NABU) kürt die Knoblauchkröte zum Froschlurch 2007. → 1 Mit dieser Auszeichnung möchte der NABU auf dieses besondere Tier aufmerksam machen. Die Knoblauchkröte ist kaum bekannt, weil sie hauptsächlich in der Nacht aktiv und tagsüber im Erdboden vergraben ist. Bei Stress gibt diese Kröte eine nach Knoblauch riechende Flüssigkeit ab. Daher hat sie ihren Namen. Knoblauchkröten sind echte Verteidigungsprofis. Feinde verscheuchen sie mit Kopfstößen und Bissen. Die Knoblauchkröte vergräbt sich bei Gefahr oder zum Schlafen in den Boden. Die Hinterfüße benutzt sie dabei als „Spaten".

Größter Frosch

Der Goliathfrosch lebt in Afrika. Er erreicht bis zu 45 Zentimeter Körperlänge und wird bis zu drei Kilo schwer. → 2 Er ist der größte Frosch der Welt. Angeblich kann er drei bis fünf Meter weit springen. Der Goliathfrosch ernährt sich räuberisch von Insekten, kleinen Kriechtieren und jungen Wasservögeln, die er komplett verschlingt. Er lebt in und an größeren, sauberen, schnell fließenden Gewässern. Bei Gefahr stellt er sich tot oder taucht in tiefe Bereiche seines Gewässers ab.

2 Goliathfrosch

Wenn Körperteile einfach nachwachsen

Der Axolotl ist ein Schwanzlurch, der in Mexiko lebt. Sein Name bedeutet „Wassermonster". Mithilfe von Kiemen, die sich in Büscheln seitlich am Kopf befinden, atmet er. → 3 Er verbringt sein ganzes Leben im Wasser. Der Axolotl verfügt über wahre „Zauberkraft". Verliert er bei einem Kampf oder einer Verletzung ein Bein oder ein Auge, wächst es einfach wieder nach.

3 Axolotl

Farbe als Warnung für Feinde

Pfeilgiftfrösche sind sehr kleine, aber sehr giftige Vertreter der Lurche Mittelamerikas. Die Frösche erreichen eine Größe von 18 bis 60 Millimeter. Sie sind auffällig bunt gefärbt. → 4 Mit ihrer auffälligen Farbe signalisieren sie ihren Fressfeinden, dass sie tödlich giftig sind – auch für den Menschen. Pfeilgiftfrösche sind tagaktiv. Sie ernähren sich von Spinnen, Milben, Insekten oder Ameisen, mit deren Hilfe sie ihr Hautgift produzieren. Ihren Namen erhielten die Frösche durch den Nutzen, den sie für die Indianer darstellten. Die Indianer nutzten das tödliche Gift der Frösche, um die Spitzen ihrer Pfeile damit für die Jagd zu präparieren.

4 Pfeilgiftfrosch

Kröten in Halbwüsten- und Steppengebieten?

Kröten besiedeln in der Regel feuchte Lebensräume, die Amerikanische Schaufelfußkröte allerdings lebt in Grassteppen und Halbwüsten. → 5 Hier überdauern sie die Hitze mehrere Meter tief eingegraben im Steppen- oder Wüstensand. Ihr Lebensraum erhält nur sporadisch Regen. Fällt dann der Regen, laichen an den nun nur kurzzeitig vorhandenen Pfützen alle Kröten zeitgleich ab. Die Entwicklung des Laichs über die Larve bis zur Kröte dauert nur etwa 14 Tage. Die erwachsene Kröte gräbt sich wieder tief ein und wartet auf den Regen.

5 Schaufelfußkröte

**Schildkröten, Krokodile und riesige Schlangen sind nur in warmen Ländern zu finden.
Doch welche Verwandten dieser Tiere leben bei uns? Und was kennzeichnet sie?**

1 Das Krokodil liebt die Sonne.

Kriechtiere mögen es trocken und warm

Bunte Vielfalt

Echsen, Schlangen, Schildkröten und Krokodile gehören zu den **Kriechtieren.** Die Vorfahren der heute noch lebenden Kriechtiere waren die Saurier. → 2 Vor 145 Millionen Jahren beherrschten sie das Leben auf der Erde. Saurier kannst du heute nur noch in Filmen oder im Museum sehen. Die meisten Kriechtiere leben in den warmen Gebieten unserer Erde. Aber auch bei uns gibt es spannende Kriechtiere zu entdecken.

Die Zauneidechse

Zauneidechsen leben an trockenen und warmen Stellen in Hecken, Wäldern oder Feldrändern. Mit etwas Glück kannst du sie beim Sonnenbad beobachten. → 3 An warmen Tagen bewegen sich **Zauneidechsen** besonders schnell. Bei allzu großer Hitze verkriechen sie sich jedoch in Höhlen.
Wird es kühler, sinkt auch die Körpertemperatur dieser Tiere. Sie werden dann langsamer und träge. Da Zauneidechsen von der

2 Tyrannosaurus

3 Zauneidechse beim Sonnenbad

Häutung
Hornschuppen
Kriechtiere
Zauneidechse

4 Ein Jungtier schlüpft aus dem Ei.

5 Zauneidechse während der Häutung

Außentemperatur abhängig sind, bezeichnet man sie als wechselwarme Tiere. Sie passen ihre Temperatur der Umgebungstemperatur an.

Fortpflanzung an Land

Im Frühsommer finden sich Männchen und Weibchen zur Paarung zusammen. Bei der Paarung überträgt das Männchen seine Spermienzellen in den Körper des Weibchens.

Das Weibchen legt bis zu 20 Eier in einem Erdloch ab. Die Wärme des Bodens brütet die Eier aus. Nach zwei Monaten schlüpfen kleine Zauneidechsen. → 4

Trockene und schuppige Haut

Echsen und Schlangen haben eine trockene und starre Haut. Sie besteht aus **Hornschuppen**. Die Haut schützt vor Austrocknung und Verletzung. Da sie nicht mitwächst, müssen sich Schlangen und Echsen von Zeit zu Zeit häuten. Während der **Häutung** hängt die alte Haut in Fetzen am Körper. → 5

→ Merk dir! Zu den Kriechtieren gehören Echsen, Schildkröten und Schlangen. Die Zauneidechse hat eine trockene Haut und häutet sich. Sie ist wechselwarm. Ihre Eier werden durch Erdwärme ausgebrütet.

Arbeitsaufträge

1. Die Kriechtiere haben ihren Namen erhalten, weil sie sich kriechend fortbewegen. Beschreibe mithilfe von Abbildung 6 die Fortbewegung der Kriechtiere.

6 Fortbewegung der Kriechtiere

2. Erkläre, warum die meisten Kriechtiere in den warmen Ländern unserer Erde leben.

3. Suche dir aus dem Tierlexikon ein Kriechtier heraus. Fertige einen Steckbrief dazu an. Stellt euch eure Kriechtiere gegenseitig in der Klasse vor.

1 Blindschleiche

3 Kreuzotter

Schlange oder Echse?

Die **Blindschleiche** sieht auf den ersten Blick aus wie eine Schlange. → 1 Sie wird bis zu 50 Zentimeter lang. Ihr Körper ist mit glänzenden Hornschuppen bedeckt. Sie hat keine Beine. Wenn du dir aber das Skelett der Blindschleiche genau ansiehst, dann kannst du zurückgebildete Beine erkennen. → 2 Die Blindschleiche lebt im Wald. Bei feuchtem Wetter kommt sie aus ihrem Versteck. Dann jagt sie nach Schnecken und Würmern. Die Blindschleiche wirft bei Gefahr ihren Schwanz ab, er bewegt sich und lenkt so die Feinde ab.

Die Kreuzotter

Die **Kreuzotter** ist die einzige giftige Schlange, die in Deutschland vorkommt. Du erkennst sie an dem schwarzen Kreuz auf ihrem Kopf und dem Zickzackmuster auf ihrem Rücken. → 3 Die Kreuzotter ernährt sich von Mäusen und Fröschen. Beim Öffnen ihres Mauls richten sich die **Giftzähne** auf. → 4 Beißt sie zu, gelangt das Gift in die Beute. Die Kreuzotter wartet, bis die Beute tot ist, und verschlingt sie dann im Ganzen. Für Menschen ist der Biss der Kreuzotter nicht lebensgefährlich. Die Kreuzotter ist nur noch selten zu finden. Sie steht unter Artenschutz.

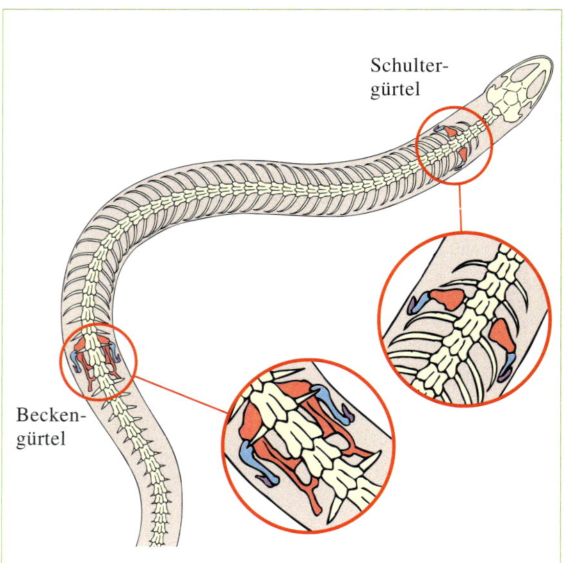

2 Skelett einer Blindschleiche

4 Giftzahn einer Kreuzotter

Blindschleiche
Giftzähne
Kreuzotter
Ringelnatter

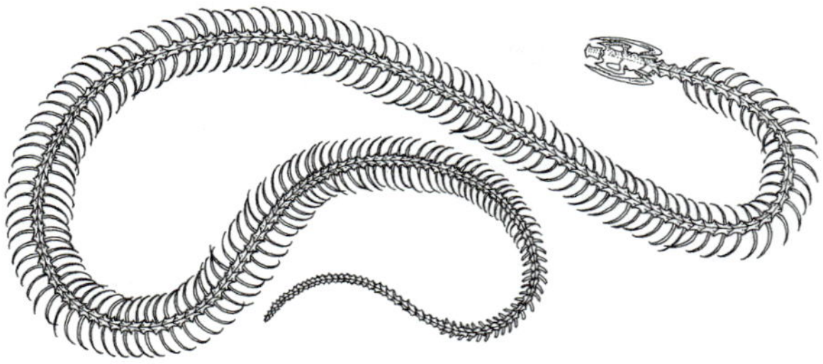

5 Skelett einer Schlange

6 Bauchschuppen einer Puffotter

Schlangen können schlecht sehen und sind taub. Sie orientieren sich mit ihrem sehr guten Geruchssinn.

Kriechen ohne Beine

Im Gegensatz zu den Echsen fehlen den Schlangen die Beine. Wie können sie sich dann aber bewegen? Schlangen bewegen sich schlängelnd voran. Sie kriechen auf ihren Rippen. → 5 Mithilfe von Muskeln richten sie dabei ihre Hautschuppen am Bauch auf. → 6 Mit den aufgerichteten Bauchschuppen finden Schlangen Halt am Boden und können sich abstoßen.

Erkennungszeichen: gelbe Halbmonde

Im Moor und auf feuchten Wiesen ist die **Ringelnatter** zu Hause. Sie kann bis zu 1,20 Meter lang werden. Ihr Körper ist grau gefärbt und hat schwarze Flecken. Die Ringelnatter ist von anderen Schlangen gut durch die zwei gelben Halbmonde am Hinterkopf zu unterscheiden. Sie ernährt sich von Schnecken und Fröschen. Ringelnattern können auch gut schwimmen. → 7 Im Wasser machen sie Jagd auf Frösche und kleine Fische. Ihre Eier legen sie an warmen Stellen im Boden ab.

7 Ringelnatter

→ Merk dir! Schlangen haben keine Beine. Sie kriechen auf ihren Rippen. Schlangen sehen schlecht und sind taub, sie orientieren sich über ihren Geruchssinn.

Arbeitsaufträge

1. Handelt es sich bei der Blindschleiche um eine Schlange oder eine Echse? Begründe deine Antwort mithilfe von Abbildung 2.
2. Schlangen laufen auf ihren Rippen. Erkläre diese Aussage.
3. Schlangen auf Beutejagd strecken rhythmisch die Zunge heraus. Erkläre dieses Züngeln.
4. In Deutschland sind viele Kriechtiere gefährdet. Findet mithilfe des Internets die Gründe dafür heraus. Erstellt in der Gruppe eine Liste mit den gefährdeten Kriechtieren.

„Es macht viel Freude, die vielen verschiedenen Vögel in unserem Park zu beobachten", schwärmt Aylin. „Ich wüsste aber auch gerne, wie sie alle heißen. Wie man sie wohl bestimmt?" „Das ist gar nicht so schwer", erklärt Anna. Es gibt verschiedene Möglichkeiten, Vögel zu bestimmen. Du brauchst nur etwas Zeit und Ruhe.

1 Vögel zu beobachten ist spannend.

Vögel beobachten

Größe, Gestalt und Färbung

Für die Bestimmung eines Vogels ist seine äußere Erscheinung wichtig. Gefiederfarbe, Größe und Gestalt des Vogels sowie die **Schnabelform** sind wichtige Unterscheidungsmerkmale. Die Schnabelform der Vögel unterscheidet sich deutlich entsprechend ihrer Nahrungsgewohnheiten. Vögel, die sich ausschließlich von Körnern und Samen ernähren, haben einen kurzen, dicken und festen Schnabel. Im Gegensatz dazu besitzen Vögel, die nach Würmern und Weichtieren picken, einen langen, spitzen Schnabel. Arten, die Insekten aus der Luft fangen, haben einen, schmalen spitzen Schnabel. Vögel, die Insekten und Weichtiere fressen, besitzen ebenfalls einen schmalen, spitzen Schnabel. Der hakenförmige Schnabel der Greifvögel biegt sich spitz zulaufend nach unten. → 2 Der Schnabel der Greifvögel ist somit ein wichtiges Werkzeug, um die Haut der Beute zu öffnen und die Nahrung zu zerteilen.

Gesang

Jede Vogelart besitzt ihren eigenen Gesang. Männliche Vögel locken mit ihrem **Gesang** Partnerinnen an. Außerdem grenzen sie durch ihren Gesang ihr Revier gegen Artgenossen ab. Vögel anhand ihres Gesangs zu erkennen und zu bestimmen ist nicht leicht. Am besten fängst du mit häufigen Gesängen an, wie dem von Amsel oder Buchfink, oder

2 Schnabelformen verschiedener Vogelarten

3 Schattenbilder verschiedener Vogelarten

Gefiederfarbe
Gesang
Gestalt
Schnabelform
Vogelschutz

mit solchen, die du häufig hörst. In vielen Städten bieten Vogelkundler Vogelstimmen-Exkursionen an.

Wir arbeiten als Vogelkundler

Um Vögel zu hören und im Geäst zu entdecken, ist Geduld und Ruhe wichtig. Da man häufig gegen das Licht schaut und der zu beobachtende Vogel zunächst nur dunkel erscheint, ist seine **Gestalt** zur Bestimmung hilfreich. → 3 Für die genaue Bestimmung eines Vogels ist die **Gefiederfarbe** wichtig. Deshalb müssen wir uns an ihn heranschleichen oder ihn mit dem Fernglas beobachten.

Vogelschutz – eine Herausforderung für uns alle

Viele Vogelarten sind vom Aussterben bedroht. Dafür gibt es viele Gründe. Umweltgifte schaden den Vögeln. Durch den Bau von Straßen, Siedlungen und Städten, durch die Begradigung von Bächen und Flüssen sowie durch intensive Landwirtschaft verlieren viele Vögel ihren Lebensraum und ihre Brutplätze. Freizeitsportler (Segler, Surfer, Kletterer) und Hundebesitzer, die ihre Hunde frei laufen lassen, stören bodenbrütende Vögel. In Italien und Afrika werden noch heute Zugvögel abgeschossen und verzehrt. Auch durch den wachsenden Verkehr sind immer mehr Vögel bedroht.

→ Merk dir! Vögel können nach ihrer Schnabelform, ihrem Gesang, ihrer Gestalt und Gefiederfarbe bestimmt werden.

Arbeitsaufträge

1. Brütende Vögel am Nest darf man nicht stören. Du kannst sie aber im Internet beobachten.
  - **a** Gib die Suchwörter „Vögel" und „Webcam" ein. Suche dir deinen Lieblingsvogel aus und „beobachte" ihn eine halbe Stunde lang.
  - **b** Notiere, was du in dieser Zeit beobachtest.

2. Abbildung 2 zeigt typische Schnabelformen der Vögel. Erkläre, welche Schnabelform für die jeweilige Nahrung geeignet ist, und begründe deine Aussage.

3. Denk nach: Was kannst du selbst zum Vogelschutz beitragen?

Du hast sicher schon einmal beobachtet, wie ein Vogel fliegt. Scheinbar ganz mühelos gleitet er durch die Luft und gelangt schnell von einem Ort zum anderen.
Warum können Vögel fliegen?

1 Die Vögel haben den Lebensraum Luft erobert.

Wie Vögel fliegen

Körper und Knochen

Der Körper der Vögel besitzt eine Stromlinienform. Diese Körperform hilft ihnen, ohne großen Widerstand durch die Luft zu fliegen. Das Skelett besteht aus festen Knochen, die teilweise mit Luft gefüllt sind. Der Schädelknochen ist dünn wie Papier. Dadurch sind Vögel sehr leicht. Das Brustbein ist vergrößert. → 2 Hier setzen die starken Muskeln der Flugmuskulatur der Flügel an.

Gefieder

Vögel besitzen verschiedene Arten von **Federn.** → 3 Die Daunenfedern halten den Vogel warm. Die Deckfedern schützen vor Nässe und sind oft auffällig gefärbt. Die Schwungfedern befinden sich an den Flügeln und bilden die Tragflächen. Mithilfe der Steuerfedern am Schwanz kann der Vogel steuern und bremsen.

Verdauung und Atmung

Das Fliegen erfordert viel Energie. Die Nahrung ist energiereich und wasserarm. Vögel fressen und verdauen ihre Nahrung schnell. Sie tragen kein überflüssiges Gewicht mit sich. Die Lungen sind besonders gebaut und versorgen die Vögel mit viel Sauerstoff.

2 Skelett eines Vogels

3 Federn sind unterschiedlich gebaut.

Federn
Gleitflug
Ruderflug
Segelflug

4 Ruderflug

5 Segelflug

Flugarten

Beim Fliegen bewegen Vögel ihre Flügel schnell auf und ab. Es sieht so aus, als würden sie in der Luft „rudern". Deshalb wird diese Art des Fliegens auch als **Ruderflug** bezeichnet. → 4 Der Ruderflug ist typisch für viele Vogelarten.

Vögel mit sehr großen Flügeln nutzen auch den **Segelflug**. So lässt sich der Storch mit ausgebreiteten Flügeln von warmen Winden in die Höhe heben. → 5 Beim **Gleitflug** werden die Flügel ausgestreckt und nicht bewegt. Mithilfe des Gleitflugs landen viele Vögel. → 6

6 Gleitflug

→ Merk dir! Vögel sind an das Fliegen angepasst. Sie haben leichte Knochen, Federn und leistungsstarke Lungen.

Arbeitsaufträge

1. Untersuche die Eigenschaften einer Deckfeder. → 3

a Zerzause die Fahne der Feder. Ziehe die Feder anschließend von unten nach oben zwischen Daumen und Zeigefinger hindurch. Beschreibe deine Beobachtung.

b Halte die Feder vorsichtig vor eine Kerzenflamme. Versuche die Flamme durch die Feder mit einem Strohhalm auszublasen. Erkläre, was du siehst.

2. Führe folgenden Versuch durch:
Stelle dir aus Papier und Bleistift ein Modell des gewölbten Vogelflügels her. Der Bleistift stellt den Arm dar und das Papier die Federn. → 7

a Puste über das Blatt Papier, den Flügel, hinweg. Beschreibe deine Beobachtung.

b Begründe, welche Rolle die Form des Flügels für das Fliegen spielt.

7 Modell eines Vogelflügels

Du wirst im Frühjahr schon mit dem ersten Hellwerden morgens durch lautes Vogelgezwitscher geweckt. Auch die Vögel, die du den ganzen Winter kaum gehört hast, zwitschern jetzt mit allen anderen um die Wette.
Warum singen Vögel?

1 Ein singendes Amselmännchen

Das Vogeljahr

Singen um die Wette

Im Frühling kannst du singende Vögel hören und beobachten. Bei den Vögeln singen die Männchen. → 1 Mit ihrem **Gesang** grenzen sie ihr eigenes Wohngebiet ab und geben einem männlichen Artgenossen zu verstehen: „Hier wohne ich, und hier will ich auch mit meiner Partnerin leben – also verschwinde.“ Wenn sich trotzdem ein anderes Männchen nähert, kann es zum Kampf kommen. → 2 Jede Vogelart hat ihren eigenen Gesang.

Vögel auf Partnersuche

Die Amsel ist ein Singvogel. Sie lebt sowohl in der Stadt als auch auf dem Land. Die Männchen haben ein schwarzes Gefieder und einen leuchtend gelben Schnabel. Die Weibchen sind unauffällig braun gefärbt. Durch den Gesang wird auch das Weibchen angelockt. Das Amselmännchen wirbt um das Weibchen mit typischen Körperbewegungen. Dieses Verhalten wird als **Balz** bezeichnet. → 3 Haben sich Männchen und Weibchen gefunden, kommt es zur Paarung.

2 Amselmännchen beim Kampf

3 Amseln bei der Balz

Balz
Brutschmarotzer
Gesang
Nestflüchter
Nesthocker
Paarung

4 Amselnest

5 Fütterung

Ein Nest wird gebaut

Nach der **Paarung** baut sich das Amselpaar gemeinsam einen Nistplatz. Das Nest wird vom Weibchen aus Gras, Stroh und kleinen Zweigen gebaut und mit Federn und Moos ausgepolstert. → **4**

Nesthocker

Ist das Nest fertig, legt das Weibchen vier bis fünf Eier, die etwa 14 Tage bebrütet werden. Danach schlüpfen die Jungvögel nackt und blind. Amseljunge sind **Nesthocker**, sie werden von den Altvögeln aufgezogen. → **5** Männchen und Weibchen kümmern sich gemeinsam um die Brut.

Nestflüchter

Andere Vögel kümmern sich nicht so intensiv um die Aufzucht ihrer Jungen. Sie brüten zwar die Eier. Wenn die Jungvögel schlüpfen, haben diese aber bereits Federn, können munter laufen und Körner picken. Die Jungvögel sind selbstständig und werden deshalb als **Nestflüchter** bezeichnet

Brutschmarotzer

Der Kuckuck kümmert sich nicht um seinen Nachwuchs, er ist ein **Brutschmarotzer**. Er legt nur ein Ei in ein fremdes Nest und lässt seinen Jungvogel von anderen Vögeln aufziehen.

> **Merk dir!** Der Vogelgesang dient der Partnersuche und gleichzeitig der Revierabgrenzung. Die meisten Vögel bauen ein Nest für die Eier und ziehen die Jungvögel durch Fütterung auf.

Arbeitsaufträge

1. Tarek ärgert sich. Er wurde heute Morgen wieder von dem Gesang vieler Vögel geweckt. Erkläre ihm, wieso die Vöge so ausgiebig laut singen.
2. Erkläre deinem Nachbarn die Unterschiede zwischen Brutschmarotzer, Nesthocker und Nestflüchter.
3. Bei vielen Vögeln haben Männchen und Weibchen ein verschiedenfarbiges Federkleid.
   - **a** Nenne das Geschlecht, das das getarnte Federkleid trägt.
   - **b** Erkläre, welchen Vorteil das unauffällige Federkleid bietet.

Vögel im Herbst und Winter

Warum sammeln sich jedes Jahr im Herbst Scharen von Vögeln auf den Hochspannungsleitungen und ziehen in großen Schwärmen Richtung Süden?
Müssen wir die Vögel im tief verschneiten Winter füttern oder können sie sich selbst versorgen?

1 Standvögel

2 Zugvögel

Im Spätherbst kannst du beobachten, dass sich Schwalben sammeln und dann gemeinsam wegziehen. Die Schwalben ziehen, wie viele andere Vögel auch, in den Süden. Im Winter finden sie bei uns keine Insekten mehr, deshalb ziehen sie dorthin, wo sie ihre Nahrung finden können. Deswegen werden sie auch Zugvögel genannt. → 2

Manche Vögel können bei uns überwintern, weil sie sich hauptsächlich von Körnern und Samen ernähren. Vögel, die das ganze Jahr an demselben Standort leben, bezeichnet man als Standvögel.

Schritte und Tipps für euer Vogelprojekt

Vorbereitung

Besprecht, was ihr unternehmen wollt. Die Mindmap hilft euch dabei. Ergänzt eure Ideen.

Planung

Stellt eigene Überlegungen an, welche Informationen ihr für euer Projekt braucht und woher ihr sie bekommt.

- Beobachten und bestimmen der Vögel im Schulumfeld
- Kontakt herstellen zum Vogelschutzbund
- Informationen aus Büchern, Zeitschriften, dem Internet
- Tierschutzbund
- Geeignete Futterstellen → 4
- Bau von Futterhilfen → 5

Durchführung

Bildet Arbeitsgruppen und verteilt die Aufgaben.

- Wie viele Schüler sind in einer Gruppe?
- Welche Gruppe übernimmt welche Aufgabe?
- Arbeitsteilung in den Gruppen (jeder bekommt eine Aufgabe)

Erledigt die Aufgaben in den Gruppen.

Abschluss und Präsentation

Überprüft eure Ergebnisse. Wertet sie mit den anderen Gruppen der Klasse aus. Überlegt euch, wie ihr eure Ergebnisse präsentieren könnt:

- mit Steckbriefen
- mit Fotos und Zeichnungen
- mit Plakaten
- mit einer Ausstellung

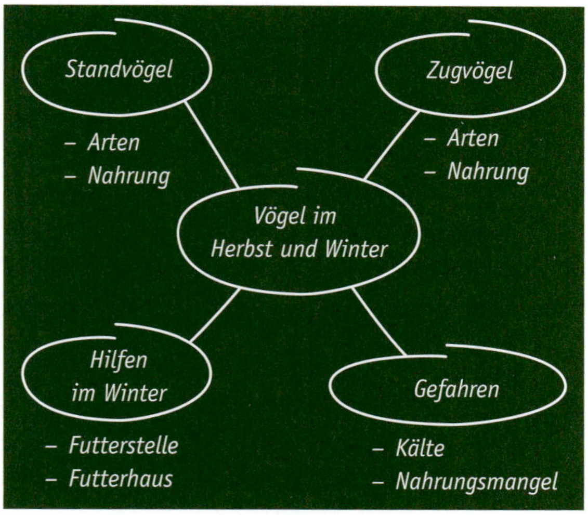

3 Mindmap Vögel im Herbst und Winter

4 Futterhaus

5 Meisen am Futterplatz

Vielleicht hast du im Winter schon einmal Tierspuren im Schnee gefunden. Das bedeutet, dass viele Tiere auch bei großer Kälte unterwegs sind. Aber wie kommen diese Tiere damit klar? Und wie überstehen sie den Winter?

1 Tierspuren im Schnee

Überleben in schwierigen Zeiten

Winteraktiv

Die meisten Säugetiere sind **winteraktiv**. → 2 Sie haben bei jedem Wetter die gleiche Körpertemperatur. Sie sind **gleichwarm**. Um diese Körpertemperatur aufrechtzuerhalten, müssen sie sich vor Schnee, Eis und Frost schützen. Im späten Sommer fressen sie sehr viel und legen damit eine Fettschicht an. Diese Fettschicht verringert das Auskühlen und dient als Nahrungsreserve. Ein dichtes und dickes Fell wärmt und schützt ebenfalls gut gegen die eisige Kälte. In schneereichen Wintern werden in Wäldern Futterstellen eingerichtet.

Winterruhe

Dachse fressen sich im Spätsommer eine dicke Fettschicht an. Im Winter halten sie **Winterruhe**. Wenn sie hungrig werden, verlassen sie kurzzeitig ihren Dachsbau, fressen und ziehen sich wieder in den frostsicheren Bau zurück. → 3

2 Rehe sind winteraktiv.

3 Dachs

gleichwarm
wechselwarm
winteraktiv
Winterruhe
Winterschlaf
Winterstarre

4 Igel

5 Zauneidechsen in einer Erdhöhle

Winterschlaf – schlafen, ohne zu verhungern

Igel fressen sich im Herbst Fettreserven an. Sie ziehen sich in ein frostsicheres Versteck zurück und verschlafen die kalten Monate. → 4 Igel halten **Winterschlaf.** Dabei senken sie ihre Körpertemperatur, verringern die Atmung und den Herzschlag. So verbrauchen sie wenig Energie und überleben auf Sparflamme. Igel ernähren sich hauptsächlich von Insekten. Insekten sind aber im Winter nicht mehr aufzufinden, deshalb müssen Igel diese Zeit verschlafen. Auch Fledermäuse sowie Siebenschläfer, Haselmaus, Gartenschläfer und Murmeltier halten Winterschlaf. Du darfst Winterschläfer nicht stören. Wenn sie aufwachen, finden sie keine Nahrung.

Winterstarre

Lurche und Kriechtiere suchen sich vor dem Winter unter der Erde, unter Steinen oder Holzstapeln ein frostsicheres Versteck und fallen in eine **Winterstarre.** → 5 Diese Tiere sind **wechselwarm.** Sie passen ihre Körpertemperatur der Umgebungstemperatur an. Wären sie im Winter nicht vor Frost geschützt, würden sie erfrieren. Fische sind ebenfalls wechselwarm. Sobald ihr Lebensraum zufriert, tauchen sie in die frostfreie Tiefe des Sees ab.

Merk dir! Säugetiere sind winteraktiv, halten Winterruhe oder Winterschlaf. Lurche und Kriechtiere verfallen in eine Winterstarre.

Arbeitsaufträge

1. Zähle dir bekannte Tiere in einer Tabelle auf. Unterscheide dabei, ob die Tiere Winterruhe oder Winterschlaf halten.
2. Begründe, warum Winterschläfer die kalten Monate verschlafen und keine Vorratslager wie die Winterruher anlegen.
3. Fertigt ein Plakat zum Thema „Tiere im Winter" an. Sammelt Bilder und schreibt eigene Texte dazu.

Wir führen eine Internetrecherche durch

Eine Internetrecherche machst du, wenn du Informationen zu einem bestimmten Thema suchst. Du sammelst, bewertest und ordnest die Informationen, um sie zusammengefasst zu präsentieren.
Aber wie kannst du mit der Fülle der Informationen, die das Internet bietet, umgehen?

1 Bei der Internetrecherche

Internetrecherche in vier Schritten

Schritt 1 Fragestellung
Zu Beginn der Suche steht eine Frage oder eine Aufgabe zu einem bestimmten Thema. Überlege dir zu deinem Thema einen sinnvollen Suchbegriff, ein Stichwort.

Schritt 2 Suche
Gib den Suchbegriff zum Thema möglichst genau in eine Suchmaschine ein, zum Beispiel www.google.de, www.yahoo.com oder www.blindekuh.de. Um das Thema einzugrenzen, solltest du es mit zwei oder drei zusätzlichen Worten genauer beschreiben. Starte dann die Suche. → 2

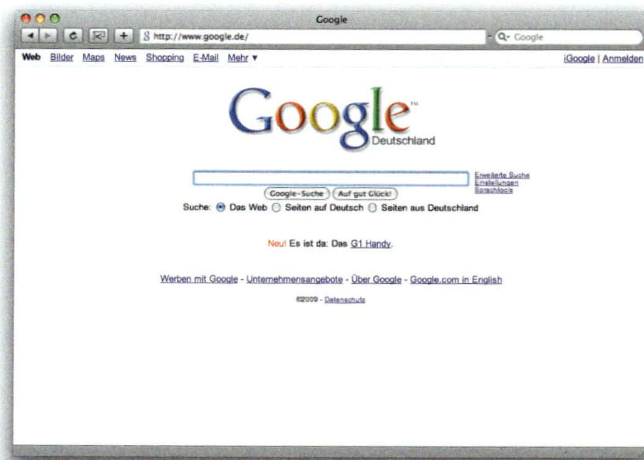

2 Suchmaschine

Schritt 3 Bewertung
Die Suchmaschine bietet dir eine Vielzahl von Treffern zu deinem Suchbegriff. Bedenke, nicht alles, was im Internet steht, ist wissenschaftlich bewiesen. Du siehst dir mehrere Treffer an und versuchst nach deinem Wissen zu bewerten, welchen Informationen und Ergebnissen du trauen kannst.

Schritt 4 Auswertung
Du entscheidest, mit welchen Seiten du arbeiten willst. Du kannst die wichtigen Informationen speichern oder ausdrucken. Mithilfe der Informationen kannst du nun die Frage oder Aufgabe zu deinem Thema bearbeiten. Denke daran, dass dir die Informationen nur helfen sollen, dein Thema zu bearbeiten. Schreibe Texte nie wortwörtlich ab, es sei denn du zitierst den Text. Gib in deinem Referat, deiner PowerPoint-Präsentation oder auf deinem Plakat immer die Quelle an.

In vier Schritten zum Rechercheergebnis „Tiere im Winter - Winterschläfer“

Schritt 1 „Tiere im Winter – Winterschläfer“ ist ein sehr weit gefasstes Thema. Du entscheidest dich für einen kleinen Teilaspekt zu diesem Thema. Wähle ein Tier, das Winterschlaf hält. Der Siebenschläfer ist ein Winterschläfer, du informierst dich nun im Internet und recherchierst seinen Jahresrhythmus.

Schritt 2 Überlege dir einen sinnvollen, zielgerichteten, erweiterten Suchbegriff: „Die Überwinterung des Siebenschläfers“ oder „Der Siebenschläfer im Winter“. Wähle eine Suchmaschine aus, zum Beispiel www.blindekuh.de oder www.google.de oder www.yahoo.com. Gib deinen Suchbegriff ein und starte die Suche.

Schritt 3 Auf dem Bildschirm erscheinen viele Treffer zum Siebenschläfer im Winter. Öffne verschiedene Treffer und notiere dir das Wichtigste zur Überwinterung des Siebenschläfers. Neben den Informationen zum Winterschlaf erfährst du, wie er aussieht, wie und wo er lebt, wovon er sich ernährt und wie er seine Jungtiere betreut. Zudem wirst du feststellen, dass der Siebenschläfer im deutschen Brauchtum eine Aufgabe hat. Wähle nur Informationen aus, die du verstehen und mit eigenen Worten wiedergeben kannst.

Schritt 4 Erstelle dein Kurzreferat, deine Präsentation zur „Überwinterung des Siebenschläfers“. Überlege, welche Zusatzinformationen zum Siebenschläfer noch wichtig sind oder interessant sein könnten.

3 Siebenschläfer auf dem Baum

4 Siebenschläfer im Nest

Arbeitsaufträge

1. Führe eine Internetrecherche zum Thema „Tiere im Winter – Winterschläfer“ durch. Gehe dabei entsprechend der Schritte 1 bis 4 vor.
2. Anna fragt sich: „Mein Hund hat jedes Jahr wieder Zecken, komischerweise nie im Winter. Sterben die Zecken im Herbst?“ Beantworte die Frage, indem du schrittweise eine eigene Internetrecherche durchführst. Stelle deine Ergebnisse der Klasse vor.

Umgang mit Tabellen und Diagrammen

In den Naturwissenschaften werden Tabellen und Diagramme häufig genutzt, um Informationen zu einem Thema übersichtlich und anschaulich darzustellen.

Wie erstellt man eine Tabelle?

In einer Tabelle kann man Daten und Messergebnisse aus Versuchen eintragen. Eine Gruppe von Wissenschaftlern wollte wissen, wie sich die Körpertemperatur einer Zauneidechse verändert, wenn sich die Umgebungstemperatur ändert. → 1 Dazu haben sie die Körpertemperatur einer Zauneidechse in Frühling, Sommer, Herbst und Winter gemessen und die jeweilige Umgebungstemperatur aufgeschrieben. Ihre Ergebnisse haben sie in eine Tabelle eingetragen. In der ersten Spalte haben sie die Umgebungstemperatur und in der zweiten Spalte die Körpertemperatur der Zauneidechse aufgeschrieben. → 2

1 Zauneidechse

Umgebungstemperatur in °C	Körpertemperatur der Zauneidechse in °C
26	26
15	15
4	4
0	0

2 Die Tabelle zeigt die Messwerte bei der Zauneidechse.

Wie erstellt man ein Diagramm?

Aus ihren Messergebnissen haben die Wissenschaftler ein Diagramm erstellt. → 3 Das Diagramm hilft ihnen, die Messergebnisse anschaulich darzustellen.

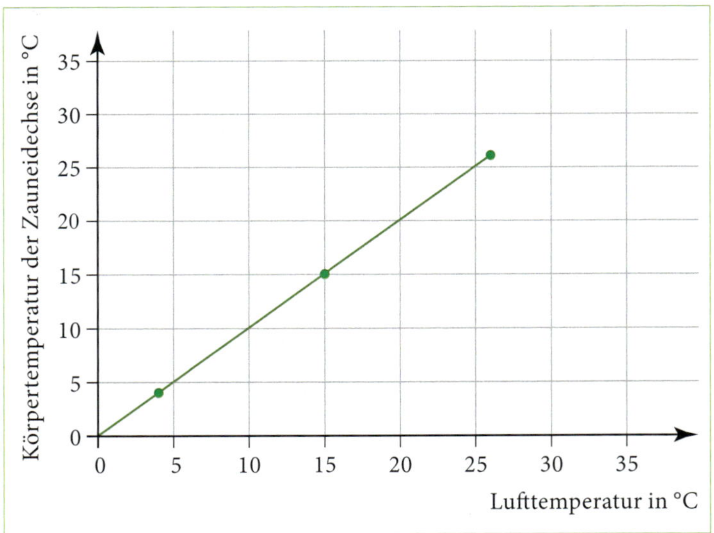

3 Das Diagramm zeigt die Körpertemperatur der Zauneidechse bei unterschiedlicher Lufttemperatur.

In 4 Schritten zum Diagramm

Schritt 1 Zeichne eine *x*-Achse und eine *y*-Achse.

Schritt 2 Teile die Achsen in Abschnitte ein und beschrifte sie.

Schritt 3 Zeichne die gemessenen Werte aus der Tabelle als Punkte zwischen den Achsen ein.

Schritt 4 Verbinde zum Schluss die einzelnen Punkte mit einem Lineal miteinander. Nun sind die Messergebnisse anschaulich dargestellt. In das Koordinatensystem kannst du Messdaten anderer Tiere eintragen und Diagramme zeichnen. So lassen sich Messwerte vergleichen.

Werte miteinander vergleichen

Die Wissenschaftler haben auch die Körpertemperaturen eines Igels und eines Eichhörnchens in Frühling, Sommer, Herbst und Winter gemessen. Ihre Messwerte haben sie in eine Tabelle eingetragen. → **4** Wenn man die Messwerte von Igel und Eichhörnchen in verschiedenen Farben in das Diagramm mit den Werten der Zauneidechse überträgt, kann man die Körpertemperatur der Eidechse, des Igels und des Eichhörnchens bei gleicher Lufttemperatur miteinander vergleichen. Unterschiedliche Farben der Kurven geben eine schnelle Zuordnung zum jeweiligen Tier.

Umgebungstemperatur in °C	Körpertemperatur des Igels in °C	Körpertemperatur des Eichhörnchens in °C
26	37	37
15	26	37
4	7	37
0	35	37

4 Die Tabelle zeigt die Messwerte von Igel und Eichhörnchen.

Arbeitsaufträge

1. Sieh dir Abbildung 3 genau an. Beantworte folgende Fragen:
- **a** Nenne die Bedeutung der beiden Achsen?
- **b** Erkläre die Einteilung der Achsen.
- **c** Beschreibe den Verlauf der Kurve mit deinen Worten und erkläre das Ergebnis.

2. Übertrage Abbildung 3 in dein Heft. Achte dabei genau auf die Einteilung der Achsen. Verwende für die Messwerte der Zauneidechse einen grünen Stift.

3. Übertrage die Werte aus der Tabelle 4 in das Diagramm aus Aufgabe 2. Verwende für die Messwerte des Igels einen roten Stift und für die Werte des Eichhörnchens einen blauen Stift.
- **a** Verbinde die eingetragenen Messwerte.
- **b** Beschreibe die Unterschiede zwischen der Körpertemperatur der Zauneidechse, des Igels und des Eichhörnchens.

4. Schau dir das Diagramm (Aufgabe 3) noch einmal genau an. Nenne jeweils das Tier, das Winterschlaf, Winterruhe und Winterstarre hält.

Lena und Alex beobachten bei einem Besuch im Zoo die Eisbären. Lena sagt: „Hier im Zoo in Deutschland ist es auch im Winter nicht so kalt. Aber wie schaffen es die Eisbären, am kalten Nordpol zu überleben?" „Na ja, sie haben ja ein dickes Fell", sagt Alex. Reicht das dicke Fell der Eisbären wirklich aus?

1 Wie geht es dem Eisbären in der Kälte?

Warum frieren Eisbär und Pinguin nicht?

Weißer Riese am Nordpol

Die Wintermonate am Nordpol sind hart. Es kann bis zu - 70 Grad kalt werden. An solche eisigen Temperaturen ist der **Eisbär** hervorragend angepasst. Das dichte Fell und eine zehn Zentimeter dicke Fettschicht schützen so gut, dass kaum Wärme verloren geht. Die äußeren Fellhaare sind innen hohl, sie sorgen so für eine zusätzliche Wärmeisolation. Die Haut unter dem Fell ist dunkel, sie nimmt Wärme von außen auf. Zusätzlich haben Eisbären große Pfoten mit viel Fell. → 2 Das Fell verhindert, dass viel Körperwärme an den Boden abgegeben wird. Außerdem versinkt der Eisbär durch die Größe der Pfoten nicht so schnell im Schnee.

Der Eisbär weist also Eigenschaften auf, die für sein Überleben in der Kälte nützlich sind. Diese Eigenschaften werden **Angepasstheiten** genannt. Die Jungen werden mit einer sehr fetthaltigen Muttermilch ernährt. → 3

2 Eisbärpfote

3 Eine Eisbärmutter mit ihren Jungen

Angepasstheit
Eisbär
Pinguin

4 Pinguine haben jede Menge Tricks gegen die Kälte.

5 Kälteschutz für Jungtiere

Im „Frack" gegen die Kälte

Die meisten **Pinguine** leben am Südpol. → 4 Auch dort ist es sehr kalt. Die schuppenartigen Federn geben dem Körper des Pinguins eine glatte Oberfläche und verhindern das Eindringen von Wasser. Die dicke Fettschicht unter der Haut isoliert. Die Füße des Pinguins haben fast dieselbe Temperatur wie der kalte Untergrund, auf dem sie stehen. So geht keine Wärme über die Füße verloren.

Pinguine legen Eier. Das Ei wird nach dem Legen auf die Füße des Männchens geschoben und bebrütet, damit es keinen Kontakt zum Eis hat. Pinguine brüten ihre Eier in einer Hautfalte am Bauch aus. Auch die Jungtiere finden Schutz und Wärme auf den Füßen der Eltern. → 5

→ Merk dir! **Tiere, die in kalten Gegenden leben, haben besondere Eigenschaften, die ihnen das Überleben ermöglichen. Diese Eigenschaften werden als Angepasstheiten bezeichnet.**

Arbeitsaufträge

1. Unter seinem dicken weißen Fell ist der Eisbär schwarz, so wie seine Nase. Aber weshalb hat der Eisbär eine schwarze Haut? Dieser Versuch verrät es dir: Lege eine weiße und eine schwarze Pappe (oder ein Tuch) 5 Minuten in die pralle Sonne. Welche Pappe (welches Tuch) ist wärmer? Erkläre, welche Vorteile die schwarze Haut für den Eisbären hat.

2. Eine beliebte Frage lautet: Wieso fressen Eisbären keine Pinguine? Kennst du die Antwort?

3. Viele Tiere haben ein wenig Fett in ihrem Fell oder Gefieder. Babycreme ist so ein Fett, das aus der Wolle von Schafen stammt. Führe folgenden Versuch durch: Zerreibe etwas Babycreme zwischen den Fingern. Versuche die Creme mit Wasser abzuwaschen.

a Beschreibe deine Beobachtung. Erkläre, welche Bedeutung das Fett für Tiere hat, die im Eismeer leben.

b Kennst du noch andere Tiere, die Fett im Gefieder oder in den Haaren haben?

In der größten Wüste der Erde, der Sahara, ist es sehr trocken und heiß. Die Sahara liegt im Norden Afrikas. Tagsüber ist es bis zu 70 °C heiß. In der Wüste fällt sehr wenig Regen. Es gibt sogar Jahre, in denen es gar nicht regnet.
Kannst du dir vorstellen, dass es Tiere gibt, die unter diesen Umständen gut leben können?

1 Sahara – Wüste ohne Leben?

Leben in der Wüste

Wüstenschiff Dromedar

Das **Dromedar** ist das größte Säugetier unter den Wüstenbewohnern. Für das Leben in extremer Hitze ist es bestens gerüstet: Es hat ganz besonders lange Beine, die seinen Körper vom heißen Wüstenboden abheben. → 2 Die Füße des Dromedars haben harte Hornsohlen, sie dienen als Schutz vor Hitze und Verletzungen. → 3 Die Zehen an den Füßen sind weit spreizbar, damit das Tier nicht im Wüstensand versinkt. Das dichte Fell bietet Schutz vor der Hitze des Tages und der Kälte der Nacht.
Zum Schutz vor Sandstürmen kann das Dromedar seine Nasenlöcher verschließen. Der Rückenhöcker ist ein Fettspeicher. Das gespeicherte Fett ist in Hungerzeiten Nahrung und Energiequelle.

Wüstenfuchs

Sieht man den **Wüstenfuchs** zum ersten Mal, fallen einem vor allem die übergroßen Ohren auf. → 4 Über ihre große Oberfläche kann sehr viel Körperwärme abgeführt werden. Dennoch meidet der Wüstenfuchs wie viele Wüstentiere die Hitze des Tages. Er ruht tagsüber in seinem Bau unter der Erde und geht erst nachts auf die Jagd. Dabei orientiert er sich vor allem mit seinen großen Ohren. Sie wirken wie Schalltrichter und

2 Das Dromedar ist gut an die Hitze angepasst.

3 Fußsohle eines Dromedars

4 Wüstenfuchs

5 Nebeltrinker-Käfer

helfen ihm, die Beute anhand ihrer Geräusche zu orten. Mit dem Wassermangel in der Wüste kann er gut leben, denn er kommt ganz ohne flüssiges Wasser aus. Ihm reicht der Wassergehalt seiner Beutetiere.

Kopfstand in der Wüste

Der **Nebeltrinker-Käfer** löst das Wasserproblem in der Wüste auf ganz besondere Art und Weise. → 5 Bei Sonnenaufgang stellt er sich auf die hohen Dünen, macht einen Kopfstand und fängt mit den Deckeln seiner Flügel den morgendlichen Tau ein. Von den Flügeldecken rinnt das Wasser direkt zum Mund des Käfers.

→ Merk dir! **Tiere, die in der Wüste leben, müssen mit wenig Wasser auskommen. Diese Tiere können durch ihre besonderen Angepasstheiten in der Wüste überleben.**

Arbeitsaufträge

1. Tiere, die in der Wüste leben, sind gut an die Hitze angepasst. Stelle die Angepasstheiten in einer Tabelle zusammen.

2. Der in der Kälte lebende Polarfuchs hat sehr kleine Ohren. Der Wüstenfuchs hat hingegen besonders große Ohren. → 4 Mit einem Versuch kannst du diesen Unterschied erklären.

a Fülle einen Erlenmeyerkolben (kleine Oberfläche wie beim Polarfuchs) und eine flache Schüssel (große Oberfläche wie beim Wüstenfuchs) mit warmem Wasser. → 6

b Lege jeweils ein Thermometer hinein und beobachte die Temperatur. Notiere die Temperaturen nach 2, 5 und 10 Minuten.

c Vergleiche die Ergebnisse. Erkläre jetzt, warum der Polarfuchs und der Wüstenfuchs so unterschiedlich große Ohren haben?

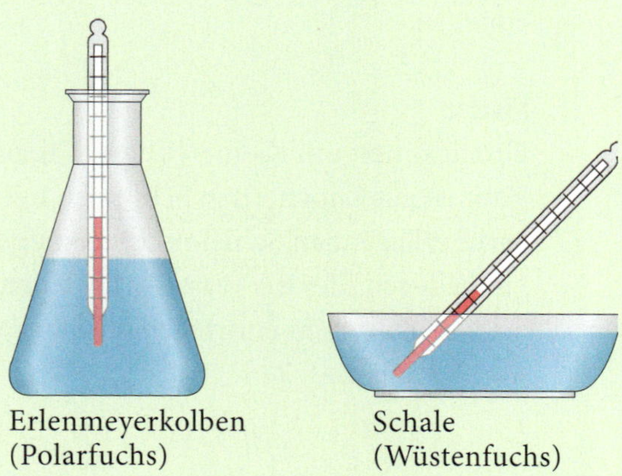

6 Versuchsaufbau

Lena, Tarek und Aylin knobeln an einer Rätselfrage: Was haben diese Tiere gemeinsam? Lena meint: „Gar nichts, die sehen doch alle verschieden aus." „Sie leben alle an Land", meint Tarek. „Stimmt nicht", sagt Aylin, „der Fisch lebt ja wohl im Wasser. Aber mir fällt etwas ein." Welche Gemeinsamkeit meint Aylin?

1 Was haben diese Tiere gemeinsam?

Vielfalt lässt sich ordnen

Eine versteckte Gemeinsamkeit

So unterschiedlich Kaiserpinguin, Braunbär, Wasserfrosch, Dreizehenmöve, Goldfisch und Python auch aussehen, sie haben trotzdem alle etwas gemeinsam. → 1 Etwas, was von außen nicht zu erkennen ist: Sie besitzen eine **Wirbelsäule**. Daher fasst man alle Tiere mit einer Wirbelsäule als **Wirbeltiere** zusammen. Innerhalb der Gruppe der Wirbeltiere gibt es wiederum Gruppen von Tieren, die viele Gemeinsamkeiten miteinander haben. Die Wirbeltiere lassen sich in Fische, Lurche, Kriechtiere, Vögel und Säugetiere einteilen.

Fische

Fische atmen mit Kiemen unter Wasser. Ihre Haut ist aus knöchernen Schuppen mit einer darüberliegenden Schleimschicht aufgebaut. Fische legen Eier ins Wasser, aus denen sich die Nachkommen entwickeln. Sie sind wechselwarm. → 2

Lurche

Lurche legen ebenfalls Eier ins Wasser. Aus ihnen schlüpfen zunächst Kaulquappen, die im Wasser leben und mit Kiemen atmen. Nach einer Umwandlung haben Lurche vier Beine und atmen mit Lungen. Sie haben eine feuchte Haut und sind wechselwarm. → 2

Kriechtiere

Hornschuppen schützen die Kriechtiere gut gegen Austrocknung. Sie atmen mit einer Lunge. Kriechtiere besitzen vier kurze Beine, mit denen sie kriechen. Bei Schlangen haben sich diese jedoch zurückgebildet. Alle Kriechtiere sind wechselwarm. → 2

Vögel

Die Knochen der Vögel sind innen hohl. Das macht sie leichter und verbessert damit die Flugfähigkeit. Die Lunge der Vögel ist sehr leistungsstark. Als gleichwarme Tiere werden Vögel durch ihre Federn warm gehalten. Sie brüten ihre Eier aus und kümmern sich um ihre geschlüpften Jungen. → 2

Wirbelsäule
Wirbeltiere

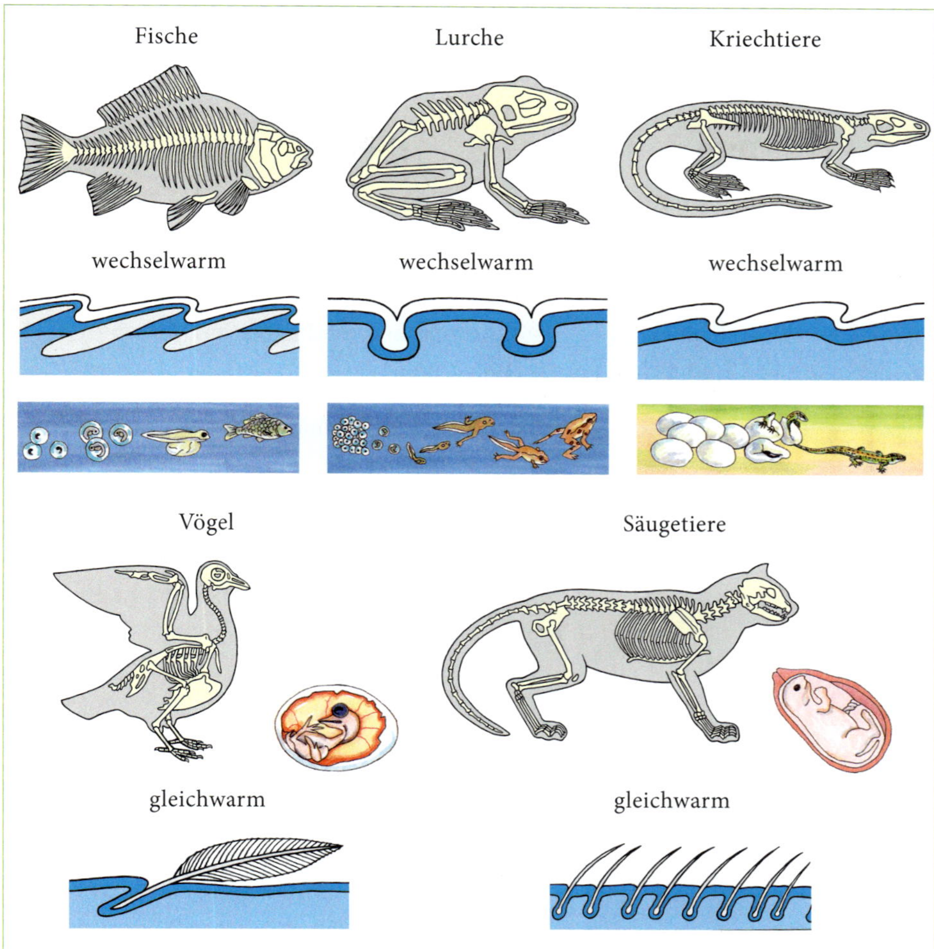

2 Wirbeltiere im Vergleich

Säugetiere

Säugetiere sind ebenfalls gleichwarme Tiere und atmen mit Lungen. Ein Fell schützt sie vor Auskühlung. Die Jungen der **Säugetiere** werden nach ihrer Geburt mit der Milch der Mutter gesäugt. → 2

> → **Merk dir!** Alle Tiere mit einer Wirbelsäule sind Wirbeltiere. Sie lassen sich in Fische, Lurche, Kriechtiere, Vögel und Säugetiere unterteilen.

Arbeitsaufträge

1. Ordne die Tiere aus Abbildung 1 den Wirbeltiergruppen zu. → 2 Begründe deine Zuordnung.

2. Erkläre, warum Krebse, Muscheln und Insekten nicht zu den Wirbeltieren gehören.

Wirbeltiere – ganz verschieden und doch ähnlich

1. Haare und Federn – Schutz vor Kälte?

Ihr braucht: 3 Erlenmeyerkolben (100 ml), Wasser, 1 Thermometer, heißes Wasser, 2 große Bechergläser, Haare (ausgebürstet von Hunden) oder Wolle (vom Schaf), Federn (möglichst Daune), Kühlschrank, Uhr.

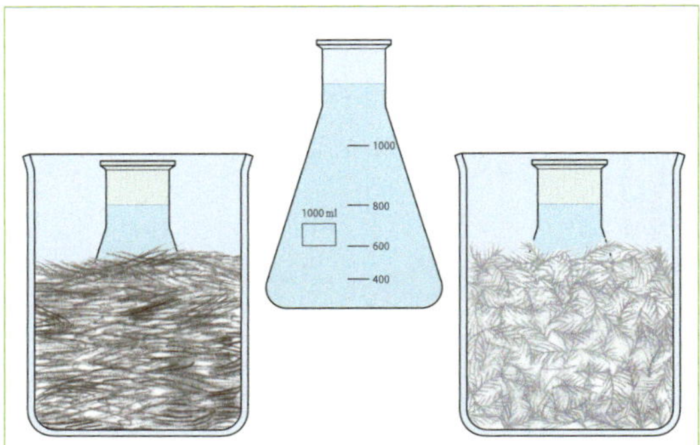

1 Versuchsaufbau

Zwei Erlenmeyerkolben werden in die 2 Bechergläser gestellt und rundherum mit Haaren bzw. mit Federn umhüllt. → 1

Die 3 Kolben werden mit 20 °C warmem Wasser aufgefüllt und für 30 Minuten in den Kühlschrank gestellt.

- **a** Protokolliere mögliche Temperaturveränderungen im Abstand von 5 Minuten.
- **b** Erstelle ein Diagramm und begründe die unterschiedlichen Temperaturkurven.
- **c** Erkläre die Bedeutung der Ergebnisse für Vögel und Säugetiere.
- **d** Begründe, welche Auswirkung die Körperbedeckung auf das Leben der Tiere hat, besonders bei den in Europa lebenden Tiere.

2. Was steckt in einem Ei?

Wir klären die Frage, indem wir eine Eizelle untersuchen. Dafür eignet sich ein rohes Hühnerei.

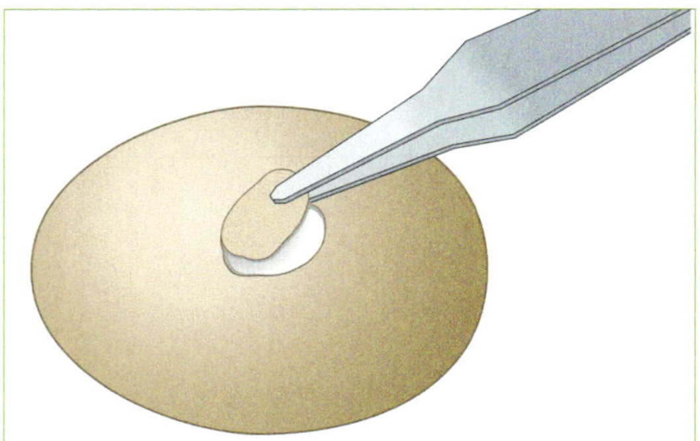

2 Präparation eines Hühnereies

Ihr braucht: 1 Hühnerei (roh), Eierbecher, Löffel, spitze Pinzette, spitze Schere, Petrischale, Lupe.

Lege das Ei in die Petrischale.

- **a** Betrachte mit der Lupe die Oberfläche der Eierschale.

Stelle den Eierbecher auf die Petrischale und lege das Ei quer auf den Eierbecher. Klopfe mit dem Löffel leicht auf die Eischale, sodass eine Delle entsteht.

Entferne mit der Pinzette vorsichtig die Kalkstückchen der Eierschale, ohne die darunterliegende dünne Haut zu beschädigen. → 2

b Betrachte die entstandene Öffnung mit der Lupe und beschreibe, was du siehst.

c Öffne die dünne Haut mit der Schere im Durchmesser von 2,5 bis 3 cm. Betrachte die freigelegte Öffnung und zeichne dein geöffnetes Ei. Beschrifte die einzelnen Bestandteile.

d Nenne die Aufgabe der einzelnen Bestandteile des Hühnereies.

e Entferne das Eiklar in die Petrischale. Drehe dann das Ei und ziehe an der Eischnur. Erkläre die Aufgabe der Eischnur.

3. Entwickeln sich alle Wirbeltiere aus einer Eizelle?

Du hast eine Eizelle präpariert und die einzelnen Details beschriftet. Du weißt, welche Aufgabe die Bestandteile des Hühnereies haben.

a Erkläre mithilfe deiner Erkenntnisse die Entwicklungsschritte der anderen Wirbeltierklassen.

b Benenne und beschreibe Gemeinsamkeiten und Unterschiede der Entwicklung der Wirbeltiere. → **3 – 6**

c Informiere dich (Fachliteratur, Tierhandlung, Internet) über die Eiablage der Kriechtiere.

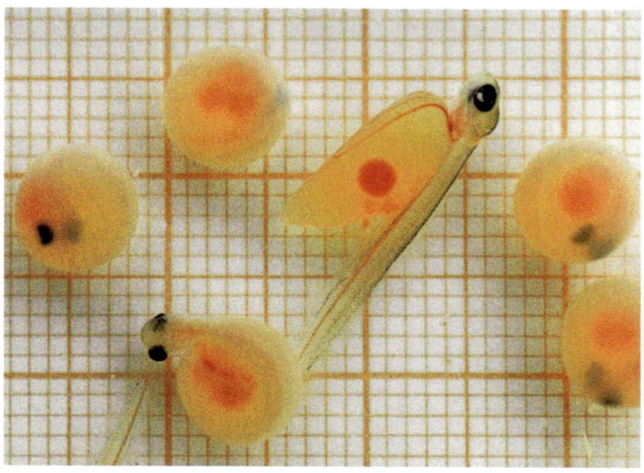

3 Entwicklung von Fischen

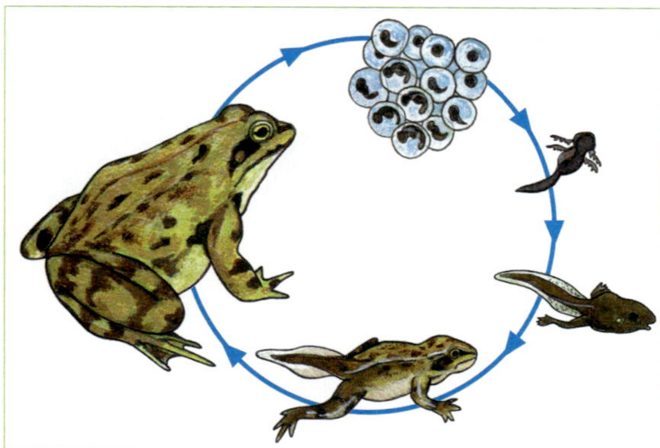

4 Entwicklung von Lurchen

5 Schlüpfende Krokodile

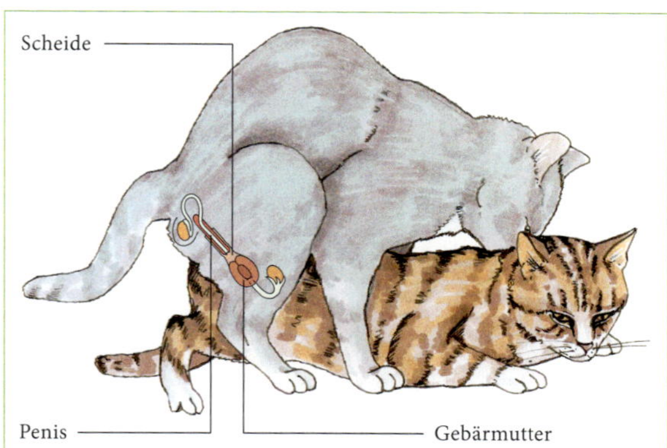

6 Entwicklung von Säugetieren

Tiere in ihrem Lebensraum

→ Fische können mithilfe von Kiemen und Schwimmblase unter Wasser leben. Durch den Gewässerschutz können bedrohte Fischarten gerettet werden. (Siehe Seite 66–71.)

→ Lurche sind durch ihren Körperbau und ihre Fortpflanzung an das Leben im Wasser und an Land angepasst. (Siehe Seite 72–77.)

→ Kriechtiere leben vor allem in warmen Ländern. Ihr Körper ist mit Hornschuppen bedeckt. Sie legen ihre Eier an Land ab. (Siehe Seite 78–81.)

→ Auch du kannst bestimmte Vögel an ihrer Gestalt, Größe und Färbung unterscheiden und etwas für ihren Schutz tun. (Siehe Seite 83.)

→ Vögel sind durch den stromlinienförmigen Körper, die Federn und die leichten Knochen an das Fliegen angepasst. (Siehe Seite 84.)

→ Viele Säugetiere sind winteraktiv, halten Winterruhe oder Winterschlaf. Lurche und Kriechtiere fallen in eine Winterstarre. (Siehe Seite 90.)

→ Tiere in extremen Lebensräumen haben besondere Angepasstheiten, die es ihnen ermöglichen, in diesen Gebieten zu leben. (Siehe Seite 96–99.)

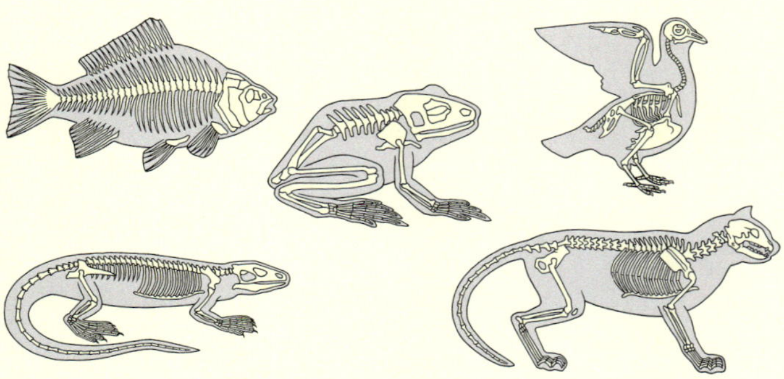

→ Fische, Lurche, Kriechtiere, Vögel und Säugetiere besitzen eine Wirbelsäule und gehören daher zu den Wirbeltieren.
(Siehe Seite 100.)

1. Fische sind gut an das Leben unter Wasser angepasst. Nenne mindestens vier Merkmale.

2. Viele einheimische Lurche sind gefährdet.

a Zähle die Gründe für ihre Gefährdung auf.

b Erstelle eine Liste mit Maßnahmen zum Schutz der Lurche.

3. Wie bewegen sich Schlangen fort? Erkläre die Fortbewegung genau.

4. Vögel sind an das Leben in der Luft angepasst.
Nenne die körperlichen Anpassungen, die den Vögeln das Fliegen ermöglichen.

5. Ordne die Begriffe winteraktiv, Winterschlaf, Winterruhe und Winterstarre den abgebildeten Tieren zu. → **1–4**

1 Biber

2 Erdkröte

3 Wildschweine

4 Igel

6. Welches ist die richtige Erklärung für den Begriff Angepasstheit?
Schreibe die richtige Lösung in dein Heft.

a Als Angepasstheit werden Tiere bezeichnet, die in besonders heißen oder kalten Gegenden der Erde leben.

b Als Angepasstheit werden die Eigenschaften von Tieren bezeichnet, die es ihnen ermöglichen, in heißen oder kalten Gegenden der Erde zu überleben.

c Als Angepasstheit werden besonders heiße oder kalte Gegenden der Erde bezeichnet.

7. Anna und Alex beobachten im Zoo ein Tier. Sie beschreiben es so: Das Tier lebt an Land und im Wasser. Es kann sich im Wasser sehr schnell bewegen. Das Tier legt Eier, die das Männchen auf seine Füße legt und bebrütet. Um welches Tier handelt es sich?

8. Das Dromedar lebt in der Wüste. Beschreibe seine Überlebensstrategie.

5 Dromedar

9. Welche Wirbeltiere pflanzen sich an Land und welche im Wasser fort? Zähle auf und begründe.

Ordne deiner Lösung im Heft ein Smiley zu:
☺ Ich habe die Aufgabe richtig lösen können.
😐 Ich habe die Aufgabe nicht komplett lösen können.
☹ Ich habe die Aufgabe nicht lösen können.

Aufgabe	Fähigkeit	Hilfe findest du auf Seite …
1	Ich kann die Angepasstheiten der Fische an den Lebensraum Wasser aufzählen.	66
2	Ich kann erklären, wodurch Lurche gefährdet sind, und Maßnahmen zu ihrem Schutz benennen.	74
3	Ich kann anhand einer Skizze erklären, wie Schlangen sich fortbewegen.	79
4	Ich kann die Angepasstheiten der Vögel an das Leben in der Luft aufzählen.	84
5	Ich kann die Begriffe winteraktiv, Winterschlaf, Winterruhe und Winterstarre Tieren zuordnen.	90
6	Ich kenne die Bedeutung des Begriffs Angepasstheit.	96
7	Ich kann ein Tier anhand der Beschreibung seiner Lebensweise erkennen.	97
8	Ich kann die Angepasstheiten des Dromedars an die Hitze benennen.	98
9	Ich kenne die Kennzeichen der Wirbeltiergruppen.	100

Pflanzen in ihrem Lebensraum

Wenn du aus dem Fenster schaust, kannst du bestimmt viele Pflanzen sehen: große Bäume, Blumen im Blumenbeet und kleine Kräuter zwischen den Pflastersteinen. Wenn alle diese Pflanzen nicht da wären, würde es sehr grau und eintönig aussehen. Gehe auf Entdeckungsreise und du wirst sehen, wie Pflanzen leben und welche wichtige Rolle sie in unserem Leben spielen.

1 Menschen wachsen, wenn sie essen. Wie kommen Pflanzen an ihre Nahrung? (Siehe Seite 113.)

2 Pflanzen brauchen Licht. Warum eigentlich? (Siehe Seite 114.)

3 Es gibt die verschiedensten Blüten. Wie kann man sie unterscheiden? (Siehe Seite 122.)

4 Wie kommt die Kirsche an den Baum? (Siehe Seite 126.)

5 Wie kommt der Löwenzahn auf die Mauer? (Siehe Seite 132.)

6 Wie kann aus einem kleinen Samen eine Pflanze entstehen? (Siehe Seite 134.)

7 Wie schaffen es Schneeglöckchen zu blühen, wenn es draußen noch kalt ist? (Siehe Seite 140.)

Aylin und Jakob unterhalten sich: Was sind eigentlich Blütenpflanzen? Aylin ist der Meinung, damit seien nur die blühenden Tulpen aus ihrem Garten gemeint. Jakob behauptet dagegen, dass die Bäume auf dem Schulhof und im Park auch Blütenpflanzen sind.
Wer von beiden hat recht?

1 Sind der Kastanienbaum und die Tulpe beides Blütenpflanzen?

Die Pflanze besteht nicht nur aus Blättern

Unterschiedlich und doch gleich

Der Kastanienbaum und die Tulpe sehen auf den ersten Blick wirklich unterschiedlich aus. → 1 Vergleichst du diese Pflanzen aber genau miteinander, dann wirst du sehen, dass sie beide die gleichen Teile besitzen: **Blüten, Sprossachse, Blätter** und **Wurzeln.** → 2 Da diese Pflanzen Blüten bilden, werden sie als **Blütenpflanzen** bezeichnet.

Verankerung im Boden

Die Wurzeln halten die Pflanze fest im Boden und versorgen sie mit Wasser und Mineralstoffen. Diese Mineralstoffe benötigt

2 Teile der Blütenpflanzen

3 Wurzel einer Pflanze

Blätter
Blüten
Blütenpflanzen
Flachwurzler
Sprossachse
Tiefwurzler
Wurzel

4 Tief- und Flachwurzler

5 Entwurzelte Fichte

die Pflanze genauso wie wir zum Leben. Oft haben die Pflanzen eine starke Hauptwurzel und viele kleine Nebenwurzeln, an deren Spitze sich feine Wurzelhaare befinden. → 3 Bei einigen Bäumen kann die Wurzel mehrere Meter tief in den Boden wachsen. → 4 Beispiele für solche **Tiefwurzler** sind Tanne, Kiefer und Eiche. Die Kiefer treibt ihre Hauptwurzel in den Boden bis zu einer Tiefe von über zehn Metern. Andere Bäume hingegen bilden nur flache Wurzelteller. → 4 Zu ihnen gehören viele Fichtenarten. Bei schlechten Bodenverhältnissen können diese **Flachwurzler** keinen optimalen Halt finden und sind bei starkem Sturm windwurfgefährdet. → 5

Merk dir! Alle Blütenpflanzen haben die gleichen Teile: Blüte, Sprossachse, Blatt und Wurzel. Die Wurzeln halten die Pflanze im Boden fest. Mithilfe der Wurzeln kann die Pflanze Wasser und Mineralstoffe aufnehmen.

Arbeitsaufträge

1. Decke die Begriffe in Abbildung 2 ab. Nenne die Teile einer Blütenpflanze.
2. Nach einem Sturm sind im Wald einige Bäume entwurzelt und andere nur geknickt. Überlege mit deinem Tischnachbarn, warum das so ist. Schreibt eure Vermutungen auf.
3. Auf Abbildung 6 siehst du einen Kaktus. Entscheide, ob es sich bei dem Kaktus um eine Blütenpflanze handelt. Begründe deine Entscheidung.

6 Kaktus

Von Stängel, Zweig und Stamm

Die Sprossachse der Kräuter, Sträucher und Bäume sind unterschiedlich ausgebildet und werden verschieden bezeichnet. → 1

Pflanze	Kräuter	Sträucher	Bäume
Sprossachse	weich, saftig	fest, holzig	fest, holzig
Bezeichnung	Stängel	Zweig	Stamm, Ast, Zweig

1 Sprossachsen bei Blütenpflanzen

2 Querschnitt durch einen Stamm

In der **Sprossachse** befinden sich die **Leitungsbahnen,** über die Wasser und Stoffe durch die Pflanze transportiert werden. Ähnlich wie wir mit einem Trinkhalm trinken, saugen auch die Pflanzen Wasser. Im Wasser gelöste Mineralstoffe gelangen so bis in die Blätter der Pflanze. Bei Bäumen kann man die Leitungsbahnen mit dem bloßen Auge sehen. → 2

Grüne Blätter von außen

An einem Blatt können wir Blattspreite und Blattstiel unterscheiden. → 3 Im Blatt setzen sich die Leitungsbahnen der Sprossachse als „Adern“ fort. Dort kannst du sie als „Adern“ erkennen. → 4 Die Blätter der Pflanzen können verschiedene Formen haben. → 5 Anhand der Blattform kannst du Bäume bestimmen.

3 Aufbau eines Blattes

4 „Adernetz“ eines Laubblatts

5 Blätter verschiedener Bäume

Blattgrün
Leitungsbahnen
Spaltöffnungen
Sprossachse

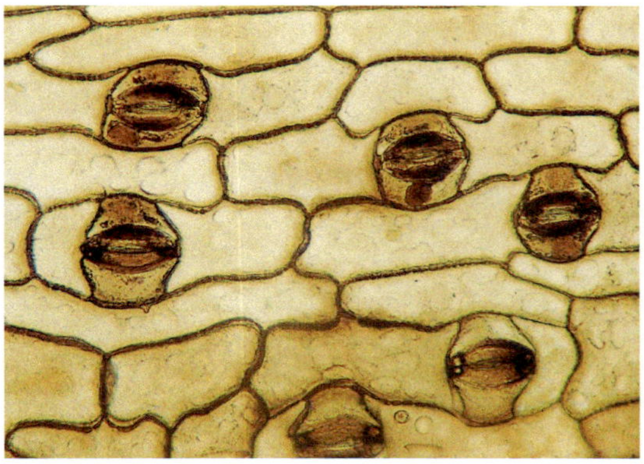
6 Spaltöffnungen

7 Pflanzen wachsen zum Licht.

Grüne Blätter von innen

Im Innern des Blattes befindet sich das **Blattgrün**, durch das die Blätter ihre Farbe erhalten. Mithilfe des Blattgrüns können die Blätter das Sonnenlicht aufnehmen. Auf der Blattunterseite befinden sich kleine Poren. Durch diese **Spaltöffnungen** kann Luft in das Blatt gelangen. → 6 Das ist wichtig, damit die grünen Blätter mithilfe von Licht Nährstoffe bilden können.

Energie zum Leben

Tiere und Menschen brauchen Energie, um leben zu können. Diese Energie nehmen sie durch die Nahrung auf. Auch Pflanzen brauchen Energie, um zu wachsen. Doch woher nimmt die Pflanze die Energie?

Energie aus Licht und Luft

Mit den Wurzeln nimmt die Pflanze Wasser auf. Zum Leben benötigt sie außerdem auch Nährstoffe wie Zucker und Stärke. Aus Wasser und Kohlenstoffdioxid aus der Luft stellt die Pflanze diese Nährstoffe selbst in den grünen Blättern her. Dies funktioniert nur, wenn die Pflanze Licht erhält. → 7 Gleichzeitig gibt sie den für uns lebenswichtigen Sauerstoff ab.

→ Merk dir! In der Sprossachse werden Wasser und gelöste Stoffe von den Wurzeln in die Blätter transportiert. In den Blättern stellt die Pflanze Nährstoffe her, die sie zum Leben braucht.

Arbeitsaufträge

1. Lena soll im Biologieunterricht etwas über die Aufgaben der Pflanzenteile erzählen. Sie hat vergessen, sich etwas dazu aufzuschreiben. Kannst du ihr helfen? Schreibe die wichtigsten Informationen zu den Pflanzenteilen in eine Tabelle. → 8

2. Viele Menschen essen gerne süße Früchte wie Äpfel, Erdbeeren oder Bananen. Erkläre, woher der Zucker darin stammt.

Pflanzenteil	Aufgabe
Sprossachse	
Blatt	
Wurzel	

8 Tabelle zur Aufgabe der Pflanzenteile

**Viele Menschen nutzen die Sonnenenergie, um aus ihr Strom zu erzeugen. Auch Pflanzen brauchen, wie du schon gelernt hast, das Licht der Sonne.
Aber zu welchem Zweck fangen sie es ein und wie verarbeiten sie es?**

1 Energie aus Sonne

Solarfabrik Pflanze

Das tägliche Brot der Pflanzen

Tiere und Menschen müssen essen, um leben zu können. Auch Pflanzen benötigen Eiweiß, Fett, Zucker und Stärke, um leben zu können. Aber sie essen nicht und leben dennoch. Wie kann das funktionieren? Durch das Licht erhalten die Pflanzen die Energie, die sie brauchen, um ihre Nahrung selbst herzustellen. Licht ist für Pflanzen lebensnotwendig. Ebenso notwendig ist Wasser, das eine wichtige Aufgabe bei der Herstellung von Nährstoffen übernimmt.

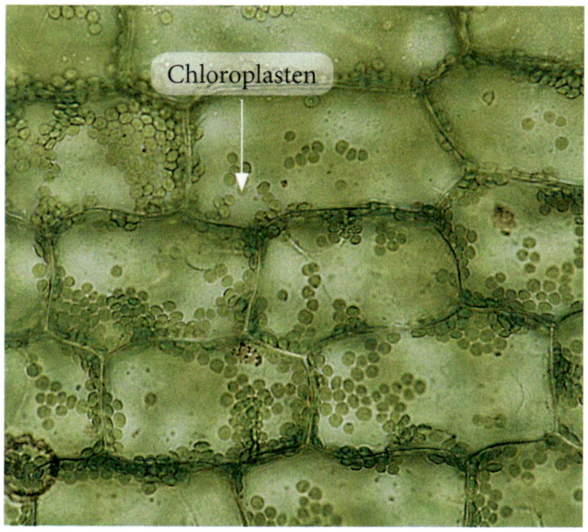

2 Pflanzenzellen mit Chloroplasten

Eine perfekte Fabrik

Du hast gelernt, dass sich in den Zellen der grünen Pflanzen Blattgrünkörner befinden. → 2 Mit diesen **Chloroplasten** kann die Pflanze, ähnlich wie eine Solarzelle auf dem Dach eines Hauses, Lichtenergie aufnehmen. Diese Energie wird dann dazu genutzt, aus dem Kohlenstoffdioxid der Luft den energiereichen Traubenzucker herzustellen. Diesen Vorgang, der nicht ohne Licht ablaufen kann, nennt man **Fotosynthese**. → 3 Als Abfallprodukt entsteht Sauerstoff. Aus dem Zucker kann die Pflanze dann Stärke aufbauen, die ihr als Reservesubstanz dient. Auch Eiweiße und Fette kann die Pflanze selbst herstellen. Sie benutzt dazu Stoffe, die beim Abbau des Traubenzuckers anfallen.

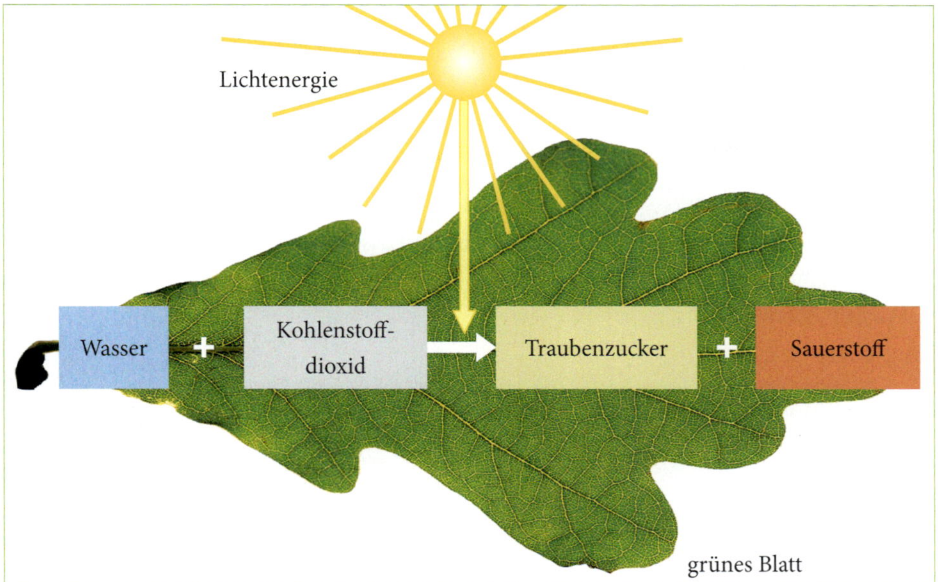

3 Fotosynthese

Lebensgrundlage vieler Organismen

Die meisten Lebewesen auf der Erde, auch wir Menschen, benötigen Nährstoffe und Sauerstoff zum Leben. Der Aufbau dieser beiden Stoffe erfolgt durch die Fotosynthese bei den Pflanzen. Ohne Pflanzen, ohne Fotosynthese gäbe es kein Leben auf der Erde.

→ **Merk dir!** Grüne Pflanzen bauen mithilfe von Licht aus Kohlenstoffdioxid und Wasser energiereichen Traubenzucker auf. Dabei entsteht auch Sauerstoff, der an die Umgebung abgegeben wird. Diesen Vorgang bezeichnet man als Fotosynthese.

Arbeitsaufträge

1. Welche Stoffe werden bei der Fotosynthese gebildet? Welche Ausgangsstoffe benötigen die Pflanzen? Nenne die verschiedenen Stoffe und fasse den Ablauf der Fotosynthese in einer Gleichung zusammen.

2. Die Sommerwurz kann keine Fotosynthese betreiben. Sie „zapft" andere Pflanzen an, um den lebensnotwendigen Traubenzucker zu erhalten. Erkläre, was der Sommerwurz fehlt, um Fotosynthese zu betreiben. → 4

3. Nenne die Teile einer Sonnenblume, die Lichtenergie aufnehmen können.

4. Was meinst du: Wer hat die Erde zuerst besiedelt, Pflanzen oder Tiere? Begründe deine Überlegung.

4 Sommerwurz

Was brauchen Pflanzen zum Leben?

1. Was brauchen Pflanzen zur Stärkebildung?

Ihr braucht: 2 Reagenzgläser, Kartoffelstärke, Spatel, Pipette, Zimmerpflanze (z. B. Geranie), Alufolie, Klebeband, Schreibtischlampe, 3 Bechergläser, Heizplatte, Wasser, Brennspiritus, Iod-Kaliumiodid-Lösung, Küchenpapier.

Iod-Kaliumiodid-Lösung färbt Stärke blau. Überprüfe diese Aussage in folgendem Versuch.

Gib eine Spatelspitze Kartoffelstärke in ein Reagenzglas.

Tropfe mit einer Pipette etwas Iod-Kaliumiodid-Lösung sowohl in das Reagenzglas, das Kartoffelstärke enthält, als auch in das leere Reagenzglas.

Klebe ein Stück Alufolie auf ein grünes Blatt einer Zimmerpflanze. → 1

Beleuchte das Blatt mindestens zwölf Stunden mit dem Licht der Lampe.

Fülle etwas Iod-Kaliumiodid-Lösung in ein Becherglas und etwas Wasser in das zweite Becherglas.

Die Lehrerin oder der Lehrer bereitet das Erhitzen des Brennspiritus vor.

Halte das grüne Blatt vorsichtig mit der Pinzette in den erhitzten Brennspiritus.

Tauche das Blatt mit der Pinzette zuerst in ein Becherglas mit Wasser und lege es dann kurz in das Becherglas mit der Iod-Kaliumiodid-Lösung.

Tupfe das Blatt mit Küchenpapier ab.

a Protokolliere den Versuchsaufbau und deine Beobachtungen.

b Erkläre dein Versuchsergebnis. → 2

c In grünen Pflanzenteilen liegt die Stärke, die bei der Fotosynthese gebildet wurde, in den Chloroplasten vor. Einige Pflanzen besitzen Blätter, die zum Teil weiß sind. → 3 Stelle eine Vermutung auf, wo sich Stärke in einem grün-weißen Blatt nachweisen lässt. Erkläre, wie du die Stärke nachweisen würdest.

1 Abdeckung eines Teils des Blattes

2 Versuchsergebnis

3 Panaschierte Blätter

2. Was brauchen Pflanzen zum Leben?

Ihr braucht: 5 Pflanztöpfe mit Untersetzer, Blumenerde, Kressesaat, einen Karton, eine durchsichtige Plastiktüte.

Befülle die Pflanztöpfe mit Blumenerde.

Verteile je einen Teelöffel Kressesaat auf der Erde und feuchte die Erde leicht mit Wasser an.

Stelle die Töpfe auf die Fensterbank (Zimmertemperatur), sodass sie im Hellen stehen.

Lass die Saat fünf Tage keimen und wachsen.

a Notiere deine Versuchsfrage.
b Schreibe deine Vermutungen auf.

Behandle jeden Topf mit Kressekeimlingen fünf weitere Tage lang wie in der Tabelle angegeben. → **4**

	Topf 1	Topf 2	Topf 3	Topf 4	Topf 5
Wasser	–	+	+	+	+
Licht	+	–	+	+	+
Wärme	+	+	–	+	+
Luft	+	+	+	–	+

4 Tabelle für die Pflanzenpflege

5 Versuchsaufbau mit Kressetöpfen

Halte die Erde in den Töpfen 2 bis 5 feucht. Gieße Topf 1 nicht. → **5**

Stülpe über Topf 2 einen Karton zur Abdunklung. Die anderen Töpfe bleiben ohne Abdunklung auf der Fensterbank stehen. → **5**

Stelle Topf 3 an einen kühlen, aber hellen Ort. Vergiss nicht, ihn zu gießen → **5**

Stülpe über Topf 4 eine durchsichtige Plastiktüte und befestige sie mit einem Gummiband um den Topf. → **5**

c Schreibe ein Versuchsprotokoll und notiere darin deine Beobachtungen.
d Erkläre deine Beobachtungen und vergleiche sie mit deinen Vermutungen.
e Beantworte deine Versuchsfrage.

Fast überall in der Welt werden Blüten als Schmuck in Häusern oder bei Festen verwendet. Die Blüten erscheinen uns schön und ziehen uns durch ihren Duft an. Doch Blüten sind nicht nur schön, sondern haben auch eine wichtige Aufgabe.

1 Bunte Blüten überall

Blüten – mehr als nur schön anzusehen

Formen und Farben

Wenn du dir Pflanzen genau anschaust, kannst du feststellen, dass die **Blüten** ganz unterschiedlich aussehen. Manche haben eine Ähnlichkeit mit einem Kreuz, andere erinnern an Trichter. → 2, 3 Es gibt auch Blüten, die unauffällig sind. → 4 Die Farbe und Form der Blüten ist nicht nur schön anzusehen, sie ist vor allem wichtig für die Fortpflanzung. Blüten enthalten die „Geschlechtsorgane" der Pflanzen. Durch ihre farbigen Blütenblätter machen die Blütenpflanzen auf sich aufmerksam. Viele Blüten lenken die Insekten durch Farbtupfer genau dorthin, wo sich Pollen und Nektar befinden.

2 Raps

3 Fingerhut

4 Wiesen-Rispengras

Blüte
Pollen
Stempel

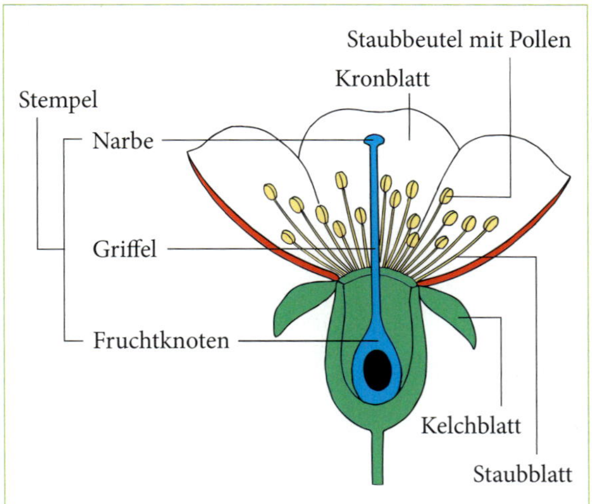

5 Kirschblüte

Die Kirschblüte

Wenn du die Blüte eines Kirschbaums genau betrachtest, kannst du verschiedene Blütenteile erkennen. → **5** Eine Kirschblüte besteht aus fünf weißen Kronblättern und vielen Staubblättern. Die Staubblätter sehen wie Stecknadeln aus. Am Ende tragen sie den **Pollen** in gelben Staubbeuteln. Wenn du die Kronblätter und die Staubblätter entfernst, kannst du den Blütenboden gut erkennen. Er sieht wie ein kleiner Becher aus. An seinem oberen Teil hängen fünf kleine Zipfel: die grünen Kelchblätter. In dem Becher ist der Fruchtknoten verborgen. Oben ragt der Griffel mit der Narbe heraus. Er bildet mit dem Fruchtknoten den **Stempel**. → **5**

→ **Merk dir!** Eine Blüte besteht aus Kelchblättern, Kronblättern, Staubblättern und einem Stempel. Der Stempel besteht aus Fruchtknoten, Griffel und Narbe.

Arbeitsaufträge

1. Zupfe mit einer Pinzette die einzelnen Teile einer Kirschblüte vorsichtig ab und ordne sie von außen nach innen auf vier Kreislinien auf einem Blatt Papier an. Klebe die Teile dann mit etwas Klebstoff fest. Betrachte die Teile mit einer Lupe. Beschrifte die einzelnen Teile. Die Zeichnung im Buch kann dir dabei helfen. → **5, 6**

2. Findest du die Kronblätter, Kelchblätter, Staubblätter und den Stempel auch bei anderen Blüten? Untersuche zum Beispiel Buschwindröschen, Rose oder Lilie und zeichne für eine der Blüten ein Blütendiagramm.

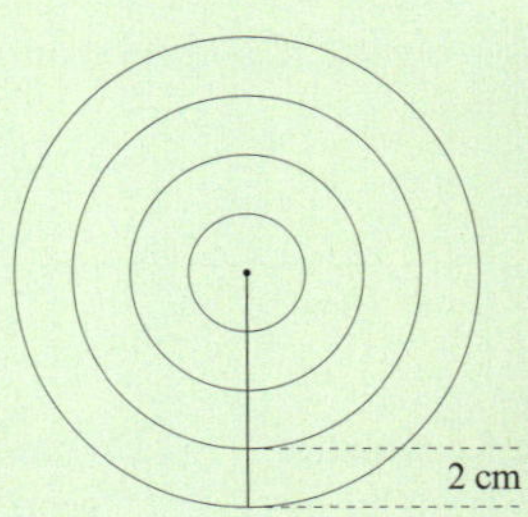

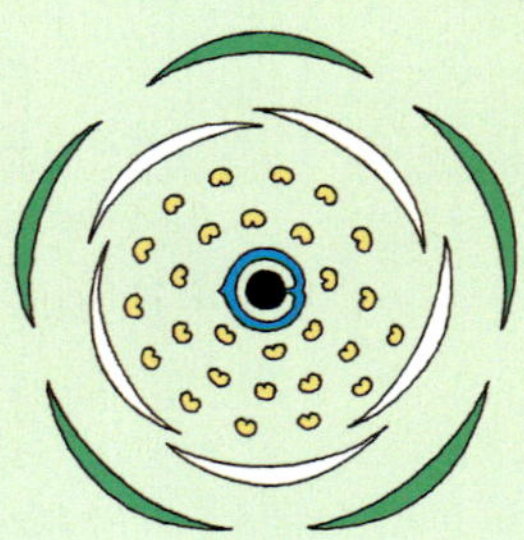

6 Kreisschema, Legebild und Blütendiagramm der Kirschblüte

Wie bestimmt man Pflanzen?

Mithilfe eines Bestimmungsschlüssels kannst du Pflanzen bestimmen, die du nicht kennst. Dieser Schlüssel ist ein Text, der dir die Tür zum richtigen Namen öffnet.

1 Pflanzen betrachten und bestimmen.

So funktioniert ein Bestimmungsschlüssel

Schritt 1 Achte bei der Bestimmung darauf, dass die Pflanze blüht. Am besten bestimmst du die Pflanze dort, wo sie wächst.

Schritt 2 Betrachte die Pflanzenteile mithilfe einer Lupe.

Schritt 3 Bei der Bestimmung musst du dich immer zwischen zwei Aussagen entscheiden und kommst damit immer näher an den Namen der Pflanze heran. Der Bestimmungstext fragt dich nach wichtigen Merkmalen einer Pflanze. Deine Körpermerkmale sind: Augenfarbe, Größe und Haarfarbe. Pflanzenmerkmale können sein: die Anzahl der Laubblätter, die Farbe der Kronblätter in der Blüte, die Form des Stängels und vieles mehr.

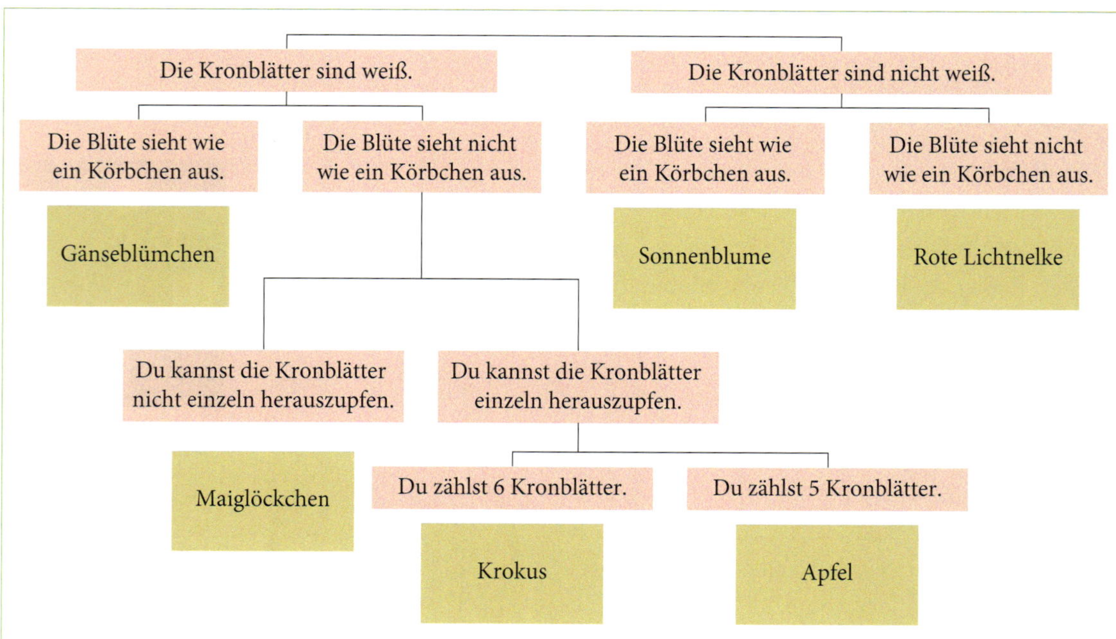

2 Mit diesem Bestimmungsschlüssel kannst du Pflanzen bestimmen.

3 Diese kleinen Sonnen wachsen im Rasen. Ihr Blütenstand sieht aus wie ein Körbchen. Die Pflanze gehört zur Familie der Korbblütler.

4 Diese Pflanze ist sehr giftig! Da sie unter Naturschutz steht, lass sie bitte im Wald stehen.

5 Dieser Baum ist mit dem Kirschbaum verwandt und gehört zur Familie der Rosengewächse.

6 Diese Pflanze ist ein Frühblüher. Wie viele Schwertliliengewächse findest du sie schon im März.

7 Diese Pflanze aus der Familie der Nelkengewächse wird von Schmetterlingen bestäubt.

8 Diese Pflanze wird auf Feldern angebaut. Ihre Samen kann man essen.

Arbeitsaufträge

1. Bestimme die Pflanzen der Abbildungen 3 bis 8. Schreibe ihren Namen in dein Heft. Zeichne die Pflanzen neben den Namen.

2. Nicht nur die Sonnenblume hat gelbe Kronblätter.
- **a** Suche in Bestimmungsbüchern nach weiteren Pflanzen mit gelben Kronblättern.
- **b** Lege eine Tabelle an. → **9** Zu welcher Pflanzenfamilie findest du die meisten gelb blühenden Pflanzen?

Pflanzenname	Pflanzenfamilie
Sonnenblume	Korbblütler
...	...

9 Tabelle

Es gibt große und kleine, einfarbige und bunte Blumen und Pflanzen, die gar keine erkennbaren Blüten haben. Im Blumenladen sind die Pflanzen nach ihrem Preis geordnet. Aber wie unterscheiden und ordnen die Biologen die Pflanzen?

1 Blumenladen

Pflanzenfamilien

Die Blüte verrät die Verwandtschaft

Ein wichtiges Merkmal bei der Bestimmung von Pflanzen ist der Bau ihrer Blüten. Alle Pflanzen, die den gleichen Grundbauplan ihrer Blüte haben, gehören zu einer **Pflanzenfamilie.**

Rosengewächse

Zu den **Rosengewächsen** gehören alle Rosen, aber auch Steinobst (Kirsche, Pflaume, Pfirsich) und Kernobst (Apfel und Birne). Brombeeren, Himbeeren und Erdbeeren zählen auch dazu. → 2 Alle diese Pflanzen besitzen den gleichen Blütenaufbau. Sie haben fünf Kelchblätter, fünf Kronblätter, zahlreiche Staubblätter und Stempel. Die Fruchtknoten sitzen einzeln in einem tiefen Becher. Hier entwickeln sie sich zu Früchten.

Schmetterlingsblütler

Viele Nutzpflanzen wie Bohnen und Erbsen, aber auch Zierpflanzen wie die Wicke gehören zu dieser Familie. Man nennt diese Pflanzen **Schmetterlingsblütler**, weil das Aussehen ihrer Blüten an einen Schmetterling erinnert. Auffällig sind die Kronblätter.

2 Apfelblüte

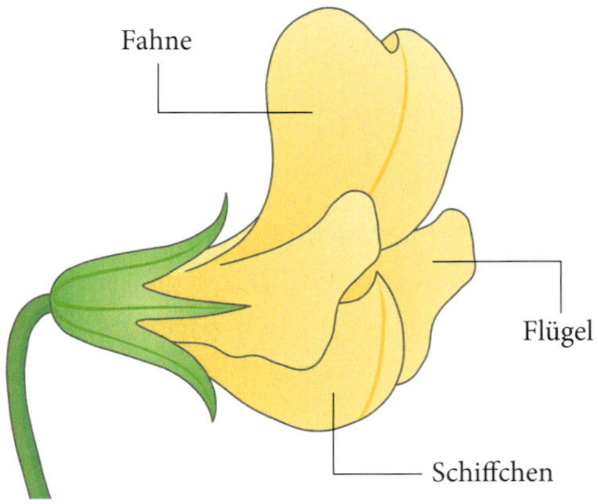

3 Aufbau der Schmetterlingsblüte

Korbblütler
Pflanzenfamilie
Rosengewächse
Schmetterlingsblütler

4 Sonnenblume

Eines ist nach oben gebogen und heißt Fahne. Zwei Kronblätter sind bootsförmig verwachsen und werden daher Schiffchen genannt. Die beiden verbleibenden Kronblätter stehen wie Flügel seitlich ab. → 3 Im Schiffchen verbergen sich zehn Staubblätter und der lange Griffel. Schmetterlingsblütler haben typische Früchte, die Hülsenfrüchte.

Korbblütler

Wenn man die scheinbar riesige Blüte der Sonnenblume genauer betrachtet, stellt man fest, dass es sich um viele Einzelblüten handelt, die auf einem gemeinsamen Blütenboden sitzen. → 4 Sie bilden den Blütenstand, einen Korb. Die Blüten im Innern des Korbes bezeichnet man wegen des röhrenförmigen Baus ihrer Kronblätter als Röhrenblüten, während die Randblüten Zungenblüten heißen. Zu den **Korbblütlern** zählen Sonnenblume, Aster und Echte Kamille.

→ Merk dir! Mithilfe des Blütenbaus lassen sich Pflanzen gut unterscheiden. Alle Pflanzen mit dem gleichen Grundbauplan der Blüte gehören zu einer Pflanzenfamilie.

Arbeitsaufträge

1. Außer den im Text beschriebenen Pflanzenfamilien gibt es noch die Lippenblütler, die Doldenblütler und die Kreuzblütler. Bildet Gruppen und erstellt für jede dieser Pflanzenfamilien einen kurzen Steckbrief. Findet zu jeder Pflanzenfamilie drei Vertreter. Recherchiert dazu im Internet oder im Lexikon.
2. Ordne die Abbildungen 5 bis 7 einer der Pflanzenfamilien zu. Begründe deine Entscheidung.

5 Heckenrose

6 Löwenzahn

7 Raps

Naturstoffe – in Pflanzen ist mehr drin, als man denkt

1. Kann man mit Pflanzen Stoffe färben?

Ihr braucht: zwei Paar Wollsocken, ca. 40 Gramm Birkenblätter, 2 Gramm Alaun, zwei Bechergläser, zwei Kochplatten, Sieb/Schöpflöffel, evtl. eine zusätzliche Schüssel.

1 Birkenblätter

2 Sockenfärbung

Zerkleinere die Birkenblätter und gib sie in ein Becherglas. Gieße ein 1 Liter Wasser hinzu.

Gieße 1 Liter Wasser in das zweite Becherglas und gib zwei Gramm Alaun sowie die Socken hinzu.

Koche die Flüssigkeit in beiden Bechergläsern jeweils eine Stunde bei mittlerer Hitze. → 2

Entferne in der nächsten Unterrichtsstunde die Blätter aus der Färbelösung mit dem Sieb.

Nimm die Socken aus der Beizlösung und gib sie in die Färbelösung. Koche sie darin eine Stunde.

Hänge die Socken nach dem Abkühlen zum Trocknen auf.

a Notiere deine Beobachtung.
b Entwickle ein Experiment, mit dem man herausfinden kann, ob die Färbung der Socken vom Alaun oder von den Birkenblättern stammt.

2. Woher stammt das Öl in der Bratpfanne?

Ihr braucht: 20 Gramm Sonnenblumenkerne ohne Schale, Schale einer halben Zitrone, Messer, Mörser mit Stößel, Knoblauchpresse, zwei Uhrgläser.

Die Sonnenblumenkerne werden in den Mörser gegeben und mit dem Stößel gut zerkleinert.

Die zerkleinerte Masse wird in die Knoblauchpresse gegeben und fest zusammengedrückt. → 3

Lass die ausgepresste Flüssigkeit auf ein Uhrglas tropfen.

Zerschneide die Zitronenschalen und wiederhole den Versuch.

Tropfe jeweils wenig von der Flüssigkeit auf einen Bogen Löschpapier. Kreise die Tropfen ein. Lass den Bogen 20 Minuten trocknen.

a Notiere deine Beobachtung.
b Begründe, bei welcher Flüssigkeit es sich um ein Öl handelt, das man in der Küche verwenden kann.
c Erkläre, warum man das Zitronenöl als flüchtiges Öl bezeichnet.

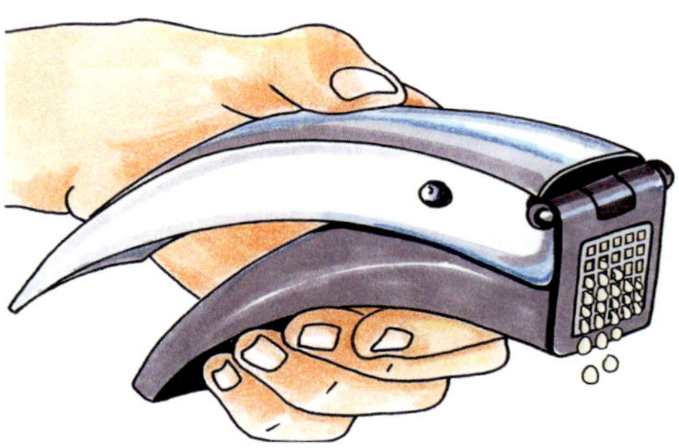

3 Beim Pressen tritt eine Flüssigkeit aus.

3. Haben Pflanzen eine Heilwirkung?

Ihr braucht: 500 Gramm schwarze Holunderbeeren, 0,5 Liter Wasser, Saft einer Zitrone, ca. 600 Gramm Zucker, Kartoffelstampfer, großen Kochtopf, Kochplatte, Sieb, Schüssel, mehrere saubere, verschließbare Flaschen oder Marmeladengläser, sauberes Tuch.

→ ***Achtung:*** *Holunderbeeren färben sehr stark. Trage bei der Arbeit ein altes Hemd. Verzehre keine rohen Holunderbeeren!*

Entferne die Beeren von der Dolde und gib sie in den Kochtopf. Gib das Wasser auf die Beeren.

Zerstampfe anschließend die Beeren mit dem Kartoffelstampfer und gib 200 Gramm Zucker und den Zitronensaft hinzu.

Koche die Beerenmischung einmal auf und gieße sie durch ein Sieb in eine Schüssel.

Gib zu dem Saft so viel Zucker hinzu, dass Saft und Zucker zu gleichen Teilen gemischt werden. Koche das Gemisch erneut auf.

Gieße den Saft in Flaschen oder Gläser und lass diese unter einem sauberen Tuch abkühlen.

Verschlossen und an einem kühlen Ort hält sich der Saft etwa ein Jahr. Er stärkt verdünnt mit Wasser oder Tee dein Abwehrsystem und hilft bei leichten Erkältungen.

4 Holunder – ein Strauch mit Heilwirkung

4. Wie haben die Menschen vor 2000 Jahren ihre Wäsche gewaschen?

Im Altertum haben die Menschen nicht so viel Wäsche gewaschen wie wir. Zum Waschen benutzten sie eine Seife, die aus Pflanzen stammte, in Mitteleuropa das Seifenkraut.
Auch die Kastanie ist eine „Seifenpflanze".

Ihr braucht: 4–5 Kastanien, spitze Schere, Marmeladenglas mit Deckel, Wasser, Messer.

Entferne von einer Kastanie die harte rotbraune Schale. Benutze dazu eventuell eine spitze Schere oder ein scharfes Messer.

Zerkleinere die Kastanien mit dem Messer und fülle etwas davon in das Marmeladenglas. → 5

Gib so viel Wasser dazu, dass die Kastanienmasse knapp bedeckt ist, und schüttle das Glas kräftig.

a Notiere deine Beobachtung.
b Würdest du dich mit dieser Seife waschen? Begründe.

5 Seifenherstellung aus Kastanien

Die Obstbäume blühen im Frühling mit auffälligen weißen oder rosafarbenen Blüten. Zu den Obstbäumen gehören der Kirschbaum, der Pflaumenbaum und der Apfelbaum.
Doch was passiert eigentlich nach der Blüte? Und wie kommt die Kirsche im Sommer an den Baum?

1 Dort, wo im Frühjahr die Blüten sitzen, erscheinen im Sommer die Kirschen.

Wie kommt die Kirsche an den Baum?

Es summt an der Blüte

Wenn du einen blühenden Kirschbaum eine Zeit lang beobachtest, wirst du sehen, dass viele Honigbienen die Blüten anfliegen. Sie finden in der Blüte eine zuckerhaltige Flüssigkeit. Dieser Nektar ist sehr nahrhaft für die Insekten. → 2

Insekten sind Pollenkuriere

Auf der Suche nach Nektar und Pollen fliegen die Insekten von Blüte zu Blüte. Dabei bleiben die Pollen am Körper haften. Auf seiner Nahrungssuche fliegt das Insekt mit dem Pollen zur nächsten Blüte. Dabei überträgt es die Pollen auf die Narbe dieser Blüte. Dieser Vorgang heißt **Bestäubung.** → 2, 3

Befruchtung

Der Pollen enthält die männlichen Geschlechtszellen. Eine davon gelangt nach der Bestäubung zur weiblichen Eizelle in der Samenanlage im Fruchtknoten. Dort

2 Eine Biene belädt sich mit Pollen.

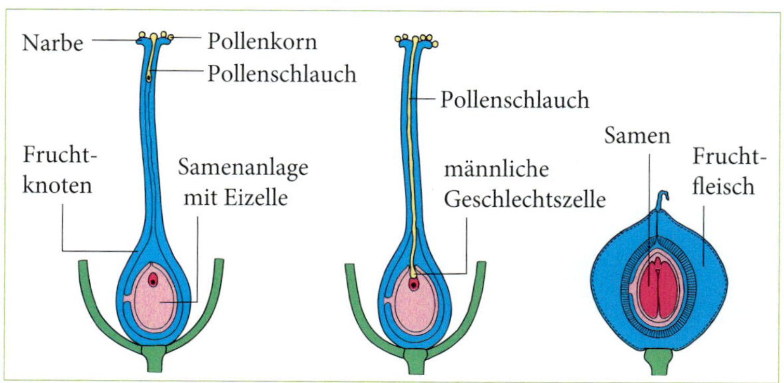

3 Bestäubung und Befruchtung bei der Kirsche

Befruchtung
Bestäubung
Frucht

4 Kirschkern mit Samen

5 Männliche Haselblüten

6 Weibliche Haselblüte

verschmelzen die männliche Geschlechtszelle und die weibliche Eizelle. Dieser Vorgang heißt **Befruchtung**. → 3

Aus dem Fruchtknoten wird die Frucht

Nach der Befruchtung vergrößert und verfärbt sich der Fruchtknoten langsam. Der Fruchtknoten wird zur Kirsche. Im Innern enthält die **Frucht** den Kirschkern mit einem Samen. → 4

Es gibt auch unscheinbare Blüten

Pflanzen, die unauffällig blühen, haben auch Früchte. Der Haselstrauch lässt seine männlichen Pollen durch den Wind auf die weiblichen Narben tragen. Die männlichen Blüten hängen an langen Kätzchen. → 5 Die weiblichen Blüten zeigen nur ihre roten Griffel. → 6 Nach der Befruchtung entwickelt sich die Frucht, eine Haselnuss. → 7 Pollen, der durch den Wind übertragen wird, löst häufig Allergien aus. Menschen, die allergisch reagieren, haben „Heuschnupfen".

7 Haselnüsse

→ Merk dir! **Durch Übertragung von Pollen auf die Narbe findet die Bestäubung statt. Danach kommt es zur Befruchtung des Fruchtknotens.**

Arbeitsaufträge

1. Erkläre deinem Tischnachbarn, wie die Kirsche im Sommer an den Baum kommt.

2. Du weißt, dass die Kirsche einen Samen enthält. Nenne Früchte, die mehrere Samen enthalten.

3. Begründe, warum Obstbauern und Imker gut zusammenarbeiten können.

4. Alex hat jedes Jahr eine Pollenallergie. Informiere dich in der Apotheke oder in Büchern.
- **a** Erkläre, wie eine Pollenallergie entsteht, und liste die Anzeichen einer Allergie auf. Nenne die Inhaltsstoffe.
- **b** Nenne Pflanzen, deren Pollen eine Allergie auslösen können.

Das kleinste „Haustier" des Menschen

An trockenen Sommertagen kann man beobachten, wie unzählige Bienen an einem Kirschbaum von Blüte zu Blüte fliegen. Seit Jahrtausenden werden Bienen wegen ihrer Produkte wie Wachs und Honig vom Menschen genutzt. Der Bienenzüchter oder Imker kümmert sich um die Bienen, die er meist in bunten, stapelbaren Kisten hält. → 1 Bienen sind Insekten. Sie gehören zur Ordnung der Hautflügler und durchlaufen eine vollkommene Verwandlung.

1 Bienenstöcke

2 Königin, Drohn und Arbeiterin eines Honigbienenvolkes

Der Staat der Honigbienen – ein Superorganismus

In jeder Kiste des Imkers wohnt ein eigenständiges Bienenvolk. 30 000 bis 70 000 Honigbienen können gleichzeitig in einem Bienenstock leben. Das Bienenvolk ist ein Insektenstaat. Die Gemeinschaft bleibt während des ganzen Jahres zusammen und setzt sich aus Arbeiterinnen, Drohnen und einer Königin zusammen. → 2

Arbeitsteilung im Großstaat

Die Königin ist das einzige Weibchen, das Eier legt. Die männlichen Bienen, die Drohnen, befinden sich nur von Frühjahr bis Sommer im Stock. Während des Hochzeitsfluges im Frühjahr befruchten sie die Königinnen. Die Arbeiterinnen arbeiten als Wächterinnen, Heizerinnen und als Baubienen oder pflegen und füttern die Larven. Nach einer 20-tägigen Tätigkeit im Stock beginnt das Leben als Sammelbiene. → 3

3 Honigbienen am Bienenstock

Fleißige Bauherren

Die Waben sind das Zentrum eines jeden Bienenstocks. → 4 Sie bestehen aus Wachs, das die Arbeiterinnen während ihrer Zeit als Baubiene aus Drüsen am Hinterleib ausscheiden. In den Waben werden Vorräte von Pollen und Nektar gespeichert. → 5 Außerdem wird die Brut darin großgezogen. Ein Imker hängt Wachsplatten mit eingedrucktem Wabenmuster in den Stock. Dadurch können die Arbeiterinnen in viel kürzerer Zeit fertige Waben bauen. Sind die Waben mit Honig gefüllt, werden sie aus dem Bienenkasten herausgenommen. → 6

4 Junge Arbeiterinnen beim Wabenbau

Die Honigfabrik

Die Sammelbienen speichern den von den Blüten aufgenommenen Nektar in einem Teil ihres Darms. Bei der Rückkehr in den Stock übergibt die Sammelbiene den Nektar an die Stockbienen. → 7 Diese verarbeiten ihn zu Honig weiter. Aus etwa 2 Gramm Nektar entsteht ein Gramm Honig. Honig dient den Bienen und ihrer Brut als Nahrungsvorrat. Sie nutzen ihn, um mit ihren Flugmuskeln Wärme zu erzeugen. Dadurch wird die Aufzucht der Larven von der Umgebungstemperatur unabhängig und ein Bienenvolk kann den Winter überleben.

6 Imker bei der Wabenentnahme

5 Mit Pollen beladene Sammelbienen auf einer Wabe

7 Übergabe von Nektar

Leckere Früchte

Du weißt jetzt schon, dass Früchte nach der Bestäubung einer Blüte entstehen. Zum Obst gehören Früchte, die viel Zucker und Fruchtsäure enthalten und daher gut schmecken. Obst kann man roh essen, aber auch kochen. Marmelade, Kuchenbeläge und Nachspeisen werden aus Obst hergestellt.

1 Auf dem Wochenmarkt kann man Früchte aus allen Ländern finden.

2 Bananenpflanze

Exotische Früchte

Viele Früchte, die aus anderen Ländern kommen, werden auch bei uns verkauft. → 1 Meistens stammen die Früchte aus den Tropen. Das Klima ist dort sehr feucht und warm. In Deutschland können diese Pflanzen daher nicht wachsen. Es ist ihnen zu kalt. Bekannte Exoten sind: Bananen, Ananas, Orangen und Kokosnüsse. → 2 Weniger bekannt sind Papaya und Guave.

Kolibri, Fledermaus und Schmetterling als Bestäuber

Auch die exotischen Früchte entstehen nach der Bestäubung einer Blüte. In den Tropen gibt es jedoch ganz andere Tiere, die den Pollen von Blüte zu Blüte tragen. Kolibris sind sehr kleine Vögel: Einige sind nicht größer als eine Hummel. Mit seinem langen Schnabel kann der Kolibri Nektar in langen Blütenröhren suchen. → 3 Dabei bestäubt er den Fruchtknoten der Blüte. Es gibt sogar kleine Fledermäuse, die nachts blühende Pflanzen anfliegen.

Früchte in Deutschland

Die Haupterntezeit der Früchte in Deutschland ist im Sommer und im Herbst. Die ersten Früchte, auf die wir uns freuen können, sind die Erdbeeren. Sie reifen im Juni auf den Feldern. → 4

Die Melone ist eine Riesenbeere

Auch Früchte haben viele verschiedene Formen und Farben. Es gibt einige, die nur einen Samen tragen. Andere Früchte sind voll von Samen. Im Innern der Kiwi sind Hunderte von kleinen Samen. → 5 Manche Früchte besitzen einen steinharten Kern, der von weichem Fruchtfleisch umhüllt ist. → 6 Diese Früchte werden Steinfrüchte genannt. Beeren dagegen verbergen viele Samen in ihrem saftigen Fruchtfleisch. Auch Melonen sind Beeren. → 7

3 Ein Kolibri sucht Nektar in einer Blüte.

4 Im Juni kann man Erdbeeren auf dem Feld pflücken.

5 Kiwis besitzen viele Samen.

6 Der Pfirsich ist eine Steinfrucht.

7 Die Melone ist eine Beere.

Jeden Morgen gehen Alex und Lena gemeinsam zur Schule. Heute bleibt Lena erstaunt vor einer Mauer stehen und schaut nach oben. „Alex, schau mal", sagt sie, „da blüht ein Löwenzahn auf der Mauer. Wie ist er denn da hingekommen?"

1 Wie kommt der Löwenzahn auf die Mauer?

Wie kommt der Löwenzahn auf die Mauer?

Pflanzen besiedeln ungewöhnliche Orte

Da Pflanzen sich nicht selbst fortbewegen können, gelangen sie durch die Verbreitung ihrer **Samen** und **Früchte** an ungewöhnliche Orte. Dabei unternehmen sie manchmal eine spannende Reise.

Tiere verbreiten Samen und Früchte

Oft verbreiten Tiere die Samen und Früchte. Besonders Vögel werden von farbigen und süßen Früchten angelockt. Sie verschlucken die ganze Frucht und scheiden die Samen an einem anderen Ort aus. → 2 Bucheckern, Eicheln und Haselnüsse dienen Eichhörnchen als Nahrung. → 3 Die Tiere haben die Früchte im Herbst vergraben und können sie im Winter nicht immer wiederfinden. Daher keimen aus diesen Früchten Samen im nächsten Frühjahr. Auf diese Weise tragen die Tiere zur Verbreitung bei.

2 Vögel fressen Früchte und verbreiten so die Samen.

3 Eichhörnchen vergraben Nüsse.

Früchte
Samen
Selbstverbreitung

4 Löwenzahnfrüchte

5 Springkraut mit Schleuderfrucht

Vom Winde verweht

Manche Früchte haben Anhänge, mit denen sie im Wind schweben und fliegen können. Vielleicht hast du schon mal beobachtet, wie weit die Früchte vom Löwenzahn fliegen, wenn du gegen die „Pusteblume" bläst. → 4

Wie Samen auf lange Reisen gehen

Dadurch, dass der Mensch viele Güter auf der Erde transportiert, reisen Früchte und Samen mit. Manche Pflanzen, die von anderen Erdteilen stammen, gehören heutzutage zu unserem Speiseplan. So kommt die Tomate ursprünglich aus Südamerika und wurde von Christoph Kolumbus 1498 nach Europa gebracht.

Pflanzen können sich auch selbst verbreiten

Es gibt Pflanzen, die ihre Samen durch **Selbstverbreitung** verteilen. Manche Früchte schleudern ihre Samen unter hohem Druck in die Umgebung (Schleuderfrüchte), wie das Springkraut. → 5
Auch beim Ginster und der Bohne brechen die reifen Früchte auf und entlassen so die Samen.

→ Merk dir! **Früchte und Samen werden durch Tiere, durch den Wind und den Menschen verbreitet. Manche Früchte verbreiten ihre Samen selbst.**

Arbeitsaufträge

1. Untersuche einen Klettverschluss mit der Lupe. Überlege, wie eine Frucht oder ein Samen aussehen muss, damit er wie beim Klettverschluss am Fell eines Tieres haften kann. Zeichne deine „Fantasiefrucht".
2. Bastelt in einer Gruppe selber Flugfrüchte. Ihr könnt dazu verschiedene Materialien benutzen (Watte, Federn, Draht, Papier, Bindfaden, Wolle, Pappe, Zahnstocher …).
3. Überlege, wie der Mensch außer mit Schiffen Früchte und Samen auch noch unbeabsichtigt verbreiten kann. Halte deine Überlegungen schriftlich fest.

Alex findet im Buchenwald viele kleine Pflanzen, die wie grüne Schmetterlinge aussehen. „Das sind Buchenkeimlinge", erklärt ihm der Förster. Alex staunt. „Daraus wird mal ein Baum? Wie schafft es ein Keimling, so groß zu werden?"

1 Buchenkeimlinge im Buchenwald

Vom Samen zum Baum

Ein Same versorgt seinen Keimling

Jeder Samen trägt in sich einen kleinen Keimling. Jeder **Keimling** wächst zu einer Pflanze heran, egal ob zu einer Graspflanze oder zu einem Baum. → 1

Keimwurzel

Bei der Keimung wächst zunächst die **Keimwurzel** des Keimlings. → 2 Sie durchbricht die Samenschale und wächst in die Erde. So kann die Keimwurzel den Keimling sofort mit Wasser und Mineralstoffen aus dem Boden versorgen.
Damit der Keimling wachsen kann, benötigt er Energie. Er erhält die Energie aus den Stärke- oder Fettreserven des Samens, da er noch keine Fotosynthese betreiben kann.

Keimblätter und Spross

Der obere Teil des Keimlings trägt die **Keimblätter**. Die Laubbäume und viele andere Pflanzen besitzen zwei Keimblätter, die meistens anders als die späteren Laubblätter aussehen. → 3 Die Keimblätter betreiben Fotosynthese und können den Keimling mit Traubenzucker versorgen.

Was Pflanzen zum Wachstum benötigen

Du weißt, dass Pflanzen Licht zum Leben benötigen. Mithilfe des Lichtes stellt der Buchenkeimling energiereiche Stoffe in der Fotosynthese her. Doch ist das alles, was der Keimling zum Wachstum braucht?
Damit der Keimling zum Baum werden kann, benötigt er neben Licht noch Wasser,

2 Keimwurzel

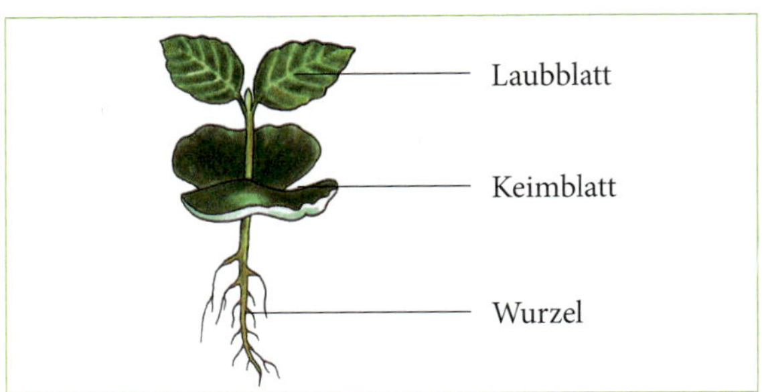

3 Buchenkeimling

Keimblätter
Keimling
Keimwurzel

4 Gewächshaus

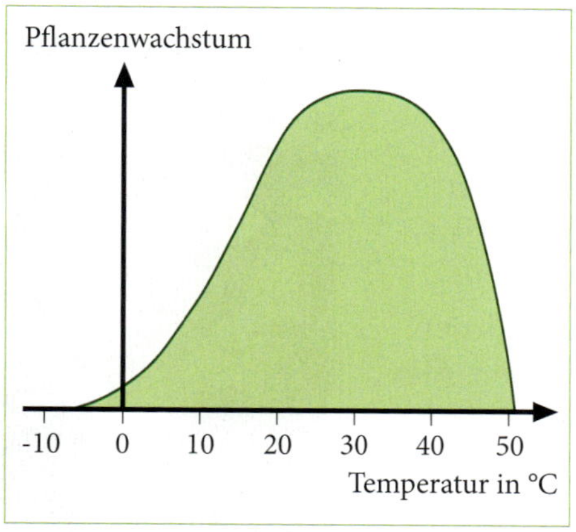

5 Pflanzenwachstum und Temperatureinfluss

Kohlenstoffdioxid aus der Luft und Mineralstoffe aus dem Boden. Auch die Temperatur ist wichtig für das Wachstum von Pflanzen.

Wasser und Mineralstoffe

Der Keimling nimmt Wasser durch seine Wurzel auf. Mit dem aufgenommenen Wasser gelangen auch Mineralstoffe in die Pflanze. Die Mineralstoffe stammen aus dem Boden. Stickstoff, Kalium und Phosphor sind wichtige Mineralstoffe für die Pflanze. Ohne diese Mineralstoffe würde die Pflanze verkümmern.

Kohlenstoffdioxid

Je mehr Kohlenstoffdioxid eine Pflanze aus der Luft aufnehmen kann, desto besser kann sie wachsen. In Gewächshäusern bekommen die Pflanzen mehr Kohlenstoffdioxid als im Garten oder auf dem Feld. → **4** Sie wachsen dadurch schneller.

Temperatur

Pflanzen wachsen schneller, wenn die Außentemperatur erhöht wird. Bei Temperaturen unter 5° C wachsen die meisten Pflanzen nicht. Steigt die Temperatur allerdings über 40° C, so stellen viele Pflanzen ihr Wachstum ein. → **5**

→ Merk dir! Ein Keimling besitzt eine Keimwurzel und Keimblätter. Zum Wachstum braucht eine Pflanze Licht, Wasser, Kohlenstoffdioxid, Mineralstoffe und Wärme.

Arbeitsaufträge

1. Nenne die wichtigsten Bestandteile eines Keimlings.

2. Notiere in einer Tabelle, was eine Pflanze zum Wachstum braucht. Schreibe in die zweite Spalte, wozu die Pflanze dies jeweils benötigt.

Was braucht eine Pflanze zum Wachstum?	Wozu braucht die Pflanze dies?
Licht	…
…	…

6 Tabelle

Lena und Alex besuchen eine Gärtnerei und lassen sich vom Gärtner herumführen. Der Gärtner erklärt ihnen, dass man bei einigen Pflanzen nur die Blätter in feuchte Erde stecken muss und dann würden daraus neue Pflanzen wachsen. Alex flüstert Lena zu: „Der will uns auf den Arm nehmen. Pflanzen wachsen doch aus Samen!"

1 Junge Pflanzen in einer Gärtnerei

Vermehrung ohne Samen

Mit und ohne Samen

Die meisten Blütenpflanzen vermehren sich mithilfe von Samen. Manche Blütenpflanzen können sich jedoch ganz ohne Samen vermehren. Man nennt diese Art der Vermehrung auch **ungeschlechtliche Vermehrung**.

Vermehrung durch Stecklinge

Bei Usambaraveilchen kann man die Blätter oder Blattteile abschneiden und in feuchte Erde drücken. Diese Pflanzenteile nennt man **Stecklinge**. Sie bilden nach ein paar Tagen Wurzeln und können anschließend verpflanzt werden. → 2

Vermehrung durch Sprossknollen

Kartoffelpflanzen bilden unterirdische **Sprossknollen**. → 3 Wenn der Mensch die Kartoffel nicht für seine eigene Ernährung nutzt oder als Viehfutter verwendet, dient sie als „Saatgut". Aus jeder Knolle wächst im folgenden Jahr eine neue Kartoffelpflanze.

2 Steckling eines Usambaraveilchens

3 Sprossknolle der Kartoffel

4 Brutpflanze mit vielen Pflanzenkindern

Ableger
Brutpflanze
Sprossknolle
Steckling

ungeschlechtliche Vermehrung

Vermehrung durch Ableger

Die Grünlilie hat viele hängende Ausläufer. Man nennt sie **Ableger**. Solange die Ableger noch klein sind, werden sie von der Mutterpflanze mit Nährstoffen versorgt. Wenn du einen Ableger ins Wasser stellst, bilden sich kleine Wurzeln.

Vermehrung durch Brutpflanzen

Das Brutblatt ist eine Zimmerpflanze. An ihren Blatträndern sitzen kleine Zipfel: Es sind winzige „Pflanzenkinder", die sich an besonderen Brutknospen entwickelt haben. → 4 Sie haben rundliche Blättchen und kleine Wurzeln. Wenn du sie in feuchte Erde pflanzt, entsteht eine neue **Brutpflanze**.

> **Merk dir!** Einige Pflanzen können sich ohne Samen vermehren. Sie vermehren sich durch Stecklinge, Sprossknollen, Ableger oder Brutpflanzen. Diese Art der Vermehrung heißt ungeschlechtliche Vermehrung.

Arbeitsaufträge

1. Kennst du weitere Pflanzen, die sich ungeschlechtlich vermehren? Schreibe eine Liste. Du kannst auch in einer Gärtnerei nachfragen.

2. Die Erdbeerpflanze hat Triebe, die seitlich aus der Pflanze herauswachsen. → 5 An den Enden dieser Triebe bilden sich in kurzer Zeit Blätter und Wurzeln. Wenn diese neuen Pflanzen verwurzelt sind, vertrocknen die Triebe. Erkläre, ob es sich um ungeschlechtliche oder geschlechtliche Vermehrung handelt.

3. Aylin und Tarek wollen ihre Fensterbank mit Pflanzen verschönern. Aylin steckt dazu Sonnenblumenkerne in Töpfe. Tarek besorgt sich eine Geranie, schneidet einige Stängel ab und stellt sie ins Wasser. Wer von beiden hat wohl schneller eine grüne Fensterbank? Begründe deine Antwort.

5 Erdbeerpflanze mit seitlichem Trieb

Experimente durchführen

In der Biologie werden Experimente durchgeführt, um die Natur zu erforschen und zu verstehen. Wie man bei einem Experiment vorgeht und was man dabei beachten muss, kannst du auf dieser Seite lernen. Am besten fangen wir mit einem Beispiel an.

Name: ____________________ **Datum:** ____________________

Versuchsprotokoll

1. Frage:
2. Vermutung:
3. Material:
4. Durchführung:
5. Beobachtung:
6. Erklärung der Beobachtung:
7. Vermutung war:
8. Ergebnis:

1 Versuchsprotokoll

Fragestellung

Jakob und Alex wollten im Garten Bohnen züchten. Dazu haben sie Bohnensamen ausgesät. Leider sind nur aus sehr wenigen Samen Bohnenpflanzen entstanden. „Was brauchen Samen eigentlich, damit sie wachsen?", fragen sich die beiden.

Experiment

Um das herauszufinden, kann man verschiedene Experimente durchführen. Wenn du wissen willst, ob die Samen Erde zum Wachsen benötigen, musst du die Erde durch etwas anderes ersetzen. Wenn trotzdem Bohnenpflanzen entstehen, dann ist die Erde überflüssig.

Protokoll

Damit ihr die Ergebnisse eures Experiments nicht vergesst, ist es ganz wichtig, sie aufzuschreiben. Dazu benutzt ihr am besten ein Protokoll. → 1

Jakob und Alex wollen untersuchen, was Samen benötigen, damit sie wachsen.
Dazu führen sie zwei Experimente durch.

Experiment 1
Wachstum und Wasser

Ihr braucht: 2 Blumentöpfe, Erde, 5 bis 7 Bohnensamen.

2 Experiment 1

Experiment 2
Wachstum und Licht

Ihr braucht: 2 Blumentöpfe, Erde, 5 bis 7 Bohnensamen, Schuhkarton.

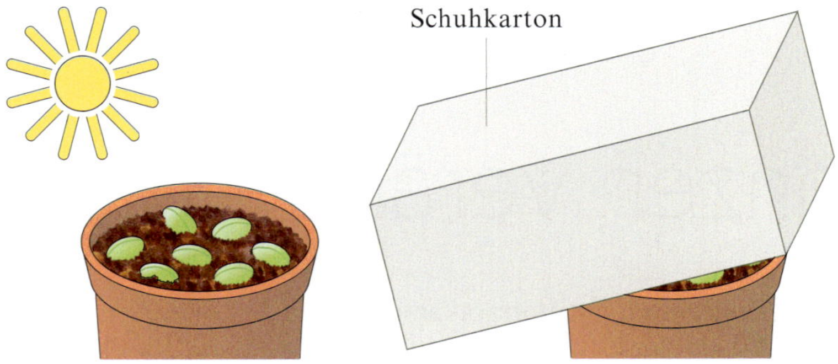

3 Experiment 2

Arbeitsaufträge

1. Frage deinen Nachbarn, wie ein Versuchsprotokoll aufgebaut ist. Wechselt euch ab. → 1

2. Führt Experiment 1 durch.
- **a** Notiert eure Versuchsfrage.
- **b** Schreibt eure Vermutungen auf.
- **c** Besorgt euch das Material.
- **d** Füllt die Erde in die Töpfe. Legt in jeden Topf fünf bis sieben Bohnensamen. Drückt sie leicht in die Erde. Gießt die Erde in einem Topf regelmäßig und haltet die Erde des anderen Topfes trocken. → 2
- **e** Kontrolliert eure Töpfe nach drei, fünf und acht Tagen. Notiert eure Beobachtungen im Protokoll.
- **f** Erklärt eure Beobachtungen und vergleicht sie mit euren Vermutungen.
- **g** Beantwortet eure Versuchsfrage.

3. Führt Experiment 2 durch.
- **a** Notiert eure Versuchsfrage.
- **b** Schreibt eure Vermutungen auf.
- **c** Besorgt euch das Material.
- **d** Füllt beide Töpfe mit der Erde und den Bohnensamen. In jedem Topf sollten etwa fünf bis sieben Samen sein. Deckt den einen Topf mit dem Schuhkarton ab. Stellt den anderen auf die Fensterbank. Gießt die Erde in beiden Töpfen regelmäßig. → 3
- **e** Kontrolliert eure Töpfe nach drei, fünf und acht Tagen. Notiert eure Beobachtungen im Protokoll.
- **f** Erklärt eure Beobachtungen und vergleicht sie mit euren Vermutungen.
- **g** Beantwortet eure Versuchsfrage.

Es ist Ende Februar und draußen noch sehr kalt. Lena blickt unter die große Eiche. Dort entdeckt sie die ersten Schneeglöckchen. Sie fragt sich: Wie können die Schneeglöckchen bei solchen Temperaturen nur schon blühen?

1 Blütenpracht im Schnee

Pflanzen verändern sich im Jahr

In den Frühling mit Vorratskammern

Im Vorfrühling fehlt es den meisten Pflanzen noch an Wärme, Feuchtigkeit und Sonnenlicht. Warum kann das Schneeglöckchen schon so früh im Jahr blühen? → 1 Schneeglöckchen haben bereits im Jahr zuvor in ihren **Speicherorganen**, den Zwiebeln, alles gespeichert, was sie für das Wachsen und Blühen benötigen. In der Zwiebel stecken bereits die notwendigen Nährstoffe. → 2 Mithilfe dieser Nährstoffe kann das Schneeglöckchen kurz nach dem Winter wachsen und blühen. Es wird daher auch als **Frühblüher** bezeichnet. Das Scharbockskraut nutzt Wurzelknollen als Speicherorgan. → 3 Der Krokus und die Schlüsselblume speichern ihre Nährstoffe in Sprossknollen. → 4

2 Schneeglöckchen mit Zwiebeln

3 Scharbockskraut

4 Krokus

Frühblüher
Knospe
Speicherorgane

5 Laubfärbung

6 Knospe

Im Herbst färbt sich das Laub

Im Herbst verfärben sich die sonst grünen Blätter. Sie werden gelb, braun oder rot. → 5 Durch den Laubfall bereiten sich die Pflanzen auf den Winter vor. Sie schützen sich vor Frostschäden und überstehen die lichtarme Zeit. Die in den Blättern vorhandenen Nährstoffe werden in den Stamm, die Äste und die Wurzeln transportiert und dort gespeichert. Das Laub wird am Boden durch Kleinstlebewesen verarbeitet. Die Nährstoffe stehen der Pflanze dann wieder zur Verfügung. So geht nichts verloren.

Gut gerüstet durch den Winter

Die meisten Bäume bilden im Sommer oder Herbst **Knospen** aus. → 6 In ihnen sind Blüten oder Blätter für das nächste Jahr angelegt. Von außen sind die Knospen durch Schuppen geschützt. Auf diese Weise können sie den Winter gut überstehen.

→ Merk dir! **Pflanzen verändern sich im Laufe des Jahres. Die verschiedenen Pflanzen sind auf unterschiedliche Weise an die Jahreszeiten angepasst.**

Arbeitsaufträge

1. Nenne Pflanzen, deren Speicherorgane vom Menschen genutzt werden. Beschreibe, wofür und wie der Mensch die Pflanzenteile nutzt.
2. Eine Blumenzwiebel-Wiese wird gemäht, bevor die Blätter und Stängel vertrocknet sind. Im nächsten Frühjahr wundert sich Lena, dass keine Blumen wachsen. Erkläre Lena, warum das so ist.
3. Mit Iod-Kaliumiodid-Lösung kann man Stärke nachweisen. Was passiert, wenn man diese Lösung auf eine Tulpenzwiebel tupft? Schreibt eure Vermutungen auf.
   - **a** Schneidet eine Tulpenzwiebel der Länge nach durch und tupft etwas Lösung auf die Schnittfläche. Protokolliert eure Ergebnisse.
   - **b** Was schließt ihr aus den Ergebnissen? Vergleicht euer Ergebnis mit eurer Vermutung.
4. Beschreibe, wie die Knospen der Bäume gegen Kälte geschützt sind.

Brot und Brötchen essen wir gerne und oft. Beim Bäcker gibt es viele verschiedene Sorten. Aus welchen Getreidesorten wird Brot hergestellt?

1 Verschiedene Brotsorten

Pflanzen für unsere Ernährung

Getreidearten

Weizen, Roggen, Gerste und Hafer werden in Deutschland häufig als Getreidepflanzen angebaut. Alle Getreidepflanzen gehören zu den Gräsern.

Der Weizen

Die Weizenpflanze hat einen runden und hohlen Stängel, den Halm. Die Blätter sind schmal und umhüllen mit ihrem unteren Teil den Halm. An der Spitze der Pflanze sitzen viele kleine Blüten, die gemeinsam eine Ähre bilden. → 2

Die Früchte des Weizens

Nach der Bestäubung bilden sich in der Ähre die Früchte des Weizens, die Weizenkörner. → 2 Der Keimling im Weizenkorn wächst bei der Keimung zu einer neuen Weizenpflanze heran. Um wachsen zu können, wird der Keimling aus dem Mehlkörper mit

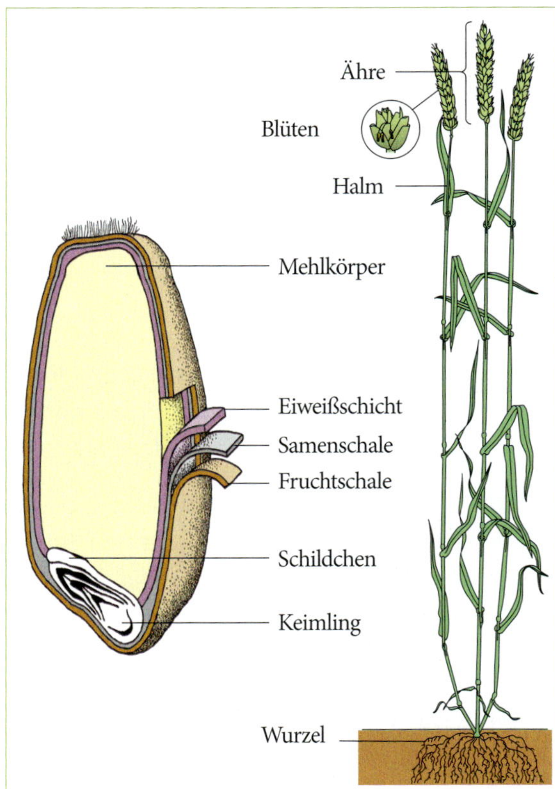

2 Die Weizenpflanze

Gerste
Hafer
Mais
Reis
Roggen
Weizen

3 Weizen

4 Reisanbau

Stärke ernährt. Aus diesem Mehlkörper gewinnt man Mehl, aus dem wir Brot und Kuchen backen können.
Das Weizenkorn enthält Kohlenhydrate, Eiweiß, Fett sowie gesunde Vitamine und Mineralstoffe.

Gerste, Roggen und Hafer

Die **Gerste** wird beim Brauen von Bier verwendet. Aus **Roggen** wird wie aus Weizen Mehl hergestellt. Aus **Hafer** werden Haferflocken hergestellt.

Andere Länder – andere Getreidesorten

Weißt du, dass Cornflakes aus **Mais** hergestellt werden? In Südamerika ist Mais das wichtigste Getreide. Aus den Körnern wird Maismehl gewonnen, mit dem Fladen gebacken werden.
Die Menschen in Asien ernähren sich hauptsächlich von **Reis.** In einem Jahr isst ein Chinese mehr als 100 Kilogramm davon. Reispflanzen benötigen viel Wasser zum Wachsen. Deshalb wird Reis auf gefluteten Feldern angebaut. → **4**

> → Merk dir! **Weizen, Roggen, Gerste, Hafer und Mais sind wichtige Getreidepflanzen. Aus ihnen werden Lebensmittel hergestellt. Die Getreidekörner enthalten gesunde Inhaltsstoffe.**

Arbeitsaufträge

1. Aus welchem Getreide wird welches Lebensmittel hergestellt?
- **a** Sammelt Verpackungen von Lebensmitteln aus Getreide.
- **b** Erstellt eine Tabelle dazu.

2. Informiere dich mithilfe des Internets, von welchen Nutzpflanzen die Bewohner der folgenden Länder sich hauptsächlich ernähren:
- **a** China
- **b** Sudan
- **c** Mexiko
- **d** Indien

Wie lese ich einen Text?

Ein Bild in einem Buch oder einer Zeitschrift weckt dein Interesse. Du möchtest mehr über das Thema erfahren. Aber der Text hat lange Sätze und viele Fremdwörter. Du hast keine Lust mehr weiterzulesen. Diese Methode hilft dir, einen schweren Text zu lesen und zu verstehen.

Nutztiere und Nutzpflanzen

Brot und Brötchen essen wir gerne und oft. Beim Bäcker gibt es viele verschiedene Sorten. Aus welchen Getreidesorten wird Brot hergestellt?

1 Verschiedene Brotsorten

Pflanzen für unsere Ernährung

Getreidearten
Weizen, Roggen, Gerste und Hafer werden in Deutschland häufig als Getreidepflanzen angebaut. Alle Getreidepflanzen gehören zu den Gräsern.

Der Weizen
Die Weizenpflanze hat einen runden und hohlen Stängel, den Halm. Die Blätter sind schmal und umhüllen mit ihrem unteren Teil den Halm. An der Spitze der Pflanze sitzen viele kleine Blüten, die gemeinsam ? eine Ähre bilden. → 2

Die Früchte des Weizens
Nach der Bestäubung bilden sich in der Ähre die Früchte des Weizens, die Weizenkörner. ? → 2 Der Keimling im Weizenkorn wächst bei der Keimung zu einer neuen Weizenpflanze heran. Um wachsen zu können, wird der Keimling aus dem Mehlkörper mit

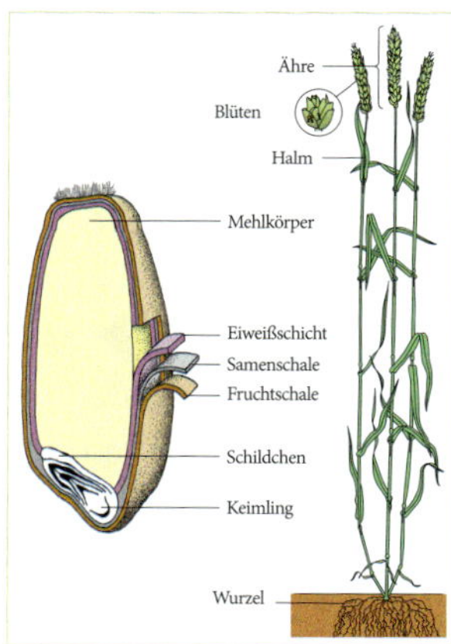

2 Die Weizenpflanze

142

1 Ein bearbeiteter Lesetext

Getreide

Getreidearten
- zählen zu Gräsern
- Weizen
- Roggen
- Gerste
- Hafer

Weizenpflanze
- Halm
- Ähre

Weizenfrucht
- Weizenkorn
- aus Mehlkörper wird Mehl

2 Zusammenfassung

In fünf Schritten besser Texte lesen

Schritt 1 Text überfliegen
„Überfliege" zunächst den Text. So bekommst du einen ersten Überblick über den Inhalt. Achte auf Bilder und Überschriften.

Schritt 2 Genau lesen
Lies den Text noch mal in Ruhe. Jetzt geht es darum, den Text gut zu verstehen. Gib jeden Absatz in eigenen Worten wieder.

Schritt 3 Aktiv lesen
Schreibe den Text in dein Heft ab. Du kannst dir aber auch eine Fotokopie von dem Text machen.
Markiere alle Wörter, die du nicht verstehst.
→ 1
Schlage die Wörter im Lexikon nach. Notiere ihre Bedeutung am Rand des Textes.

Schritt 4 Ordnen
Unterstreiche wichtige Begriffe. Ordne die gesammelten Informationen mit verschiedenen Farben.

Schritt 5 Zusammenfassen
Schreibe die wichtigsten Inhalte in Stichworten heraus. Wichtig: Die Zusammenfassung muss kurz sein. Mithilfe deiner Zusammenfassung kannst du einen Vortrag halten.

Aus Wildpflanzen entstanden Nutzpflanzen

Schon vor mehr als 10 000 Jahren haben die Menschen Grassamen gesammelt, weil sie wussten, dass die Körner satt machen. Manche Gräser, wie das Einkorn, haben die Menschen ausgesät. → 3

Sie mussten lernen, dass man mit der Ernte der Körner warten muss, bis diese reif sind. Durch Züchtungen entstanden Getreidesorten, die eine gute Ernte brachten. Der heute angebaute Weizen stammt vom Einkorn ab.

Vom Mehl zum Brot

Das Hauptprodukt des Weizens ist Mehl. Mehl ist die Grundlage zum Backen von Brot. Es gibt verschiedene Sorten Mehl: Auszugsmehl, Vollkornmehl und groben Schrot. Das weiße Auszugsmehl besteht fast nur aus Stärke, damit backt man Toastbrot.

Vollkornmehl ist dunkler, weil die Samenschale mit vermahlen wird.

Durch die richtige Mischung von verschiedenen Mehlsorten kann der Bäcker zahlreiche Brotsorten und Brötchensorten backen. Vollkornbrot wird fast nur aus Schrot hergestellt.

3 Einkorn

Arbeitsaufträge

1. Lies den Text „Aus Wildpflanzen entstanden Nutzpflanzen". Bearbeite ihn nach den fünf Schritten.
2. Beantworte die folgenden Fragen. Sie helfen dir zu erkennen, ob du den Text verstanden hast.
   - **a** Warum sammelten die Menschen Grassamen?
   - **b** Erkläre, wie aus Wildgräsern Getreide entstanden ist.
   - **c** Zähle auf, welche Mehlsorten es gibt.

Rund um die Kartoffel

Die Kartoffel gehört zu den wichtigsten Nutzpflanzen. Aus Kartoffeln werden viele Produkte hergestellt. Die Knolle enthält viele Nährstoffe, die wir zum Leben brauchen. Ist die Kartoffel wirklich so eine „tolle Knolle"? Findet es heraus, indem ihr euch die Kartoffel genau anschaut, mit ihr kocht und experimentiert.

1 Kartoffelpflanze

2 Kartoffelprodukte

Schritte und Tipps für euer Kartoffelprojekt

Vorbereitung

Die Mindmap zeigt euch, was ihr alles mit der Kartoffel machen könnt. Habt ihr noch mehr Ideen?

Planung

Welches Kartoffelprojekt wollt ihr durchführen? Welche Informationen und Materialien benötigt ihr?

- Bücher, Zeitschriften mit Rezepten, Fotoapparat, Gefäße …

Wen müsst ihr eventuell um Hilfe bitten?

- Lehrer, jemanden aus der Schulküche, Landwirt …

Durchführung

Bildet Arbeitsgruppen und verteilt die Aufgaben.

- Wie viele Schüler sind in einer Gruppe?
- Welche Gruppe übernimmt welche Aufgabe?
- Erledigt die verteilten Aufgaben in den Gruppen.

Abschluss und Präsentation

Überlegt euch, wie ihr eure Ergebnisse für die anderen Schüler interessant machen könnt. Erklärt den anderen Schülern eure Projektergebnisse:

- mit eigenen Vorträgen
- mit Plakaten
- mit Produkten
- mit einer Zeitung

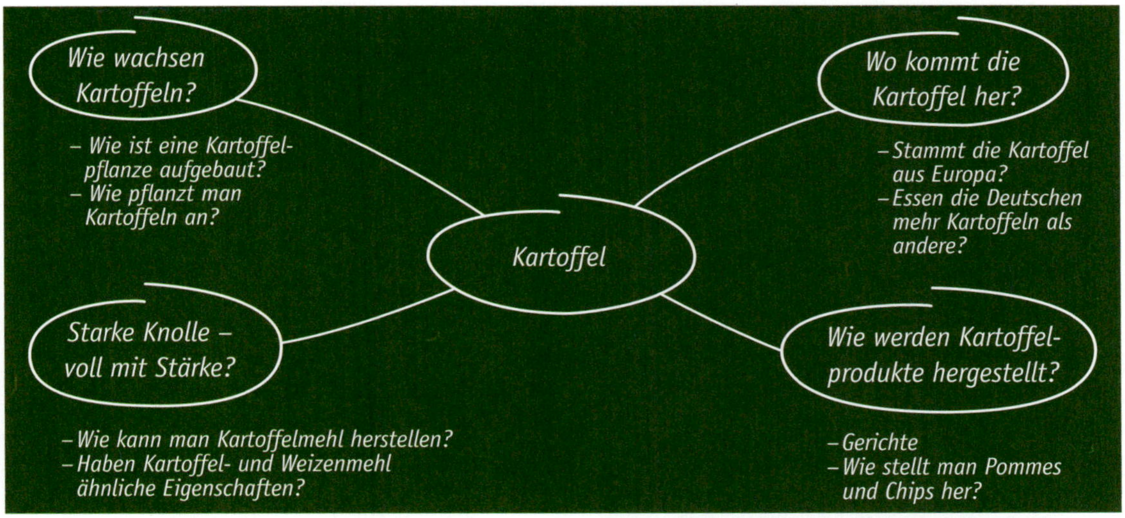

3 Mindmap zur Kartoffel

4 Kartoffelblüte

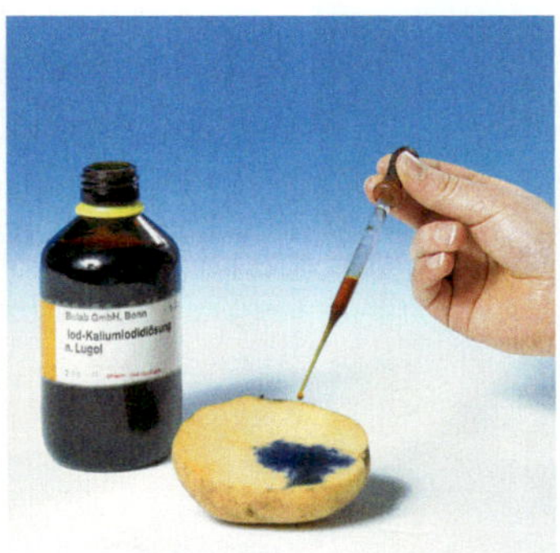

5 Stärkenachweis

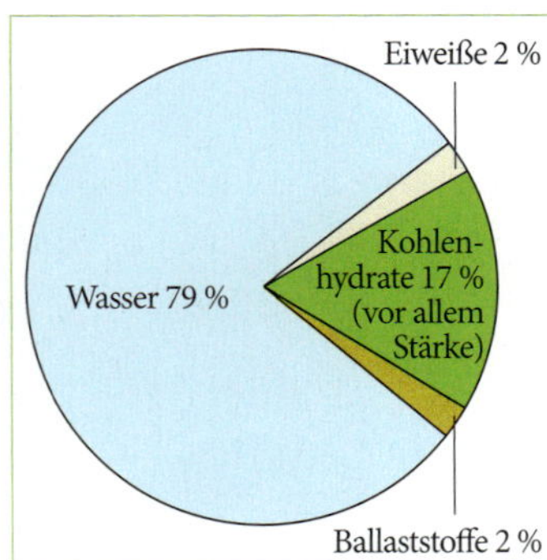

6 Nährstoffe der Kartoffel

Wichtige Nutzpflanzen der Welt

Das Geheimnis guter Schokolade …

Sicher weißt du schon, dass Schokolade aus Kakao hergestellt wird. Aber woher kommt Kakao eigentlich? Das Kakaopulver stammt von gemahlenen Kakaobohnen. Dies sind die Samen der Früchte des Kakaobaums. → 1 Dieser Baum wächst in Südamerika.

Kakaobohnen sind sehr bitter und ungenießbar. In einem schwierigen Verfahren wird aus den Kakaobohnen die fettige Kakaobutter gepresst. Sie ist die Grundlage für die Schokoladenherstellung. Nach geheimen Rezepten vermischen die Schokoladenhersteller Kakaopulver, Kakaobutter, Zucker und Milchpulver, um leckere Schokolade herzustellen.

1 Kakaobaum mit Früchten

2 Kaffeebohnen

… und guten Kaffees

Auch das Kaffeepulver stammt aus „Bohnen". → 2 Und wie beim Kakao sind die Bohnen die Samen, nämlich die des Kaffeestrauchs. → 3 Die Kaffeebohnen müssen vor dem Mahlen getrocknet und geröstet werden. Beim Rösten wird die Kaffeebohne stark erhitzt. Kaffee stammt ursprünglich aus Afrika und wird heute auch in Mittelamerika und Asien angebaut. Warum brauchen viele Erwachsene morgens erst einmal eine Tasse Kaffee? Ganz klar: Kaffee enthält den Stoff Coffein, der eine aufmunternde Wirkung hat.

Oh, sind die aber süß!

Fast alle Nahrungsmittel, die wir essen, haben einen hohen Anteil an Zucker. Aber woher stammt der Zucker? In tropischen Ländern gewinnt man Zucker hauptsächlich aus Zuckerrohr. → 4 Vor 1750 wurde auch in Europa nur Zucker aus Rohrzucker verwendet. Er kam damals mit Schiffen aus Amerika und war ein Luxusartikel. Heute wird Zucker in Europa aus der Zuckerrübe gewonnen. → 5

3 Die Früchte des Kaffeestrauchs enthalten den Samen.

4 Geschnittenes Zuckerrohr

5 Zuckerrübe

Öl muss nicht aus der Erde kommen …

Auch Pflanzen produzieren Öl. Die Rapspflanze besitzt viele ölhaltige Samen, aus denen Rapsöl gepresst wird. Das Rapsöl wird für die Herstellung von Margarine und als Speiseöl gebraucht. Aber das Öl kann man auch zur Gewinnung von Kunststoffen und Treibstoffen für Kraftfahrzeuge gebrauchen. Bestimmt hast du schon mal an der Tankstelle das Wort Biodiesel gelesen. Dieser Biodiesel wird aus Rapsöl hergestellt. Es müssen große Flächen mit Rapspflanzen angebaut werden, damit ausreichend Öl produziert werden kann. → **6, 7**

… manches Öl stammt auch von Bäumen

Aus den Ländern am Mittelmeer kommt ein Öl, das aus Oliven gepresst wird. Dies sind die Früchte des Olivenbaums oder Ölbaums. Sie sehen fast wie Kirschen aus und haben auch einen Stein in der Mitte. Reife Oliven sind schwarz, es gibt aber auch rötliche Olivensorten. Besonders in der Türkei, Griechenland, Italien und Spanien findet man viele Olivenbäume. → **8** Fast die gesamte Ernte wird zu Olivenöl gepresst.

6 Schoten der Rapspflanze

7 Blühende Rapsfelder

8 Olivenbaum und Oliven

Pflanzen in ihrem Lebensraum

Alle Pflanzen sind aus Blüte, Sprossachse, Blatt und Wurzel aufgebaut. Mithilfe der Blüte vermehrt sich die Pflanze. Mit der Wurzel ist sie im Boden verankert und nimmt Wasser und Nährstoffe auf. In den Blättern stellt die Pflanze Nährstoffe her. Die Sprossachse leitet Wasser und Nährstoffe. (Siehe Seite 110–113.)

Pflanzen stellen aus Kohlenstoffdioxid und Wasser Traubenzucker und Sauerstoff her. Dieser Vorgang heißt Fotosynthese. (Siehe Seite 114.)

Viele Blüten haben auffällige Kronblätter. In der Blüte sitzt neben den Staubblättern auch der Fruchtknoten, der die Samenanlage trägt. (Siehe Seite 118.)

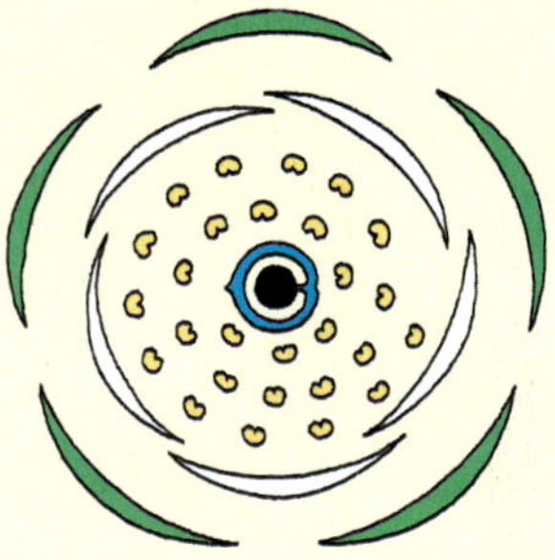

Pflanzen mit dem gleichen Blütengrundplan gehören zu einer Pflanzenfamilie. (Siehe Seite 122.)

Früchte und Samen können durch den Wind, durch Tiere oder den Menschen verbreitet werden. Manche Früchte verbreiten ihre Samen auch selbst. (Siehe Seite 132.)

Einige Pflanzen können sich durch Stecklinge, Sprossknollen, Ableger und Brutpflanzen vermehren. Diese Art der Vermehrung findet ohne Samen statt. (Siehe Seite 136.)

Mit Experimenten kann man nachweisen, dass Samen Wasser, Licht und Luft zum Wachsen benötigen. (Siehe Seite 138.)

Frühblüher speichern Vorratsstoffe in Zwiebeln oder Knollen. Mit diesen Speicherorganen gelingt es ihnen, ganz früh im Jahr zu wachsen. (Siehe Seite 140.)

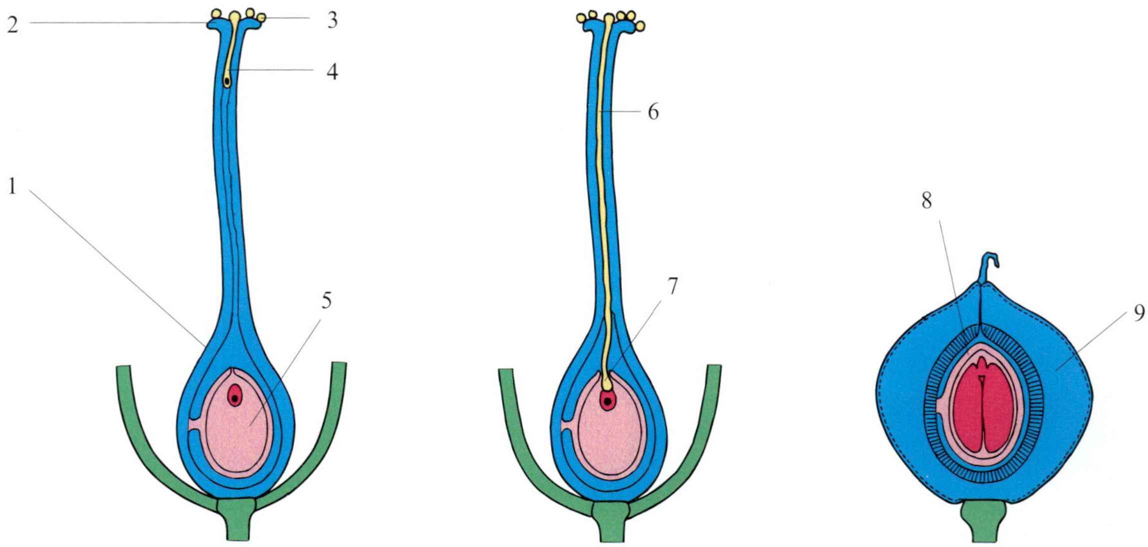

1 Bestäubung und Befruchtung der Kirsche

1. Zeichne eine Blütenpflanze und beschrifte die einzelnen Teile.

2. Erkläre den Begriff Fotosynthese. Welche Ausgangs- und welche Endstoffe spielen eine wichtige Rolle?

3. Richtig oder falsch?
- **a** Brombeeren gehören zu den Rosengewächsen.
- **b** Die Sonnenblume ist eine Heilpflanze.
- **c** Schmetterlingsblütler besitzen Hülsenfrüchte.

4. Ordne den Nummern in der Abbildung 1 die richtigen Begriffe zu. → 1

5. Erkläre den Begriff Bestäubung und beschreibe dabei, was bei diesem Vorgang passiert.

6. Früchte und Samen werden auf verschiedene Weise verbreitet. Welche Verbreitung ist auf den Abbildungen 2 bis 4 zu sehen? Begründe deine Antworten.

2 Ahornfrucht

3 Löwenzahn

4 Eichhörnchen

7. Viele Gärtnereien nutzen die ungeschlechtliche Vermehrung von Pflanzen. → 5

a Erkläre den Begriff „ungeschlechtliche Vermehrung".

b Erläutere die Vorteile der ungeschlechtlichen Vermehrung.

5 Stecklinge in einer Gärtnerei

8. Aylin möchte Bohnensamen anpflanzen. Nenne die Dinge, die sie dabei beachten sollte.

9. Nenne die Speicherorgane, die Pflanzen beim Überwintern helfen.

Ordne deiner Lösung im Heft ein Smiley zu:

☺ Ich habe die Aufgabe richtig lösen können.

😐 Ich habe die Aufgabe nicht komplett lösen können.

☹ Ich habe die Aufgabe nicht lösen können.

Aufgabe	Fähigkeit	Hilfe findest du auf Seite …
1	Ich kann die einzelnen Teile einer Blütenpflanze zeichnen und benennen.	110
2	Ich kann den Vorgang der Fotosynthese erklären.	114
3	Ich weiß, wie man Blütenpflanzen unterscheidet, und kenne die Merkmale einiger Pflanzenfamilien.	120, 122
4	Ich kann die einzelnen Teile einer Blüte nennen und weiß, wo sie liegen.	126
5	Ich kann den Begriff Bestäubung erklären und den Vorgang der Bestäubung beschreiben.	126
6	Ich kenne die Verbreitungsweisen von Samen und Früchten und kann sie mit eigenen Worten beschreiben.	132
7	Ich kann den Begriff ungeschlechtliche Vermehrung erklären und die Vorteile dieser Art der Vermehrung benennen.	136
8	Ich kann erklären, was man beim Anpflanzen von Samen beachten muss.	137
9	Ich kann Speicherorgane nennen, die Pflanzen beim Überwintern helfen.	138

Was lebt in der Nachbarschaft?

Wenn du dein Zuhause verlässt, siehst du Häuser. Du läufst durch Straßen. Bäume und andere Pflanzen stehen am Wegesrand. Du hörst Vögel singen und beobachtest, wie ein Eichhörnchen den Baum hochklettert. In deiner Nachbarschaft leben nicht nur Menschen. Auch Pflanzen und Tiere haben hier ihr Zuhause.

1 Eichhörnchen sind an ein Leben auf den Bäumen angepasst. Wie können sie von Baum zu Baum springen? (Siehe Seite 158.)

2 Eine Sammlung von Laubblättern hilft, Bäume und Sträucher besser kennenzulernen. Was ist was? (Siehe Seite 160.)

3 Ein Igel hat sich im Laub der Hecke versteckt. Welche Tiere leben noch in der Hecke? (Siehe Seite 168.)

4 Insekten gelten als heimliche Herrscher der Welt. Warum? (Siehe Seite 170.)

5 Solche Tierspuren kann man auf dem Schulgelände, in Parks oder unter Hecken finden. Wer hat sie hinterlassen? (Siehe Seite 178.)

6 In der Natur gilt „Fressen und Gefressenwerden". Was heißt das? (Siehe Seite 180.)

7 Aus Laub wird neue Erde. Wie funktioniert das? (Siehe Seite 182.)

8 Was ist Naturschutz? Warum sind manche Tiere bedroht? (Siehe Seite 184.)

„Eigentlich ist auf unserem Schulgelände nicht viel los. Es ist langweilig, kahl und unbewohnbar", behauptet Lena. „Das finde ich überhaupt nicht", entgegnet Aylin. „Unser Schulhof ist doch voller Leben."
Wer hat wohl recht?

1 Der Schulhof – ein Lebensraum für Pflanzen und Tiere

Lebensräume überall

Auf dem Schulhof ist was los

Kaum sind die Schülerinnen und Schüler wieder in den Klassenzimmern, fliegt eine Krähe heran. Der liegen gebliebene Müll hat es ihr angetan. → 2 Ein Schmetterling sonnt sich auf einem Blatt. → 3 Selbst an Orten, die zunächst kahl und unbewohnbar erscheinen, leben zahlreiche Lebewesen.

Was ist ein Lebensraum?

Wiesen, Teiche, Bäume, aber auch Pflasterritzen und Hauswände sind **Lebensräume**. → 4–6 Jeder Lebensraum ist hinsichtlich Boden, Licht, Feuchtigkeit, Wind und Temperatur verschieden. Pflanzen und Tiere haben unterschiedliche Ansprüche. Bäume können nur dort wachsen, wo ihre Wurzeln Fuß fassen können. Der Löwenzahn wächst zwischen Steinen, weil er auch dort mit seinen langen Wurzeln an Wasser kommt. → 4 Tiere leben nur dort, wo sie Nahrung, Verstecke oder einen Nistplatz finden. Die Erdkröte braucht zum Beispiel eine hohe Luftfeuchtigkeit und Schatten, damit ihre

2 Krähe

3 Tagpfauenauge

4 Löwenzahn

Kulturfolger
Lebensraum

5 Teich

6 Begrünte Hauswand

feuchte Haut nicht austrocknet. Sie lebt in der Hecke. Pflanzen und Tiere sind an ihren Lebensraum angepasst.

Angepasstheit ist alles

Das Schulgelände ist wie Dörfer und Städte vom Menschen geschaffen. Viele Tiere wie Amsel, Krähe, Elster, Steinmarder, Hausmaus und Haustaube leben in dieser Umgebung. Solche Tiere nennt man **Kulturfolger**.

> **Merk dir!** Tiere und Pflanzen sind an die Bedingungen ihres Lebensraums angepasst.

Lebensräume	Beschreibung
Baum	besonders großer, alter Baum
Garten	vom Menschen mehr oder weniger naturnah angelegte Fläche
Gewässer	Bach, Teich, See, Fluss
Grüne Fassade	mit Kletterpflanzen begrünte Gebäudewand
Hecke	Kräuter, Sträucher und Bäume, in einer Reihe wachsend
Rasen	Fläche, die hauptsächlich aus Gräsern besteht; wird in kurzen Abständen gemäht und auch gedüngt
Wald	Laub-, Nadel- oder Mischwald

7 Lebensräume

Arbeitsaufträge

1. Vergleiche Abbildung 5 und 6 miteinander.
- **a** Zähle Unterschiede und Gemeinsamkeiten der beiden Lebensräume auf.
- **b** Begründe, warum du an einer begrünten Hauswand und im Teich selten die gleichen Pflanzen und Tiere finden wirst.

2. Erkläre den Begriff „Lebensraum" am Beispiel von Abbildung 8 mit eigenen Worten.

8 Wiese

Unter der riesigen Eiche im Park kann man sich prima ausruhen. Ab und zu fliegt ein Vogel zwischen die Blätter. Wenn man genauer hinsieht, stellt man fest, dass in einem einzigen Baum sehr viele verschiedene Lebewesen zu Hause sind.
Wie können in einem einzigen Baum nur so viele Tiere leben?

1 Die Eiche ist Lebensraum für viele verschiedene Tiere.

Lebensraum Baum

Lebensraum Baum

Wir finden **Bäume** fast überall: im Wald, auf dem Schulgelände, im Garten, am Straßenrand und im Stadtpark. Sie dienen im Sommer als Schattenspender und stellen den für uns lebensnotwendigen Sauerstoff her. Neben diesem Nutzen für den Menschen bietet jeder Baum mit seinem Wurzelbereich, dem Stamm, den Blättern und der Baumkrone aber auch einen Lebensraum. Er ist die Wohnstätte für eine Vielzahl von Lebewesen, Pflanzen und Tieren. → 2 Er dient als Nahrung, Nistplatz und bietet Verstecke.

Ein Kletterkünstler mit Steuerschwanz

Das **Eichhörnchen** lässt sich manchmal ganz oben in der Baumkrone beobachten. → 3 Sein langer, buschiger Schwanz dient zum Halten des Gleichgewichts beim Klettern und Springen von Baum zu Baum. Ihre

2 Lebensraum Baum

3 Eichhörnchen

4 Nahrung des Eichhörnchens

5 Gartenkreuzspinne

Nahrung suchen Eichhörnchen in den Baumwipfeln. Sie fressen Nüsse, Baumsamen, Rinden, Knospen, Insekten und Vogeleier. → 4 Haltbare Nahrung wie Haselnüsse sammeln sie und verstecken sie für den Winter im Waldboden.

In den Baumkronen bauen sich Eichhörnchen aus Ästen und Zweigen rundliche Nester, die man Kobel nennt. Diese polstern sie mit Moos und Gras aus. Der Kobel dient als Versteck, als Nest für die Jungenaufzucht und für die Winterruhe.

Eichhörnchen verlassen während der kalten Jahreszeit immer wieder den Kobel und suchen die Vorräte, die sie im Herbst im Boden versteckt haben. So verhungern sie im Winter nicht.

Ein Baumbewohner mit 8 Beinen

Zwischen den Zweigen der Eiche hat eine **Kreuzspinne** ihr Netz gebaut. Auf ihrem Hinterleib ist deutlich ein weißes Kreuz zu erkennen. → 5 Daher hat das Tier seinen Namen. Die Kreuzspinne wird etwa zwölf Millimeter groß. In ihrem Netz fängt sie Insekten wie Fliegen und Hummeln. Diese Tiere bleiben an den klebrigen Fangfäden des Netzes hängen und werden von der Spinne ausgesaugt.

→ **Merk dir!** Bäume bieten vielen verschiedenen Tierarten einen Lebensraum. Sie finden am und im Baum ihre Nahrung, Nistmöglichkeiten und Verstecke vor Feinden.

Arbeitsaufträge

1. Suche dir einen Baum im Garten, im Park oder auf dem Schulgelände.
   - **a** Suche an deinem Baum nach weiteren Tieren. Erstelle eine Liste. Notiere, an welcher Stelle des Baumes du die Tiere gefunden hast.
   - **b** Vergleiche deine Ergebnisse mit denen deiner Mitschüler. Stellt gemeinsam eine Liste der Baumbewohner zusammen.
   - **c** Wähle einen deiner Baumbewohner aus. Besorge dir Informationen über ihn aus Büchern oder aus dem Internet und erstelle einen Steckbrief.

Blätter sammeln und ordnen

Viele Menschen sammeln etwas in ihrer Freizeit. Einige sammeln Bilder von Kinostars, Puppen oder Postkarten. Hast du auch eine Sammlung? Wissenschaftler legen Sammlungen an, um die Natur besser erforschen zu können.

1 Sammeln von Blättern an einer Hecke

Darauf solltest du beim Sammeln und Ordnen achten

Schritt 1 Überlege dir als Erstes, was du sammeln möchtest. Was interessiert dich besonders?

Schritt 2 Benutze zum Sammeln geeignete Gefäße. Wenn du schon mehr über dein Sammelgut weißt, kannst du es vorsortieren. Nimm dazu mehrere Behälter oder Tüten zum Sammeln mit. → 1

Schritt 3 Lege die Dinge, die du gesammelt hast, auf ein großes Blatt Papier. Überlege dir, wonach du sie ordnen möchtest. Du kannst das Gesammelte zum Beispiel nach Farben, Formen oder Größe ordnen.

Schritt 4 Beim Ordnen bilden sich Gruppen. Beschrifte die Gruppen, indem du sinnvolle Begriffe auf das Papier schreibst.

Schritt 5 Beschreibe die Gruppen genau und vergleiche sie miteinander. Bestimme die Dinge mithilfe von Bestimmungsbüchern.

Schritt 6 Bewahre die Gegenstände nach dem Ordnen so auf, dass du sie später wieder gut erkennen kannst. Lagere sie in geeigneten Gefäßen, die du sinnvoll beschriftest. Flache Gegenstände kannst du in Ordner einkleben.

Welche Bäume und Sträucher wachsen auf dem Schulgelände oder im Park?

Du kannst das herausfinden, indem du Blätter einer Hecke sammelst.

2 Blattformen

3 Blattränder

4 Blätter

Arbeitsaufträge

1. **Sammeln** Suche dir Bäume und Sträucher im Park oder auf dem Schulgelände. Sammle Blätter in Plastiktüten. → 1 Breite die Blätter nach dem Sammeln auf einem Tisch aus.
2. **Ordnen und Vergleichen** Vergleiche die Blätter und sortiere sie nach ihrer Form. → 2 Untersuche anschließend den Rand dieser Blätter. → 3

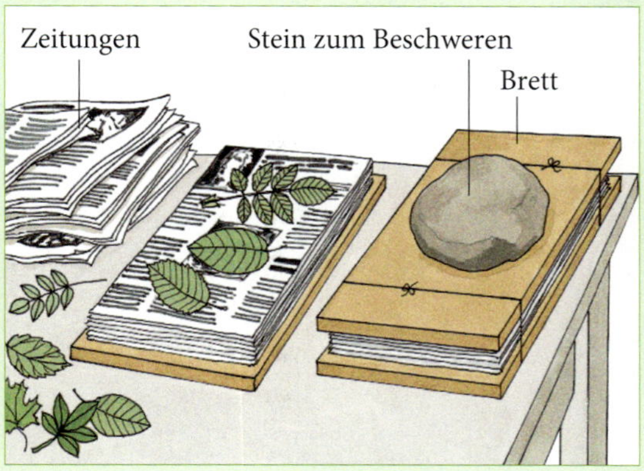

5 So trocknest du Blätter.

3. **Erkennen und Benennen** Finde heraus, welche Blätter zu welchen Bäumen gehören. → 4
4. **Aufbewahren** Trockne die Blätter zwischen Zeitungspapier. Beschwere die Zeitungen mit Büchern. Durch das Gewicht werden die Blätter gepresst. → 5 Das Trocknen dauert etwa eine Woche. Klebe von jeder Blattart ein Blatt auf Zeichenkarton. Beschrifte den Karton folgendermaßen: Name der Pflanze, Fundort und Funddatum. → 6

6 So kann ein Blatt deiner Blattsammlung aussehen.

Vögel in Parks und Bäumen

Der Eichelhäher – ein Stimmenimitator

Der Eichelhäher täuscht selbst erfahrene Vogelkundler, indem er den Ruf eines Mäusebussards nachahmt. → 1 Er ist ein perfekter Stimmenimitator. Sein Alarmruf ist ein lautes „Kchää, Kchää", mit dem er bei Gefahr alle Vögel der Umgebung warnt.

Der Eichelhäher betreibt ähnlich wie das Eichhörnchen eine Vorratshaltung. Besonders gerne frisst er Eicheln und Bucheckern. Im Herbst sammelt der Eichelhäher diese Früchte und legt Vorräte im Boden an. Ebenso wie das Eichhörnchen findet er nicht alle Verstecke wieder, sodass auch er an der Verbreitung von Eichen und Buchen beteiligt ist.

1 Eichelhäher

Der Kleiber – ein Baumeister in Sachen Bruthöhle

Der Kleiber lebt in Eichen- und Buchenwäldern, besiedelt aber auch alte Bäume in Parks und Gärten. → 2 Er kann als einziger Vogel einen Stamm kopfüber hinunterlaufen. Der Kleiber ist ein Höhlenbrüter und nutzt auch verlassene Nisthöhlen. Häufig sind die Eingänge für den relativ kleinen Vogel zu groß. Deshalb verkleibt – verklebt – er sie passend für seine Größe mit Lehm und Nistmaterial. Auch seine Feinde, wie Marder und Krähen, kommen so nicht mehr an sein Nest.

2 Kleiber

3 Haussperlingspaar

4 Feldsperlinge

Der Sperling – ein direkter Nachbar des Menschen

Der Haussperling, auch Spatz genannt, und sein naher Verwandter, der Feldsperling, sind Kulturfolger. → 3, 4 Sie leben in enger Nachbarschaft zu den Menschen und gehören zu den häufigsten Vögeln auf der Welt. Sein „Tschilp, Tschilp" ist überall zu hören. Der Sperling ist ein kleiner, unauffällig graubrauner Vogel mit kräftigem Schnabel. Er ernährt sich von Getreidekörnern und Samen, aber er frisst auch Abfälle, Obst und Insekten. Kleine Hohlräume in Gebäuden nutzt er als Nisthöhle. Den Feldsperling trifft man seltener in der Stadt. Er lebt in Dörfern und an Waldrändern.

Der Turmfalke

Hast du schon einmal einen Vogel beobachtet, der „auf der Stelle" fliegt? Vielleicht war es ein Turmfalke, der nach Beute Ausschau hielt. → 5

Der Turmfalke ist etwa so groß wie eine Taube. Man kann ihn über Feldern und Wiesen, aber auch über den Parks der Stadt sehen. Wenn er nach Beute Ausschau hält und auf der Stelle fliegt, nennt man dies Rüttelflug. Seine Beute, vor allem Mäuse, tötet der Turmfalke mit einem Schnabelhieb auf den Kopf. Der Vogel nistet in alten Krähennestern, in Kirchtürmen sowie in Fels- und Gebäudenischen.

5 Turmfalke

Alex ist enttäuscht. In der ordentlich geschnittenen Hecke in seinem Garten sind kaum Tiere zu beobachten. Warum wohl?

1 Hecke aus nur einer Pflanzenart

Hecke – ein vielfältiger Lebensraum

Verschiedene Hecken

Oft werden **Hecken** vom Menschen angepflanzt. Sie können aber auch allein durch Anflug von Pflanzensamen entstehen. Hecken mit verschiedenen Pflanzenarten bieten vielen Tieren einen Lebensraum. → 2, 3 Sie sorgen für Windschutz. Außerdem ist es an sonnigen Tagen dort etwas kühler, an kalten Tagen etwas wärmer als in der Umgebung. In Gärten und Parks bestehen Hecken oft nur aus einer Pflanzenart. Diese Hecken werden oft mehrmals im Jahr stark zurückgeschnitten. Tiere finden in einer solchen Hecke kein Zuhause mehr. → 1

Nicht nur Stacheln

Die **Heckenrose** ist ein häufiger Strauch, der an Waldrändern wächst, aber oft auch ein Bestandteil von Hecken ist. → 4 Eine Hecke aus Heckenrosen ist sehr dicht. Wenn du genau hinschaust, fallen dir folgende beson-

2 Hecke aus verschiedenen Pflanzenarten

3 Querschnitt durch eine Hecke

Hagebutte
Hecken
Heckenrose
Neuntöter

4 Heckenrosenstrauch

5 Hagebutten

dere Kennzeichen der Heckenrose auf: zahlreiche rötliche Blüten, die Zweige sind mit Stacheln besetzt. Aus der Blüte bildet sich die **Hagebutte**. → 5

Ein Untermieter in Hecken

Der **Neuntöter** kann nur in Landschaften mit Hecken und Dornbüschen leben. → 6 Die Hecken braucht er, um nach seiner Beute, Mäusen und Insekten, Ausschau zu halten. Manchmal spießt er seine Beute als Reserve auf Dornen auf. In dichten Dornenhecken baut er gerne sein Nest.

6 Neuntöter mit Jungen

> **Merk dir!** Eine Hecke besteht aus Bäumen, Sträuchern und Krautpflanzen. Dichte Hecken aus verschiedenen Pflanzenarten bieten für viele Tiere einen Lebensraum.

Arbeitsaufträge

1. Erkläre den Aufbau einer vielfältigen Hecke nach Abbildung 3.

2. Die Frucht der Heckenrose nennt man Hagebutte.

a Schneide mit einem Messer eine Hagebutte der Länge nach durch. Beschreibe die Schnittflächen. Vergleiche mit der Abbildung 7.

7 Aufgeschnittene Hagebutte

b Stelle Vermutungen an, welche Bedeutung die weißen Nüsschen im Innern der Hagebutte haben könnten.

3. Betrachte die Nüsschen genauer. Wenn sie auf die Haut gelangen, verursachen sie einen Juckreiz. Finde heraus, weshalb die Nüsschen einen Juckreiz verursachen.

4. Erkläre Alex, warum in seiner Hecke nicht viel los ist. Gib ihm Tipps, wie er mehr Tiere anlocken könnte.

Eine Hecke besteht meistens aus verschiedenen Pflanzenarten. Es gibt dort Bäume und Sträucher. Mithilfe von Steckbriefen kannst du einige Pflanzen der Hecke kennenlernen.

1 Eberesche

Was wächst in der Hecke?

Eberesche → 1

- Baum, bis 15 Meter hoch
- Blätter bestehen aus vielen länglichen Einzelblättchen
- Blüten bestehen aus vielen Einzelblüten
- Früchte im Spätsommer orangerot, erbsengroß; dienen Vögeln als Nahrung

Hasel → 2

- Strauch, 2 bis 4 Meter hoch
- Blätter herzförmig, auf der Unterseite behaart, Blattrand doppelt gesägt, Frucht ist die Haselnuss

Liguster → 3

- Strauch, bis zu 4 Meter hoch, dicht verzweigt, immergrün
- Blätter lang schmal, glänzende Oberseite
- Blüten weiß
- Früchte schwarz, erbsengroß und leicht giftig; Verzehr führt zu Bauchkrämpfen

Schwarzdorn (Schlehe) → 4

- Strauch, bis 3 Meter hoch, mit harten Dornen
- Blätter länglich, Blattoberseite viel dunkler als die Unterseite

2 Haselstrauch

3 Früchte des Ligusterstrauchs

4 Blüten des Schwarzdorns

5 Frucht der Schlehe

- Blüten schneeweiß und gut riechend
- blau gefärbte Schlehenfrucht → 5
- aus der Schlehenfrucht kann Marmelade oder Mus zubereitet werden

→ **Merk dir!** Eine natürliche Hecke besteht aus vielen verschiedenen Pflanzenarten.

Arbeitsaufträge

1. Fertige mithilfe von Lexikon oder Bestimmungsbuch zu folgenden Heckenpflanzen kurze Steckbriefe an: Gewöhnlicher Schneeball, Faulbaum, Weißdorn.

2. Ordne die folgenden Steckbriefe von Heckenpflanzen den Abbildungen 6 bis 8 zu.

a **Schwarzer Holunder:** Strauch, 3 bis 7 Meter hoch; Blätter gefiedert und gesägt; Blüten cremeweiß und duftend; Früchte schwarzrot glänzend, essbar

b **Pfaffenhütchen:** Strauch, bis 3 Meter hoch; Blätter lang und schmal; Früchte fleischig, rote Kapseln, ähneln der Kopfbedeckung katholischer Geistlicher (Name); alle Pflanzenteile sind sehr giftig

c **Roter Hartriegel:** Strauch, bis 5 Meter hoch mit dunkelroten Zweigen; Blätter eiförmig zugespitzt; Blüten weiß, in Rispen angeordnet; Früchte mattschwarzblau

6

7

8

Hecken liefern mit ihren Früchten den Tieren nicht nur Nahrung. Sie dienen auch als Wohn- und Nistplatz, sind Orte zum Verstecken und Überwintern. Welche Tiere leben in der Hecke und wie leben sie dort?

1 Bewohner der Hecke

Wer lebt in der Hecke?

Ein Paradies für Tiere

Hecken aus verschiedenen Pflanzenarten können bis zu 1 000 Tierarten ein Zuhause bieten. Insekten, Spinnen, Bodentiere, Kriechtiere, Lurche, Säugetiere und Vögel finden hier einen Lebensraum. → 1

Ein Tier mit zwei Lebensräumen

Erwachsene **Erdkröten** werden etwa 13 Zentimeter groß. → 2 Sie besiedeln feuchte Lebensräume wie den Heckenboden. Nachts jagen sie nach Würmern, Schnecken, Spinnen und Insekten, die es hier reichlich gibt. Unter Laub und Steinen finden sie auch ihr Winterquartier. In den ersten Frühlingsnächten wandern die Erdkröten zum Wasser, wo sie ihre Eier ablegen.

Ein schuppiger Heckenbewohner

Auf einem warmen Stein vor der Hecke liegt reglos eine **Zauneidechse.** → 3 Kommt man näher, huscht das Tier flink weg und verschwindet im Schutz der Hecke. Zauneidechsen können über 20 Zentimeter lang werden. Sie ernähren sich von Insekten, Spinnen und Regenwürmern, die sie in der

2 Erdkröte

3 Zauneidechse

4 Igel

5 Haselmaus an einer Hagebutte

Hecke finden. In der Nacht und im Winter findet die Zauneidechse in der Hecke Unterschlupf.

Ein stachliger Insektenfresser

In der Dämmerung faucht und schmatzt es laut. Ein **Igel** ist aus seinem Tagesversteck in der Hecke gekommen und auf Nahrungssuche nach Regenwürmern, Schnecken, Fallobst und Insekten gegangen. Er sammelt ein, was er mit seinen scharfen, spitzen Zähnen bewältigen kann. Sein Stachelkleid schützt ihn gut. Bei Gefahr richtet der Igel die Stacheln auf und rollt sich zusammen. → 4

Ein daumengroßer Winzling

Im dichten Gebüsch der Hecke ist ein kugeliges Nest versteckt. Es gehört der **Haselmaus**. → 5 Sie ist in der Nacht aktiv und ernährt sich vorwiegend von Pflanzen, manchmal auch von Insekten. Zur Nahrungssuche klettert die Haselmaus geschickt auf den Ästen und Zweigen der Heckenpflanze.

> → **Merk dir!** **Die Hecke ist für Tiere von großer Bedeutung. Sie ist Wohn- und Nistplatz, Ort zum Überwintern und Verstecken und bietet abwechslungsreiche Nahrung.**

Arbeitsaufträge

1. Erkläre, was eine artenreiche Hecke ihren Bewohnern bieten kann.

2. Sieh dir Abbildung 1 genau an.
- **a** Finde mithilfe des Lexikons oder eines Bestimmungsbuchs heraus, welche Tiere abgebildet sind.
- **b** Fertige eine Liste dieser Tiere an.
- **c** Suche dir drei Tiere aus und erstelle einen Steckbrief von ihnen.

3. Trotz seiner Stacheln ist der Igel gefährdet. Durch Beseitigung von Hecken und durch strauchfreie Gärten findet er immer weniger ungestörte Schlafplätze. Nenne Maßnahmen, um dem Igel Schutz im Garten oder auf dem Schulgelände zu bieten.
- **a** Vergleicht eure Vorschläge in der Klasse.
- **b** Fertigt ein Plakat mit der Überschrift „Schutz für Igel an".

Lena und Tarek beobachten die vielen bunten Libellen, die geschickt über den Gartenteich fliegen. „Wusstest du, dass Libellen bis zu 35 000 Augen besitzen?", fragt Tarek. „Wie können sie mit so vielen Augen denn überhaupt sehen?", wundert sich Lena.

1 Eine Libelle im Flug

Insekten – die große Welt der Kleinen

Die große Vielfalt

Von den 1,5 Millionen Tierarten stellen die Insekten mit etwa 900 000 heute bekannten Arten die artenreichste Tierklasse auf der Erde dar. Sie krabbeln auf dem Boden, graben sich durch die Erde, laufen auf dem Wasser oder tauchen darin und sie fliegen als wahre Flugkünstler durch die Luft. → 1 Insekten besiedeln fast alle Lebensräume. Nur auf dem offenen Meer fehlen sie.

2 Typische Gliederung eines Insektenkörpers

Körperbau – harte Schale, weicher Kern

Im Gegensatz zu den Wirbeltieren besitzen Insekten ein **Außenskelett**. Dabei handelt es sich um eine Hülle aus starrem Material, dem **Chitin**. Dieser Panzer ist in viele Körperringe gegliedert, die miteinander durch dünne Chitinhäutchen verbunden sind. Dadurch wird der Insektenkörper beweglich. Der Körper aller Insekten ist in die drei Abschnitte Kopf, Brust und Hinterleib gegliedert. Am Kopf sitzen die Fühler, die Augen und die Mundwerkzeuge. An der Brust sitzen sechs Beine und meist zwei Paar Flügel. → 2

Viele Augen werden ein Ganzes

Betrachtest du die großen, vorgewölbten Augen einer Libelle mit der Lupe, so siehst du unzählige winzige Sechsecke, die Facetten, die das gesamte Auge wie ein Netz überziehen. → 3 Die Libelle besitzt viele Tausend solcher Einzelaugen. Alle zusammen bilden das Netz- oder **Facettenauge** der Insekten.

Atemlöcher
Außenskelett
Chitin
Facettenauge
offener Blutkreislauf
Tracheen

3 Facettenaugen einer Libelle

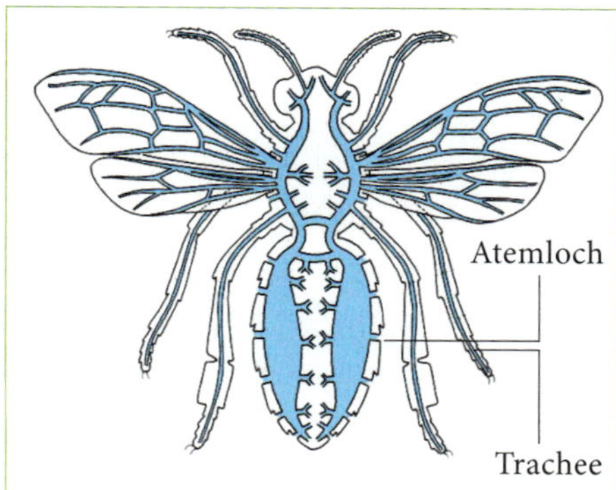

4 Tracheensystem

Die „Nase" der Insekten

Insekten haben einen ausgezeichneten Geruchssinn. Mit ihren Fühlern können sie über mehrere Kilometer Gerüche wahrnehmen. Die Fühler werden deshalb auch als Geruchsantennen bezeichnet.

Fortbewegungsorgane

Die sechs Beine sind in fünf Abschnitte gegliedert. Sie haben bei den verschiedenen Insektenarten unterschiedlichste Aufgaben. Das grüne Heupferd besitzt lange Hinterbeine, die ihm Sprünge bis zu 70 cm ermöglichen. Die Beine einer Laus haben Greifklauen. Damit können sie sich in den Haaren ihrer Opfer festklammern. Die Honigbiene nutzt ein Beinpaar als Sammelbein, das ihr als Tragetasche beim Honigsammeln dient.

Atmen ohne Lunge

In den Körperseiten findet sich eine Reihe kleiner Öffnungen, die **Atemlöcher**. Feine Röhrchen aus Chitin, die **Tracheen**, führen von hier aus in das Körperinnere und leiten den Sauerstoff der Luft zu den Organen weiter. → 4

Eine Röhre als Herz

Das Herz der Insekten ist röhrenförmig und liegt am Rücken. Es saugt das farblose Blut von der einen Seite an und pumpt es auf der anderen Seite in den gesamten Körper. Das Blut fließt bei Insekten nicht in Adern, sondern frei durch den Körper. Insekten haben einen **offenen Blutkreislauf**.

→ **Merk dir!** Insekten besitzen ein Außenskelett. Ihr Körper ist in Kopf, Brust und Hinterleib gegliedert. Sie besitzen sechs gegliederte Beine, zwei Paar Flügel, Facettenaugen und Fühler, mit denen sie riechen. Insekten atmen mithilfe eines Tracheensystems und besitzen einen offenen Blutkreislauf.

Arbeitsaufträge

1. Liste wesentliche Unterschiede zwischen den Insekten und den Wirbeltieren auf.
2. Sprungbeine, Greifklauen und Sammelbeine hast du bereits kennengelernt. Recherchiere mithilfe des Internets oder von Fachliteratur, welche Formen von Beinen es noch bei Insekten gibt. Finde Beispiele.

1 Entwicklung eines Käfers

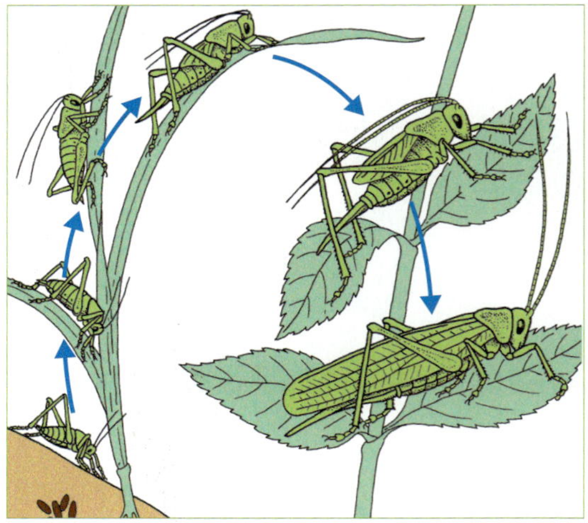

3 Entwicklung einer Heuschrecke

Insekten zum Kennenlernen

Die große Klasse der Insekten wird in 32 Gruppen oder Ordnungen unterteilt. Alle Vertreter haben den gleichen Grundbauplan, der je nach Lebensraum unterschiedlich abgewandelt ist.

Ordnung Käfer

Die größte Gruppe mit etwa 500 000 Arten bilden die Käfer. Sie besitzen ein Paar harte Vorderflügel, die die zwei häutigen Hinterflügel bedecken. Die Nachkommen der Käfer, die Larven, sehen völlig anders aus als die erwachsenen Tiere. Nachdem sie sich mehrere Male gehäutet haben, entsteht die Puppe, aus der schließlich der erwachsene Käfer schlüpft. Man spricht von einer **vollkommenen Verwandlung.** → 1, 2

Ordnung Heuschrecken

Heuschreckenlarven gleichen in ihrem Aussehen schon den erwachsenen Tieren. Ohne Puppenstadium entwickeln sie sich durch mehrere Häutungen zum fertigen Insekt. Man spricht von einer **unvollkommenen Verwandlung.** → 3 Heuschrecken können in großen Schwärmen auftreten. Da sie sich von Pflanzen ernähren, können sie dann ganze Landstriche kahlfressen.

Ordnung Schmetterlinge

Die meisten Schmetterlinge lassen sich leicht an ihren großen Flügeln erkennen. Beim Atlasfalter kann die Flügelspannweite bis zu 30 cm betragen. → 4 Schmetterlinge saugen mit ihrem langen Rüssel vor allem Nektar aus Blüten. Die Raupen sind Pflanzenfresser.

2 Maikäfer im Flug

4 Atlasfalter

Nützlinge
Schädlinge
unvollkommene Verwandlung
vollkommene Verwandlung

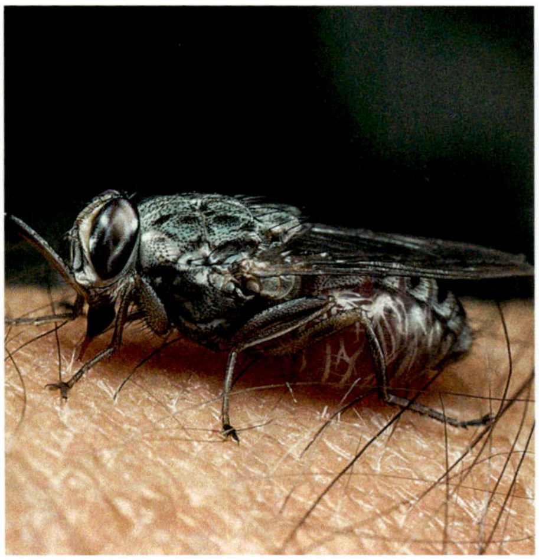

5 Tsetsefliege

6 Marienkäfer

Gehasst und geliebt

Insekten können als **Schädlinge** riesige Ernteschäden verursachen oder Nahrungsmittel zerstören. Auch als Überträger von Krankheiten sind sie gefürchtet. So überträgt zum Beispiel die Tsetsefliege die gefürchtete Schlafkrankheit. → 5

Als **Nützlinge** sind sie beispielsweise gern gesehene Gäste in unseren Gärten. So verzehren Florfliege und Marienkäfer in ihrem Leben bis zu 3000 Blattläuse. → 6 Auch als Blütenbestäuber und Abfallbeseitiger spielen Insekten eine wichtige Rolle. Manche Insekten werden vom Menschen gezüchtet. Dazu gehören neben der Honigbiene zum Beispiel auch Lackschildläuse. Sie scheiden Stoffe aus, die in Asien zur Herstellung von Möbelpolituren und Lacken verwendet werden. Seidenspinnerraupen werden gezüchtet, um Seide zu gewinnen.

→ **Merk dir!** Die Klasse der Insekten wird in 32 Ordnungen unterteilt. Die Ordnung der Käfer hat die meisten Arten. Unter den Insekten gibt es Nützlinge und Schädlinge.

Arbeitsaufträge

1. Erstelle eine Liste mit schädlichen und nützlichen Insektenarten.
2. Nenne weitere Insektenordnungen. Bildet anschließend Gruppen und stellt die wichtigsten Merkmale in einer Tabelle zusammen.
3. Betrachte Abbildung 7. Gib die Art der Entwicklung an. Begründe deine Entscheidung.

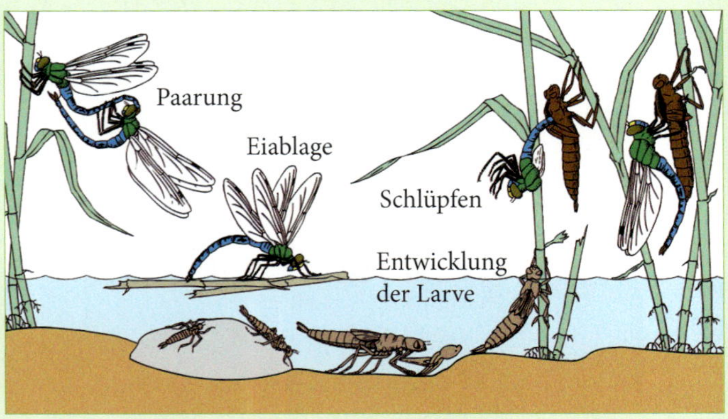

7 Entwicklung der Libelle

Aus dem Leben der Insekten

1. Wie sammeln Bienen Pollen?

1 Honigbiene auf einer Blüte

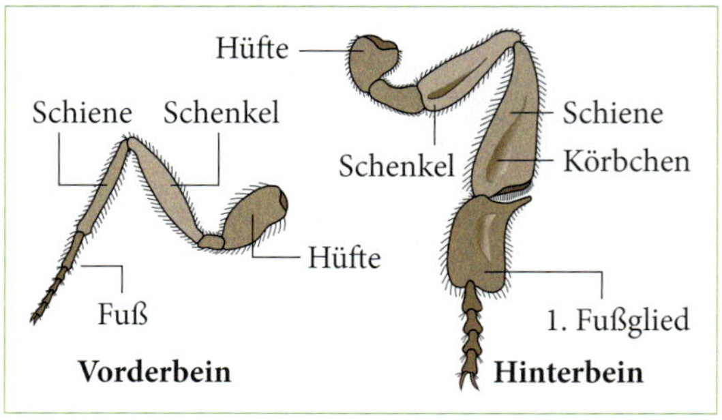

2 Beine der Biene

Ihr braucht: tote Honigbienen (bei einem Imker erhältlich), Binokular, Pinzette, Präpariernadel, Petrischale.

a Lege eine tote Honigbiene in eine Petrischale und betrachte sie durch das Binokular. Zeichne den Umriss der Biene und beschrifte Kopf, Brust, Hinterleib, Flügel, Augen, Stachel und Beine.
Zupfe nun mit der Pinzette die Beine von einer Körperseite der Biene ab. Betrachte das Vorderbein der Biene durch das Binokular. Zeichne das Bein und beschrifte es. → 2

b Betrachte nun das Hinterbein der Biene. Zeichne und beschrifte es. → 2

c Vergleiche das Vorderbein mit dem Hinterbein der Biene. Erläutere die Unterschiede.

2. Wie fliegt ein Insekt?

Ihr braucht: Topf mit Deckel, zwei Holzlöffel.

Stecke die zwei Holzlöffel in den Topf und lege den Deckel auf. → 3
Bewege nun den Deckel auf und ab.

a Beschreibe die Bewegung der Insektenflügel. → 4

b Vergleiche die Bewegung der Insektenflügel mit der Bewegung des Topfdeckels.

c Erläutere die Unterschiede.

3 Modell zur Bewegung der Flügel

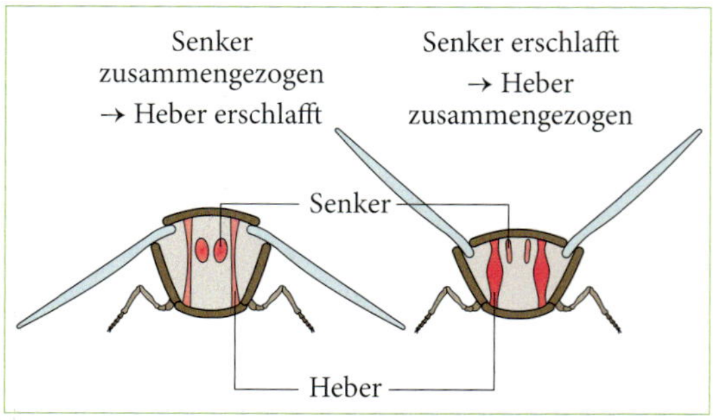

4 Schema zur Bewegung der Flügel und Modell

3. Ein Holzklotz – Wohnstätte für Bienen?

5 Nisthilfe für Wildbienen

In Deutschland leben mehr als 100 Wildbienenarten. Die Tiere leben einzeln und nutzen hohle Stängel oder Bohrlöcher als Nisthilfe.

Ihr braucht: einen chemisch unbehandelten Holzklotz (möglichst Hartholz), Bohrmaschine, verschiedene Bohrer.

Bohre in den Holzklotz mithilfe der Bohrmaschine Löcher in der Stärke von drei bis acht Millimetern. Die Löcher sollten eine Bohrerlänge tief werden.

Schraube in den Klotz einen Rundhaken und hänge ihn an einer sonnigen und trockenen Stelle auf.

a Beobachte im Sommer, welche Tiere sich an der Nisthilfe aufhalten.
b Bestimme sie mithilfe eines Bestimmungsbuches. Notiere.

4. Können wir Schmetterlinge züchten?

6 Versuchsmaterial

Ihr braucht: Schuhkarton, Fliegengitter, Schere, Bestimmungsbuch für Schmetterlinge.

Schneide aus einem Fliegengitter eine Abdeckung für einen Schuhkarton. → 6

Suche im Frühjahr Brennnesselpflanzen, auf denen sich Schmetterlingsraupen befinden.

Schneide die Pflanzen ab und lege sie in den Karton.

a Bestimme die Raupen mithilfe eines Bestimmungsbuches.
b Betrachte über einen längeren Zeitraum die Raupen und protokolliere die Veränderungen (Wachstum der Raupen, Raupenfraß, Häutung, Puppen). Sorge dafür, dass immer frische Brennnesselblätter in dem Karton liegen.
c Wenn sich Schmetterlinge entwickelt haben, bestimme sie und entlasse sie anschließend nach draußen.

**Der Buntspecht und die Prachtlibelle besitzen eine Gemeinsamkeit: Sie haben Flügel und können fliegen.
Welche Unterschiede weisen sie jedoch im Körperbau auf?**

1 Buntspecht und Prachtlibelle

Wirbeltiere und Wirbellose im Vergleich

Wirbeltiere

Der Buntspecht ist ein Vogel. Die Vögel gehören mit den Säugetieren, Reptilien, Amphibien und Fischen zu den Wirbeltieren. Ihnen allen gemeinsam ist der Besitz eines innen liegenden Skeletts, das aus der Wirbelsäule und den Knochen besteht. → 2 Dieses **Innenskelett** stützt den Körper und ermöglicht zusammen mit den Muskeln seine Beweglichkeit. Der Körper der Wirbeltiere wird in Kopf, Rumpf und Gliedmaßen eingeteilt.

Wirbellose

Die Prachtlibelle ist ein Insekt. Insekten werden mit anderen Tiergruppen wie Krebstieren, Spinnentieren und Weichtieren zu den Wirbellosen gezählt, weil sie keine Wirbel-

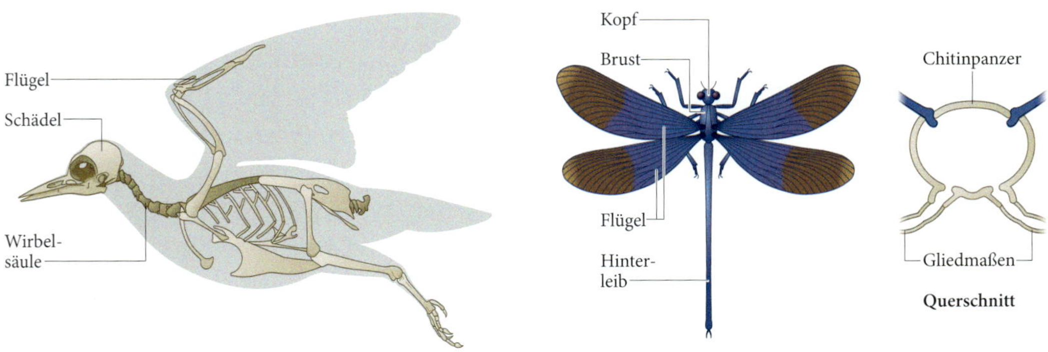

2 Skelett und Körpergliederung des Buntspechts und der Prachtlibelle

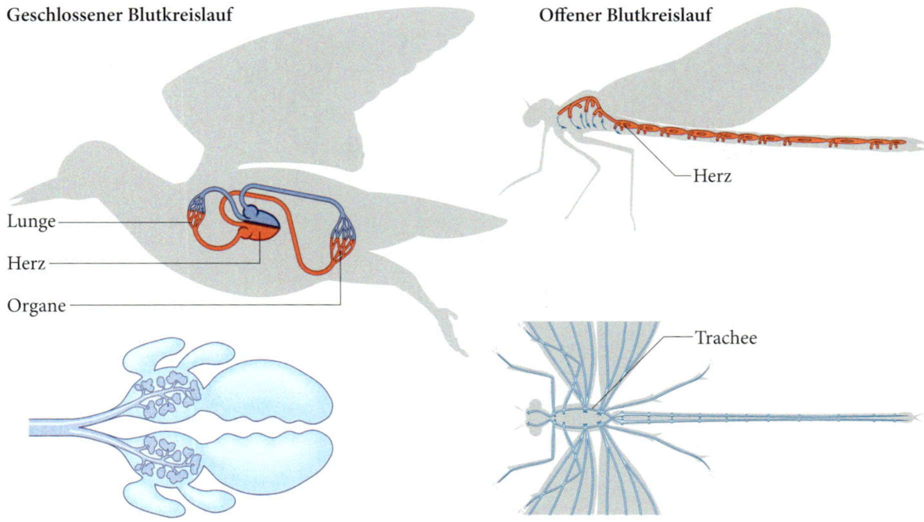

3 Blutkreislauf und Atmung beim Buntspecht und der Prachtlibelle

Außenskelett
Innenskelett
geschlossener Blutkreislauf
offener Blutkreislauf

säule besitzen. Ihr Körper wird durch einen festen Chitinpanzer umhüllt, an den im Innern des Körpers Muskeln ansetzen. Er wird in Kopf, Brust und Hinterleib eingeteilt. → 2 Auch der Körper der Prachtlibelle ist also beweglich. Die Muskeln im Innern des Körpers bewegen auch die Flügel. Der Chitinpanzer schützt den Körper der Libelle und dient als **Außenskelett.**

Körperbau und Atmung

Auch beim inneren Bau der Körper findet man große Unterschiede zwischen dem Buntspecht und der Prachtlibelle. Die Prachtlibelle besitzt ein röhrenförmiges Herz, das das Blut in den Körper pumpt. Das Adersystem ist jedoch nicht geschlossen, sodass das Blut frei im Körper fließen und zu den Organen gelangen kann. Man spricht von einem **offenen Blutkreislauf.** Der Buntspecht dagegen besitzt ein geschlossenes Adersystem und daher einen **geschlossenen Blutkreislauf.** → 3
Vögel wie der Buntspecht atmen mithilfe von **Lungen.** Die Prachtlibelle besitzt ein Röhrensystem, das den Körper durchzieht. Die Röhren nennt man **Tracheen.** → 3

→ Merk dir! **Die Bezeichnung Wirbeltiere leitet sich von der Wirbelsäule ab. Wirbeltiere besitzen ein Innenskelett, wirbellose Tiere ein Außenskelett.**

Arbeitsaufträge

1. Nenne mindestens drei Unterschiede im Bau von Buntspecht und Prachtlibelle.

2. Erläutere die Aufgaben des Innenskeletts und des Außenskeletts.

3. Nenne drei weitere wirbellose Tiere.
- **a** Recherchiere in Biologiebüchern, in Lexika oder im Internet ihren Körperbau.
- **b** Erstelle für eines dieser wirbellosen Tiere einen Steckbrief über den Körperbau.

Wir erfassen einen Lebensraum

1. Was wächst in der Hecke?

Ihr braucht: Maßband oder Zollstock, Notizblock, Pflanzenbestimmungsbuch.

Bildet mehrere Gruppen und sucht euch eine Hecke im Park oder auf dem Schulgelände.

a Grenzt ein Stück Hecke ab. Messt die Breite und Länge des Heckenabschnitts und übertragt die Fläche verkleinert auf weißes Papier.

b Zeichnet nun die Bäume und Sträucher als rote Kreise ein. Die Größe der Kreise richtet sich nach der Größe der Pflanzen. → 1

c Jede Pflanze der Skizze bekommt eine Nummer. → 1

d Tragt wenn möglich die Pflanzennamen in die Skizze ein. → 1

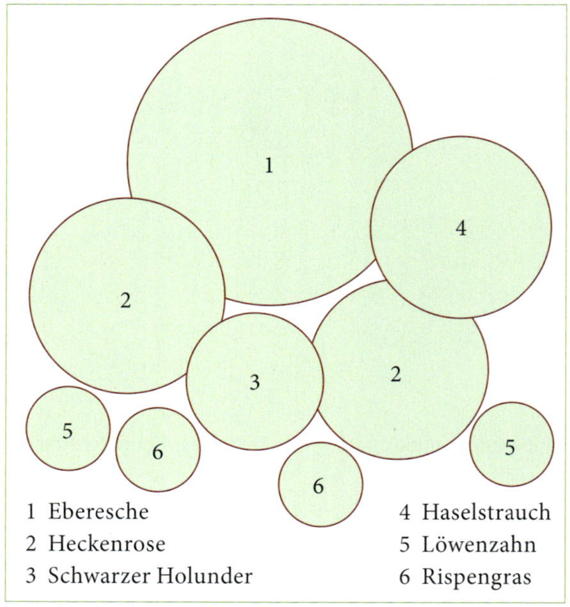

1 Schematische Darstellung einer Hecke

2. Welche Kleintiere leben in der Hecke?

Ihr braucht: Betttuch, Fangnetz, Pinzette, Klarsichtdosen, Becherlupen, Tierbestimmungsbuch.

a Wie findest du Tiere in der Hecke? Sieh dir einen Zweig genau an. Drehe einen Stein um und schaue nach. Nimm abgefallene Blätter und untersuche sie. Betrachte ein Spinnennetz. Findest du die Spinne?

b Suche Zweige in Augenhöhe und sieh dir die Blätter an. Findest du Fraßspuren?
Vergleiche unterschiedliche Pflanzenarten. Erkennst du Unterschiede in der Häufigkeit der Spuren?

c Halte ein Betttuch unter einen Zweig. Klopfe ein paar Mal kräftig auf einen Ast. → 3
Ordne die Tiere nach Ähnlichkeit. Bestimme die gefangenen Tiere.

➔ ***Achtung:*** *Nachdem du die Tiere bestimmt hast, lässt du sie wieder frei. Schmetterlinge bestimmst du, ohne sie einzufangen. Geschützte Tiere wie Erdkröte, Zauneidechse oder Blindschleiche sammelst du nicht ein. Vogelnester lässt du bitte in Ruhe!*

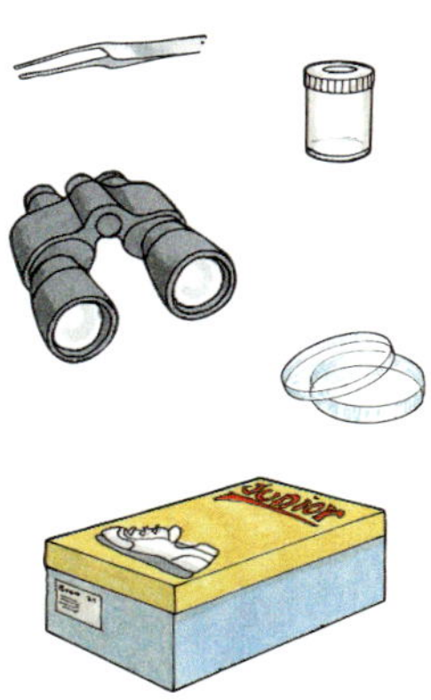

2 Material für die Untersuchung einer Hecke

3 Abklopfen von Zweigen

3. Welche Spuren findest du rund um die Hecke?

Ihr braucht: Lexikon, Tierbestimmungsbuch.

Viele Säugetiere sind nur in der Dämmerung oder nachts aktiv. Um herauszufinden, welche Tiere im Park und Garten vorkommen, musst du auf Spuren der Tiere achten. → 4

a Vom Maulwurf kannst du nur seine aufgeworfenen Erdhaufen sehen.
b Mäuse verraten sich durch Löcher im Boden oder Nagespuren an der Rinde. Suche Anzeichen dafür.
c Haselnüsse mit Nagespuren sind oft Überreste einer Mahlzeit des Eichhörnchens. Kannst du das Eichhörnchen entdecken?
d Weitere Spuren in der Hecke sind leere Vogelnester und Vogelfedern.

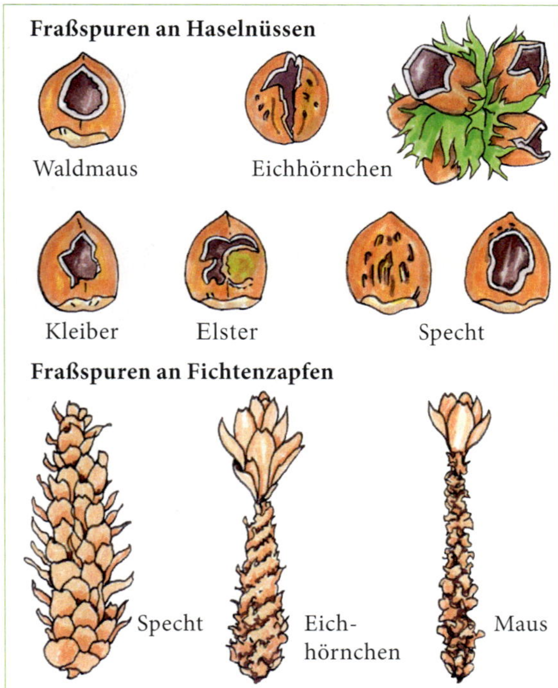

4 Fraßspuren verschiedener Tiere

4. Eine Ausstellung im Klassenzimmer

Ihr braucht: Plakatpapier, Buntstifte, Bilder und Fotos aus Zeitschriften.
Fasst nach Abschluss eurer Untersuchungen die Ergebnisse auf einem Plakat zusammen. → 5

> **Tipp:**
> - *Entscheidet euch, welche Tiere ihr darstellen wollt.*
> - *Verteilt verschiedene Aufgaben für die Erstellung des Plakats.*
> - *Bereitet einen Vortrag dazu vor.*

5 Präsentation der Untersuchungsergebnisse

Ein Grünes Heupferd frisst am Blatt der Heckenrose. Wenn es sich vermehrt, werden bald sehr viele Heupferde die Heckenrose ganz kahl fressen. Ob das wohl stimmt?

1 Grünes Heupferd an einer Heckenrose

Geh mir aus dem Weg!

Bevorzugte Nahrung

Jede Tierart in der Hecke ernährt sich von bestimmten Pflanzen oder Tieren. Blattläuse können nur Pflanzensaft saugen, Blattkäfer fressen Laubblätter, die Raupe des Zitronenfalters frisst nur die Blätter des Faulbaums. Der Neuntöter frisst kleine Insekten, der Sperber jagt Singvögel. Andere Tiere der Hecke wie die Wegschnecke oder die Assel sind nicht so wählerisch. Sie fressen verschiedene Pilze und abgestorbene Pflanzenreste. Auch Asseln und Schnecken dienen als Beute anderen Tieren als Nahrung.

Fressen und Gefressenwerden

Heckenrosenblätter dienen dem Grünen Heupferd als Nahrung. → 1 Das Heupferd wird von einem Neuntöter gefressen und dieser wiederum von einem Sperber. Heckenrose, Grünes Heupferd, Neuntöter und Sperber stehen durch die Nahrungsaufnahme in Beziehung zueinander. Sie sind durch ihre Ernährungsweise wie die Glieder einer Kette miteinander verbunden. Eine solche Kette von Nahrungsbeziehungen nennt man **Nahrungskette.** → 2 Am Anfang jeder Nahrungskette steht immer eine Pflanze.

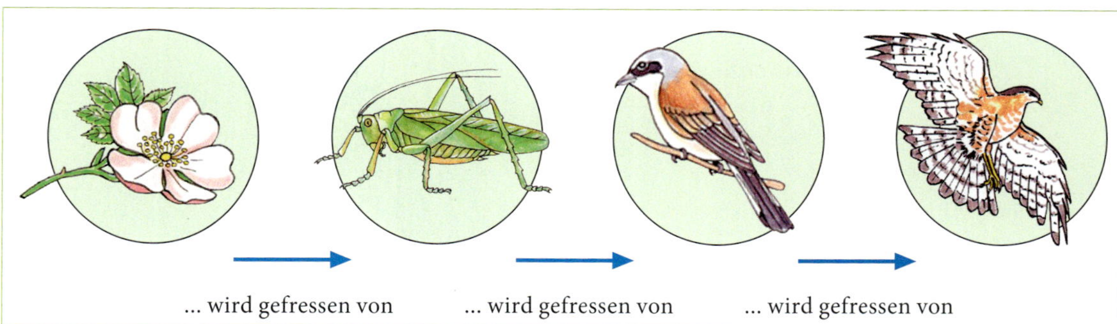

2 Beispiel für eine Nahrungskette

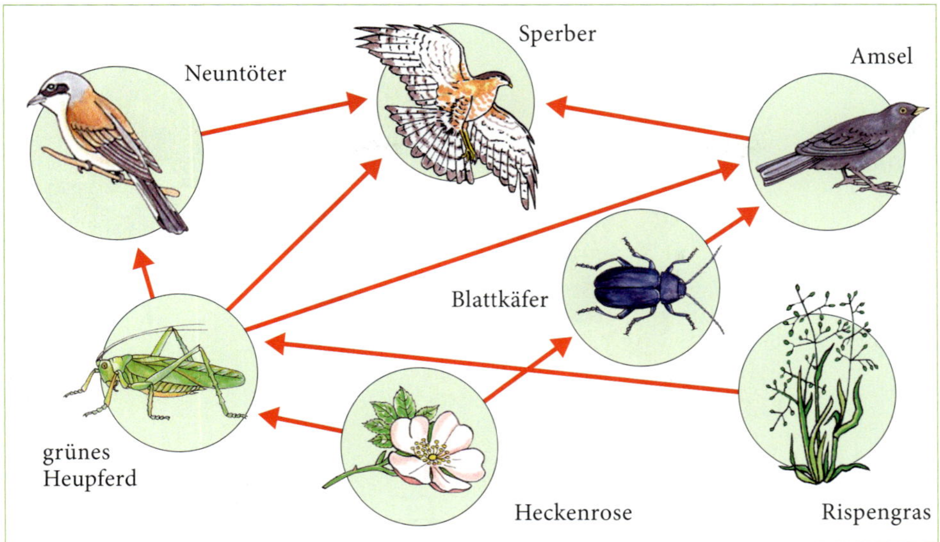

3 Beispiel für eine Nahrungsnetz

Das Nahrungsnetz

Eine Nahrungskette wie von der Heckenrose zum Sperber ist nur eine vereinfachte Darstellung. Die meisten Tiere haben mehrere Nahrungsquellen. So erbeutet der Sperber nicht nur Neuntöter, sondern auch viele andere Singvögel. Das Grüne Heupferd wiederum dient mehreren Vogelarten als Nahrung. Pflanzen und Tiere gehören also meist zu mehreren verschiedenen Nahrungsketten, die wie ein Netz miteinander verbunden sind. Man spricht von einem **Nahrungsnetz**. → 3

> → Merk dir! **Lebewesen stehen in Nahrungsbeziehungen zueinander. Die einen Lebewesen bilden die Nahrung für die anderen Lebewesen. Man kann die Beziehungen als Nahrungskette oder Nahrungsnetz darstellen.**

Arbeitsaufträge

1. Zeichne deine Pflanzen- und Tierfunde aus der Hecke auf runde Papierscheiben. → 4 Ein großes Plakat soll die Hecke darstellen.

- **a** Klebe deine Zeichnung jeweils an den Ort, an dem du die Pflanzen oder Tiere gefunden hast.
- **b** Deine Mitschüler bringen ihre Zeichnungen ebenfalls auf dem Plakat an.
- **c** Sucht gemeinsam nach Nahrungsketten und verbindet diese durch rote Pfeile. → 4

2. Beantworte die Einstiegsfrage: Wird der Heckenrosenstrauch mit dem Grünen Heupferd bald kahl sein? Begründe.

4 Wer frisst wen?

Die Blätter, die im Herbst in Aylins Garten abgefallen sind, kann man im Frühjahr fast nicht mehr erkennen. Sie sind ganz zerfressen und teilweise ist aus den Blättern sogar schon neue Erde entstanden. Was ist hier wohl geschehen?

1 Zersetzte Laubblätter

Der Kreislauf der Stoffe in einer Hecke

Die erste Stufe

Wenn Tiere und Pflanzen in einer Hecke sterben, werden ihre Überreste von anderen Tieren, Pilzen und Bakterien abgebaut. Lebewesen, die sich von toten Pflanzen und Tieren ernähren, heißen **Zersetzer**. → 2 Abgestorbene Pflanzen, Blätter, tote Tiere, aber auch Kot oder ausgefallene Haare werden von den Zersetzern in Kohlenstoffdioxid, Wasser und Mineralstoffe umgewandelt.

Nichts geht verloren

Alle Stoffe, die die Zersetzer hergestellt haben, können von den grünen Pflanzen der Hecke wieder aufgenommen werden. Die Mineralstoffe werden im Bodenwasser gelöst und können dann von den Pflanzenwurzeln mit dem Wasser aufgenommen werden. Das von den Tieren ausgeatmete Kohlenstoffdioxid nehmen die Pflanzen über ihre Blätter auf und stellen mithilfe des Sonnenlichts

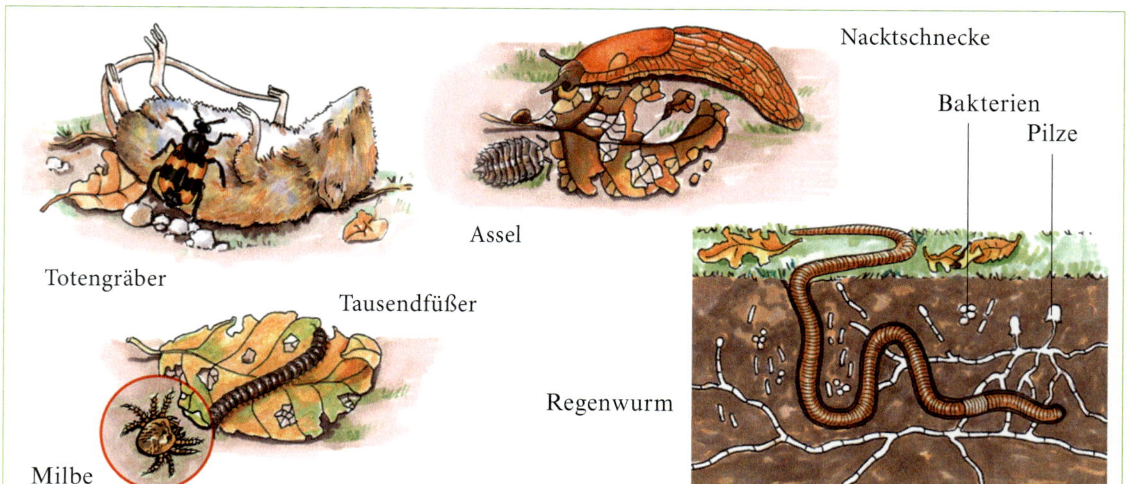

2 Zersetzer

Erzeuger
Stoffkreisläufe
Verbraucher
Zersetzer

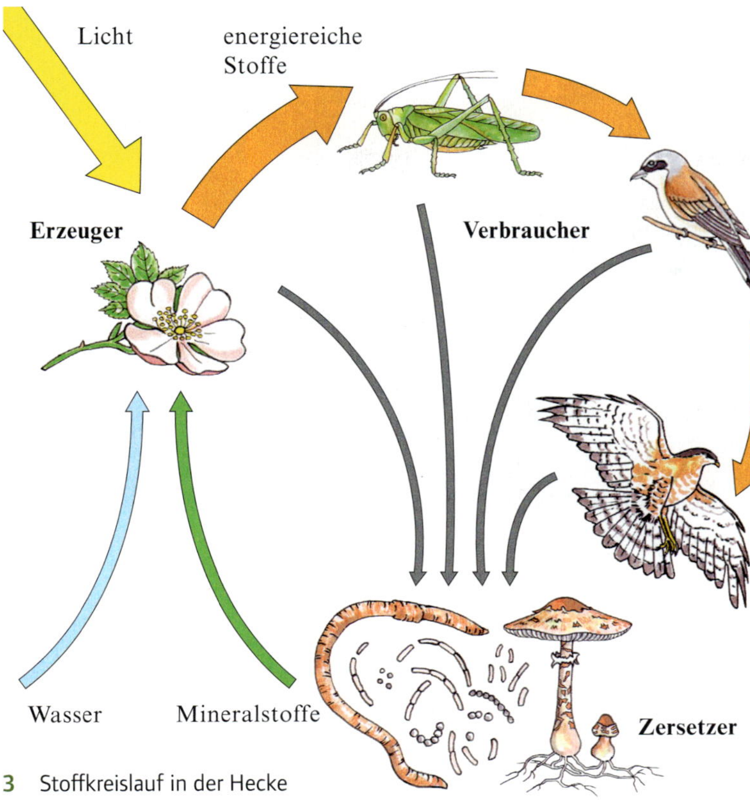

3 Stoffkreislauf in der Hecke

4 Kohlenstoffkreislauf

wieder energiereiche Stoffe her, zu denen Zucker, Stärke und Eiweiß gehören. Als Abfallprodukt entsteht Sauerstoff. Die grünen Pflanzen nennt man **Erzeuger**.

Der Kreis schließt sich

Die Tiere in der Hecke gehören zu den **Verbrauchern**. Pflanzenfresser, wie das Grüne Heupferd, ernähren sich direkt vom Erzeuger. Andere Verbraucher, z. B. der Neuntöter, fressen die Tiere, die sich von den grünen Pflanzen ernähren. Alle Verbraucher sind aber letzten Endes auf die grünen Pflanzen angewiesen. Zwischen Tieren und Pflanzen bilden sich also verschiedene **Stoffkreisläufe**. → 3, 4

➔ **Merk dir!** In der Hecke gibt es einen Kreislauf der Stoffe, an dem Erzeuger, Verbraucher und Zersetzer beteiligt sind. Kohlenstoffdioxid, Wasser, Mineralstoffe und Sauerstoff durchlaufen einen sich ständig wiederholenden Kreislauf.

Arbeitsaufträge

1. Ein Sperber ernährt sich von Singvögeln. Erkläre, warum sein Leben trotzdem von grünen Pflanzen abhängt.
2. Erläutere, weshalb man Tiere auch als Verbraucher bezeichnet.
3. Stelle mit den folgenden Heckentieren und Heckenpflanzen, ähnlich wie in Abbildung 3, den Kreislauf der Stoffe dar: Regenwurm, Laufkäfer, Holunderblatt, Blattlaus, Laufkäfer, Amsel, Sperber.

Lena und Tarek machen mit ihrer Klasse einen Ausflug in den Wald. Der Förster erzählt, dass einige Tiere und Pflanzen in ihrem Lebensraum bedroht sind. Wenn nicht bald etwas unternommen wird, sind der Luchs und die Weißtanne womöglich bald ganz aus unseren Wäldern verschwunden.
Lena ist entsetzt und fragt: Warum ist das so? Kann man etwas dagegen tun?

1 Bei einem Ausflug in den Wald kann man viel erfahren.

Tier- und Pflanzenschutz

Eine Raubkatze in Gefahr

Zu den bedrohten Tierarten bei uns gehört der Luchs. → 2 Er ist die größte frei lebende Raubkatze in Europa. Er lebt im Wald und kommt kaum in die Nähe von Wohngebieten vor. Für den Menschen ist der Luchs nicht gefährlich, denn er ernährt sich von Vögeln, Hasen und Rehen. Nur in der Not erbeutet er auch einmal ein Schaf oder eine Ziege. Aus diesem Grund wurde der Luchs aber von Bauern und Jägern gejagt und erschossen. Dadurch ist er auch heute bedroht.

2 Durch Jagd ist der Luchs bedroht.

Ein Nadelbaum in Gefahr

Die Weißtanne ist ein Nadelbaum, der bis zu 65 Meter hoch und bis zu 600 Jahre alt werden kann. Doch Schadstoffe in der Luft von Fabrik- und Autoabgasen haben diesen Bäumen sehr geschadet. Das frische Grün der jungen Weißtannen wird gerne von Rehen gefressen. Die Weißtanne gehört zu den am meisten gefährdeten Baumarten in Deutschland.

Achtung: Rote Liste!

Wenn Tier- und Pflanzenarten wie der Luchs und die Weißtanne vom Aussterben bedroht sind, werden sie in die **Rote Liste** eingetragen. → 3 Das ist eine Warnliste, die zeigt, welche Tier- und Pflanzenarten besonders dringend Schutz bedürfen. In dieser Liste stehen in Deutschland über 5000 Tier- und fast 4000 Pflanzenarten.

Artenschutz
Naturschutz
Rote Liste

3 In der Roten Liste sind die bedrohten Tier- und Pflanzenarten verzeichnet.

4 Diese Schilder kennzeichnen Naturschutzgebiete.

Warum sollen wir Tiere und Pflanzen schützen?

Kümmert man sich besonders um den Schutz einer bestimmten Tier- oder Pflanzenart, spricht man auch von **Artenschutz**. Wenn eine Art ausstirbt, ist das nicht rückgängig zu machen, und dies hat schwere Folgen. Denn wie bei einem Puzzle übernimmt jedes kleine Teil eine wichtige Rolle für das Ganze. Durch den Bau von Straßen und Häusern und das Anlegen von immer größeren Feldern wurden die Lebensräume von Tieren und Pflanzen zerstört. Die Natur ist nicht unbegrenzt belastbar. Daher müssen wir uns bemühen, bedrohten Tieren und Pflanzen zu helfen.

Schutz von Lebensräumen

Um Arten zu erhalten, muss man die Ursache für eine Bedrohung kennen und dann ihren Lebensraum schützen. Die Erhaltung von Lebensräumen für bedrohte Tier- und Pflanzenarten ist Aufgabe des **Naturschutzes**. Er stellt ganze Gebiete wie bestimmte Wälder, Seen und Flusstäler unter Schutz. Diese Flächen werden dann als Naturschutzgebiete bezeichnet. → 4 Störende Eingriffe des Menschen sind hier verboten.
Der Naturschutzbund (NABU) und der Bund für Umwelt und Naturschutz (BUND) sind zwei große Organisationen in Deutschland, die für den Schutz der Natur arbeiten.

→ **Merk dir!** Durch den Eingriff des Menschen sind viele Tier- und Pflanzenarten vom Aussterben bedroht. Um ihnen zu helfen, muss man die Ursachen ihrer Bedrohung beseitigen und auch ihren Lebensraum schützen.

Arbeitsaufträge

1. Was ist unter einem „Auswilderungsprojekt" zu verstehen? Informiert euch im Internet und stellt ein solches Projekt vor (www.doncato.de).
2. Besucht ein Naturschutzgebiet in eurer Nähe. Wie sieht es dort aus? Wie soll sich der Mensch verhalten? Was dürft ihr tun, was ist nicht erlaubt? Notiert eure Ergebnisse.

Wir tun etwas für Tiere und Pflanzen

Auf jedem Schulhof gibt es ungenutzte Stellen, die selten von jemand betreten werden. Sie sind geeignet, um verschiedenen Pflanzen und Tieren Schutz und Unterschlupf zu bieten. Natürlich müsst ihr etwas Geduld haben, denn es kann ein bisschen dauern, bis die Pflanzen wachsen und Tiere sich ansiedeln. Aber ihr werdet sehen, wie viel Spaß es macht, Tieren und Pflanzen ein Zuhause zu schaffen und sie vorsichtig zu beobachten.

1 Auf diesem Schulhof fühlen sich weder Mensch noch Tier noch Pflanze wohl. Das geht auch besser!

2 Die Trockenmauer bietet vielen Tieren und Pflanzen ein Zuhause.

Schritte und Tipps für euer Naturschutzprojekt

Vorbereitung

Besprecht, was ihr unternehmen wollt. Die Mindmap hilft euch dabei. Ergänzt eure Ideen.

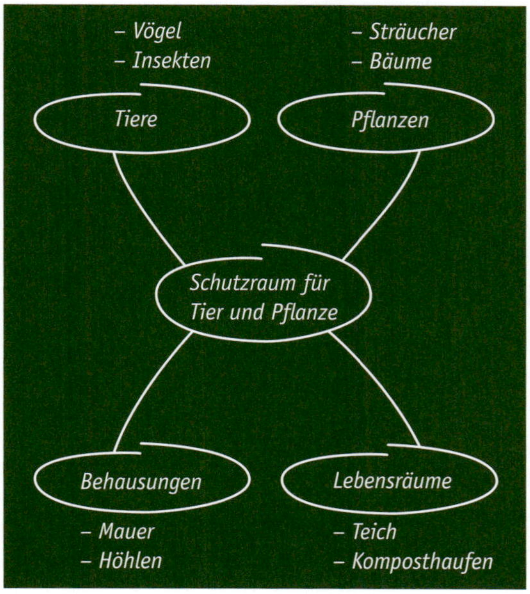

3 Mindmap zum Naturschutz

4 Teich

Planung

Überlegt, welche Informationen ihr braucht:

- Bücher über Naturschutz
- Informationen aus dem Internet über ähnliche Projekte

Welche Materialien braucht ihr?

- Holz
- Werkzeuge
- Pflanzen

Durchführung

Bildet Arbeitsgruppen und verteilt die Aufgaben:

- Wie viele Schüler sind in einer Gruppe?
- Welche Gruppe übernimmt welche Aufgabe?
- Erledigt die verteilten Aufgaben in den Gruppen.

Abschluss und Präsentation

Überprüft eure Ergebnisse. Wertet sie mit den anderen Gruppen der Klasse aus.

- Welche Probleme gab es?
- Was ist gelungen?
- Was müssen wir das nächste Mal besser machen?

Überlegt, wie ihr die Ergebnisse den anderen Klassen, euren Eltern und Bekannten präsentieren könnt:

- durch ein Fest
- durch eine Führung
- mit einer Zeitung

5 Komposthaufen

6 Es ist spannend, Tiere zu beobachten.

In Urlaubsländern gibt es interessante Tiere zu bewundern. Manchmal sind wir so begeistert, dass wir diese Tiere am liebsten mit nach Hause nehmen wollen. Viele tun das in Form einer Muschel oder sogar eines ausgestopften Tieres. Dabei ist es oft verboten, solche Andenken mitzubringen, denn Natur- und Artenschutz kennt keine Grenzen. Siehe selbst, warum das so ist.

1 Tiere mitnehmen verboten

Auch in Urlaubsländern sind Tiere bedroht

Verbotene Muscheln

Von Nord- und Ostseestränden darf man so viele leere Muscheln mitnehmen, wie man möchte. In Afrika oder Thailand gibt es dabei aber Probleme. Die Riesenmuscheln werden dort an Urlauber verkauft. → 2 Man weiß allerdings nicht, ob die Muscheln noch gelebt haben, als sie gesammelt wurden. Deshalb ist es verboten, sie als Andenken mitzunehmen.

Krokodile – große Räuber in Gefahr

Krokodilhaut ist wegen ihres weichen Leders sehr begehrt. Viele Tiere wurden deshalb abgeschossen, sodass Krokodile heute stark gefährdet sind. → 4 Sie stehen seit vielen Jahren unter Schutz. Auch der Handel mit Krokodilleder wurde stark eingeschränkt. Trotz strenger Verbote werden auch heute noch viele Krokodile von Wilderern getötet und ihre Teile an Touristen verkauft.

2 Riesenmuschel

3 Ein vom Zoll beschlagnahmter Schildkrötenpanzer

Washingtoner Artenschutzübereinkommen

4 Nilkrokodil

5 Landschildkröte

Ein Gesetz, das Tiere schützt

Im Jahr 1973 trafen sich Politiker einiger Länder in Amerika in der Stadt Washington. Sie stellten fest, dass viele Tiere durch Bejagung und Zerstörung ihrer Lebensräume ganz selten geworden sind. Um das Überleben möglichst vieler Tierarten zu sichern, verabschiedeten sie ein Gesetz zum Schutz dieser Tiere. Nach dem Ort des Treffens heißt es „**Washingtoner Artenschutzübereinkommen**". Nach diesem Gesetz ist es verboten, wild lebende Tiere wie Riesenmuscheln oder Schildkröten an andere Orte zu bringen oder sie zu verkaufen. Menschen, die sich nicht an dieses Gesetz halten, werden bestraft.

Die Landschildkröte braucht ihren Lebensraum

Die Heimat der Landschildkröte ist die Türkei. → 5 Durch den Bau von Straßen und Häusern und den Einsatz von Pflanzenschutzmitteln gibt es nur noch ganz wenige Landschildkröten. Deswegen ist es auch verboten, diese Tiere mit in andere Länder zu nehmen.

→ Merk dir! **Wild lebende Tiere oder Teile von Tieren dürfen aus anderen Ländern nicht mit nach Hause genommen werden. Dies schreibt ein Gesetz vor, das „Washingtoner Artenschutzübereinkommen".**

Arbeitsaufträge

1. Informiere dich im Internet, welche Tiere in der Türkei und in Spanien bedroht sind. Nutze dafür die Seite www.artenschutz-online.de. Dort kann man die bedrohten Arten für jedes Land nachsehen.
2. Erstelle mithilfe dieser Informationen den Steckbrief einer gefährdeten Tierart.
3. Jakob war letzten Sommer mit seiner Familie im Urlaub in der Türkei. Bei einem Spaziergang entdeckte er eine Schildkröte, die ihm gut gefiel. Nach einem Gespräch mit seinen Eltern durfte Jakob die Schildkröte schließlich mitnehmen. Am Flughafen gab es jedoch großen Ärger mit dem Zoll. Erkläre, warum.

Was lebt in der Nachbarschaft?

In deiner Umgebung leben viele verschiedene Pflanzen und Tiere, die gut an diesen Lebensraum angepasst sind. (Siehe Seite 156.)

Bäume verschönern nicht nur die Straßen, Gärten und Parks. Für viele Tiere sind sie ein Zuhause. (Siehe Seite 158.)

Hecken sind Lebensräume mit sehr unterschiedlichen Lebensbedingungen. Sie bieten vielen Tieren und Pflanzen Lebensraum. (Siehe Seite 164–169.)

Insekten sind die artenreichste Tierklasse auf der Welt und kommen in fast allen Lebensräumen vor. (Siehe Seite 170–175.)

➔ Mit verschiedenen Untersuchungsmethoden kannst du einen bestimmten Lebensraum erfassen und die Funde bestimmen. (Siehe Seite 178.)

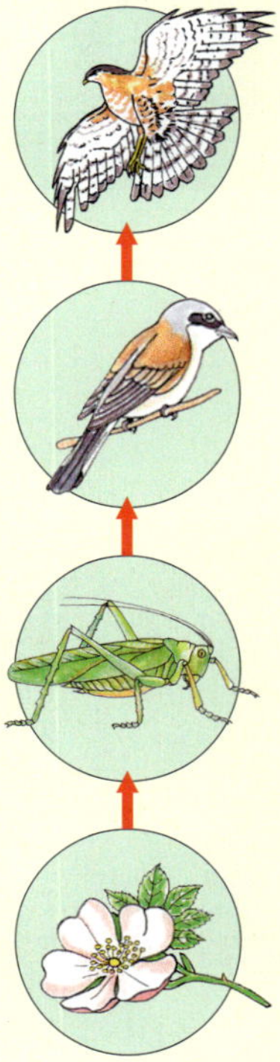

➔ Lebewesen stehen in Nahrungsbeziehungen zueinander. Sie bilden Nahrungsketten oder Nahrungsnetze. (Siehe Seite 180.)

➔ Pflanzen erzeugen wichtige energiereiche Stoffe, die von Tieren wieder verbraucht werden. Zersetzer schließen die Nahrungsketten zu Stoffkreisläufen. (Siehe Seite 182.)

➔ Der Artenschutz regelt den Schutz von Tier- und Pflanzenarten. Die Rote Liste stellt bedrohte Tier- und Pflanzenarten unter Schutz. (Siehe Seite 185.)

1 Hecke am Feldrand

1. „Ein Baum ist ein Lebewesen." – „Ein Baum ist ein Lebensraum."
Welche Aussage ist richtig? Begründe. → 1

2. Wie legst du eine Blattsammlung an? → 2
Zähle die einzelnen Schritte auf, wie du dabei vorgehst.

- **a** Nenne Gesichtspunkte, nach denen du deine Blätter ordnen kannst.
- **b** Beschreibe, wie du deine Blattsammlung für längere Zeit haltbar machen kannst.

2 Blattsammlung

3. Gartenbesitzer Maier will eine Ligusterhecke pflanzen. Sie ist ganzjährig grün, leicht zu schneiden und bietet Sichtschutz vor neugierigen Nachbarn.
Gartenbesitzer Müller legt eine Hecke mit Schwarzdorn, Heckenrose, Holunder und Weißdorn an. Im Winter ist diese Hecke fast kahl, die meisten Blätter sind abgefallen. Die Hecke ist stachlig – das wird beim Schneiden nicht einfach werden. Begründe, wer von beiden für Tiere in der Stadt den besseren Lebensraum angelegt hat.

4. Das Erfolgsmodell Insekt hat immer den gleichen Grundbauplan.

- **a** Wie ist der Körper eines Insekts aufgebaut?
- **b** Nenne wesentliche Unterschiede zwischen den Insekten und den Wirbeltieren.

5. Zwischen Tieren und Pflanzen bestehen unterschiedliche Nahrungsbeziehungen.

- **a** Erkläre die Begriffe Nahrungskette und Nahrungsnetz.
- **b** Ordne die abgebildeten Lebewesen aus Abbildung 3 in einer Tabelle mit drei Spalten. Unterscheide zwischen Erzeugern, Verbrauchern und Zersetzern in deiner Tabelle.
- **c** Erstelle aus mindestens drei dieser Lebewesen eine Nahrungskette.
- **d** Erstelle zwei weitere Nahrungsketten und kombiniere alle Ketten in einem Nahrungsnetz.

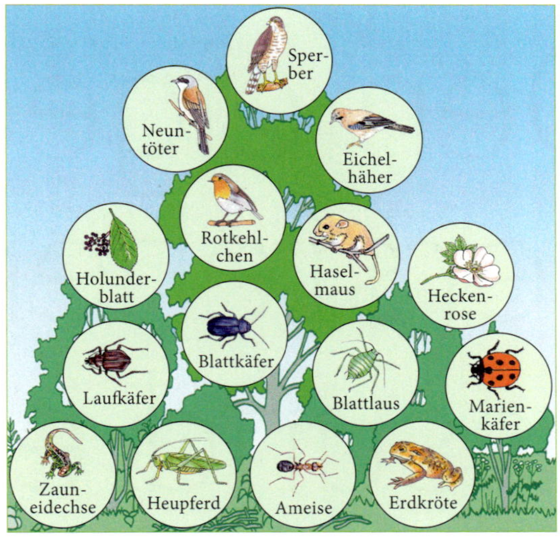

3 Bewohner in einer Hecke

6. Stelle mit folgenden Lebewesen ein Schema für einen Stoffkreislauf her: Heckenrose, Marienkäfer, Blattlaus, Amsel, Zauneidechse, Regenwurm, Sperber.

7. Nenne Ziele von Naturschutzverbänden. → 4

4 Naturschutzverbände

Ordne deiner Lösung im Heft ein Smiley zu:

☺ Ich habe die Aufgabe richtig lösen können.

😐 Ich habe die Aufgabe nicht komplett lösen können.

☹ Ich habe die Aufgabe nicht lösen können.

Aufgabe	Fähigkeit	Hilfe findest du auf Seite …
1	Ich kann den Baum als Lebensraum beschreiben.	158
2	Ich kann eine Blattsammlung anlegen und ordnen.	160
3	Ich kann beschreiben, wie eine Hecke aufgebaut ist und welche Bedeutung Hecken haben.	164
4	Ich kenne den Körperbau der Insekten und kann Unterschiede zu den Wirbeltieren aufzeigen.	170, 172
5	Ich kann eine Nahrungskette und ein Nahrungsnetz entwickeln und erklären, wie Lebewesen in einem Lebensraum wechselseitig voneinander abhängen.	180
6	Ich weiß, was ein Stoffkreislauf ist, und kann Lebewesen in Erzeuger, Verbraucher und Zersetzer einordnen.	182
7	Ich kann die Begriffe Naturschutz und Artenschutz erklären.	184

Den eigenen Körper verstehen und gesund erhalten

Überall hörst und liest du, dass du gesund leben sollst. Müsli essen ist gesund und Sport treiben auch. Aber was heißt denn eigentlich genau, gesund zu leben, und warum ist das denn so wichtig? Kann ich nicht einfach essen, was mir schmeckt, und tun und lassen, wonach mir ist? Dein Körper funktioniert scheinbar automatisch, doch dahinter verbirgt sich ein wahres Wunderwerk. Alle Einzelteile müssen wie ein Team perfekt zusammenarbeiten.

1 Was macht ein Körper eigentlich mit dem Essen? (Siehe Seite 202.)

2 Wann bin ich zu dick und wann zu dünn? (Siehe Seite 206.)

3 Zweimal am Tag Zähne putzen! Ist doch selbstverständlich! Oder? (Siehe Seite 208.)

4 Wie funktioniert das Strecken und Beugen von Armen und Beinen? (Siehe Seite 212.)

5 Wie kann man Rückenschmerzen vorbeugen? (Siehe Seite 218.)

6 Wenn wir Sport treiben, atmen wir schneller. Warum ist das so? (Siehe Seite 224.)

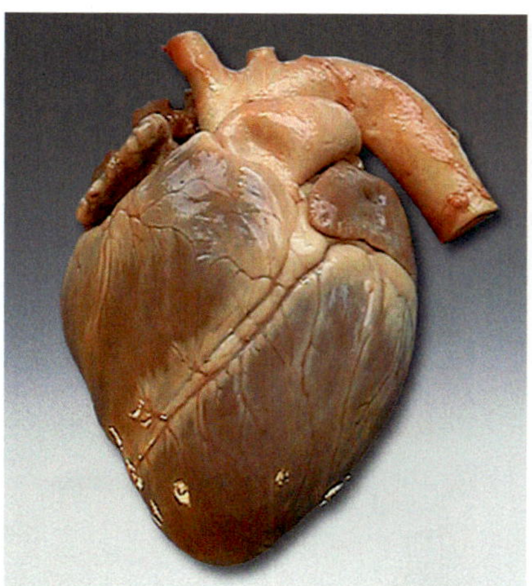

7 Das Herz arbeitet Tag und Nacht. Aber was genau ist seine Aufgabe? (Siehe Seite 228.)

8 Auf den ersten Blick sieht Blut wie Tomatensaft aus. Warum ist Blut aber etwas Besonderes? (Siehe Seite 230.)

Du bist einmalig. Aber dein Körper ist genauso aufgebaut wie der aller anderen Menschen. Er besteht aus vielen Einzelteilen. Diese müssen miteinander funktionieren, damit du dich bewegen, atmen, denken – einfach leben kannst. Doch was benötigt der Körper dazu?

1 Trotz aller äußeren Unterschiede sind wir innen doch alle gleich.

Ohne Energie läuft nichts!

Der Körper – eine Maschine?

Eine Maschine oder ein Auto braucht Energie, um sich zu bewegen oder zu fahren. Die dafür nötige Energie liefern Strom, Öl oder Benzin. → 2

Die energiereichen Kraftstoffe werden im Motor eines Autos mit Sauerstoff verbrannt und in Bewegungsenergie umgewandelt. Ohne Benzin bleibt das Auto stehen. Auch dein Körper bewegt sich und braucht Energie, die in unseren Lebensmitteln steckt. → 3

Wunderwerk Körper

Beim Sport muss sich dein Körper richtig anstrengen. Du kannst die verschiedenen Aufgaben, die er leisten muss, spüren. → 4

Knochen, Gelenke und Muskeln arbeiten bei jedem Sprung und jeder Bewegung zusammen. Das Herz klopft schneller und pumpt Blut durch die Gefäße. Du musst beim schnellen Laufen heftiger atmen und spürst deine Lunge in der Brust. Augen und Ohren nehmen deine Mitspieler in der Umgebung wahr. Dein Gehirn und deine Nerven steu-

2 Benzin liefert Energie für das Auto.

3 Nahrung liefert dir Energie.

4 Körperliche Leistung beim Sport

5 Energiebedarf und Anstrengung (pro Stunde)

ern deine Bewegungen. Durch dieses Zusammenspiel kannst du schnell reagieren, wenn der Ball geflogen kommt.

Dein Körper braucht ständig Energie

Ein Auto verbraucht nur Benzin, wenn der Motor läuft. Im Gegensatz dazu hat unser Körper auch dann einen Bedarf an Energie, wenn er ruht. Deine Organe wie Herz, Lunge und Darm arbeiten auch, wenn du schläfst. Je mehr du dich anstrengst, desto mehr Energie benötigt dein Körper. Beim Inlineskaten hat dein Körper also einen höheren Energiebedarf als beim Schlafen. → 5 Die notwendige Energie dafür liefern **Nährstoffe** aus unserer Nahrung.

Brennwert

Du weißt sicher, dass es Brennstoffe gibt, die mehr oder weniger gut heizen. Papier und Stroh verbrennen schneller als hartes Holz. Die Energie, die der Brennstoff für das Feuer liefert, nennt man **Brennwert**. Auch Lebensmittel haben unterschiedliche Brennwerte. → 6 Sie liefern uns je nach Zusammensetzung mehr oder weniger Energie, die in Kilojoule (kJ) oder Kilokalorien (kcal) gemessen wird.

6 Ein Kopfsalat hat nur 134 kJ, eine Portion Pommes mit Mayonnaise dagegen 4200 kJ.

→ Merk dir! Wir besitzen in unserem Körper viele Organe, die verschiedene Aufgaben haben. Um diese Aufgaben bewältigen zu können, braucht der Körper ständig Energie. Diese Energie liefert uns die Nahrung.

Arbeitsaufträge

1. Wenn du morgens aufwachst, hast du Hunger, obwohl du nur geschlafen hast. Erkläre, warum das so ist.
2. Suche aus dem Küchenschrank verschiedene Verpackungen von Lebensmitteln heraus und schreibe die Brennwerte in kJ und kcal auf.

Jakob sagt, dass seine Eltern Wert auf gesunde Ernährung legen und ihm viel Obst und Gemüse mit in die Schule geben. Lena meint: „Es ist doch egal, was ich in der Pause esse. Hauptsache man wird satt."
Hat Lena recht? Ist es unwichtig, was man isst?

1 Obst oder Schokolade?

Was steckt in unserer Nahrung?

Nahrung aus Pflanzen und Tieren

Alles, was wir essen, stammt von Pflanzen oder Tieren: Obst, Gemüse, Salat und Getreide sowie Fleisch, Fisch, Eier und Käse. → 2 Diese Lebensmittel enthalten die Nährstoffe Kohlenhydrate, Eiweiß und Fett – jedoch in sehr unterschiedlicher Zusammensetzung. Manche Lebensmittel enthalten fast nur einen Nährstoff. Sahnetorte enthält sehr viel Fett. Isst du davon, wirst du zwar satt, aber dir fehlen wichtige „Fitmacher".

Kohlenhydrate

Sie versorgen deinen Körper mit der Energie, die du für deine Tätigkeiten und für die Aufrechterhaltung deiner Körpertemperatur brauchst. **Kohlenhydrate** stecken als Zucker oder Stärke in Lebensmitteln wie Kartoffeln, Brot, Nudeln, Reis, Gemüse und Obst. → 3 **Ballaststoffe** gehören ebenfalls zu den Kohlenhydraten. Das sind unverdauliche Nahrungsbestandteile, die keine Energie liefern, aber die Verdauung fördern.

2 Lebensmittel enthalten Nährstoffe.

3 Kohlenhydrathaltige Lebensmittel

4 Fettreiche Lebensmittel

5 Eiweißreiche Lebensmittel

Fett

Sahne, Käse, Wurst, Nüsse und Öle sind reich an **Fetten**. → 4 Sie liefern sehr viel Energie, deshalb brauchst du nur wenig davon zu essen. Die Fettpolster unter der Haut schützen unseren Körper vor Auskühlung und Stößen.

Eiweiß

Dein Körper braucht **Eiweiß**, um zu wachsen, um Körperzellen zu erneuern und zu reparieren. Nicht nur Fleisch, Fisch, Eier und Milchprodukte enthalten **Eiweiß**, sondern auch Getreide und Hülsenfrüchte. → 5

Ergänzungsstoffe

Neben den Nährstoffen benötigen wir auch **Vitamine** und **Mineralstoffe**, um gesund zu bleiben. Vitamin C stärkt die Abwehrkraft. Es steckt vor allem im Obst. Calcium ist ein Mineralstoff, der wichtig für den Aufbau von Zähnen und Knochen ist.

→ **Merk dir!** Alle Lebensmittel stammen von Pflanzen oder Tieren. Sie enthalten die Nährstoffe Kohlenhydrate, Eiweiße und Fett. Vitamine und Mineralstoffe sind für Körperfunktionen lebenswichtig.

Arbeitsaufträge

1. Schreibe auf, was du heute zum Frühstück gegessen hast. Nenne die Nährstoffe, die darin enthalten waren. → 3–5
2. Stelle mithilfe von Vitamin-C-Teststreifen fest, wie viel Vitamin C in folgenden Lebensmitteln enthalten ist: frischer Zitronensaft, heißer Zitronensaft, frisch geriebener Apfel, selbst gekochtes Apfelmus.
   - **a** Notiere deine Ergebnisse.
   - **b** Apfelmus enthält weniger Vitamin C als die gleiche Menge eines geriebenen Apfels. Schließe daraus, wie Vitamin-C-reiche Lebensmittel zubereitet werden sollten.

Wir untersuchen Lebensmittel

1. Wie weist man Stärke nach?

Ihr braucht: Petrischalen, Pipette, verschiedene Lebensmittel wie Kartoffel, Mehl, Zucker, Eiweiß, Nudeln, Wurst und Iod-Kaliumiodid-Lösung.

Fülle von jedem Lebensmittel etwa einen Teelöffel in je eine Petrischale. Gib einige Tropfen der Lösung darauf. Diese Lösung färbt Stärke blauviolett. → 1

Schreibe ein Protokoll. Notiere darin deine Beobachtungen in einer Tabelle. Gib an, welche Nahrungsmittel sich besonders stark und welche sich schwach oder gar nicht färben. Erläutere deine Ergebnisse.

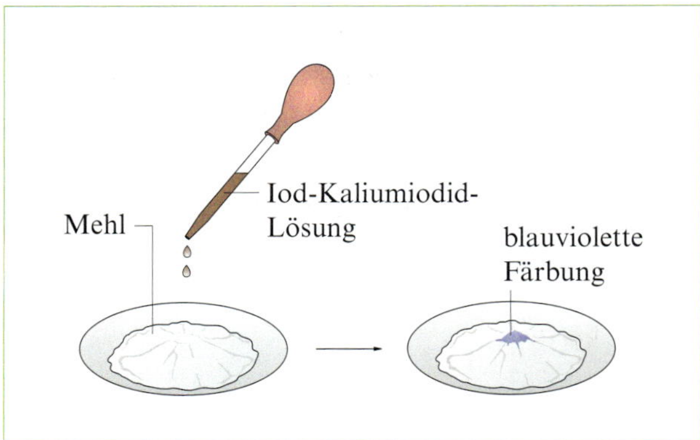

1 Nachweis von Stärke

2. Zuckersüß?

Zuckerhaltige Nahrungsmittel schmecken süß. Da reicht der Geschmackstest. Geringe Mengen von Traubenzucker können durch die Verfärbung von Zuckerteststäbchen nachgewiesen werden. → 2

Ihr braucht: Petrischalen, Zuckerteststreifen, Zitronensaft, Honig, Milch, Säfte, Cola.

Fülle in jede Petrischale etwas von der zu untersuchenden Flüssigkeit und tauche einen Teststreifen ein. An der Veränderung der Farbe kannst du ablesen, ob und wie viel Traubenzucker darin enthalten ist.

Notiere, wo viel und wo wenig Zucker enthalten ist.

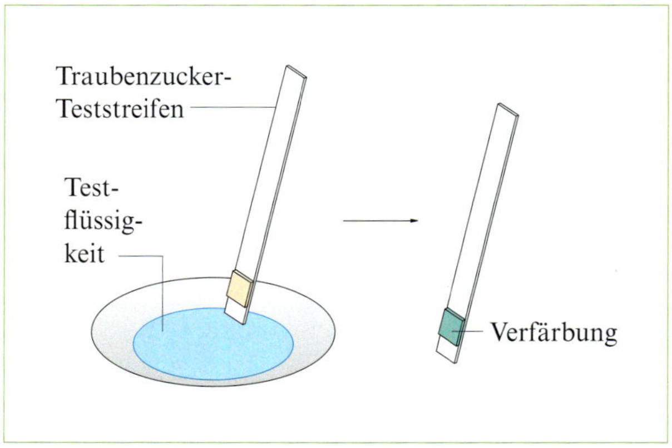

2 Nachweis von Zucker

3. Welche Nahrungsmittel sind eiweißreich?

Ihr braucht: Reagenzglas, Pipette, Eiklarlösung, Orangensaft, Milch, Zitronensaft.

Gib etwas Eiklarlösung in das Reagenzglas. Füge einige Tropfen Zitronensaft hinzu. Die Flocken zeigen Eiweiße an. → 3

Prüfe die anderen Lebensmittel.

Notiere deine Ergebnisse.

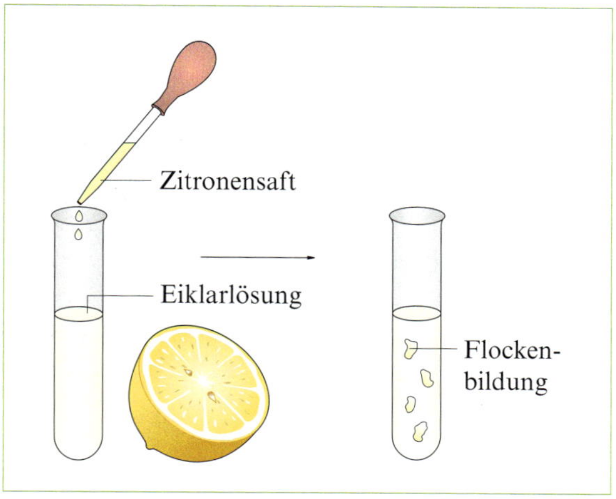

3 Nachweis von Eiweiß

4. Viel oder wenig Fett?

Ihr braucht: Löschpapier, Pipette, Butter, Wurst, Eiweiß, Orangensaft, Cola, Käse, Brühe, Speiseöl.

Nimm ein Blatt Löschpapier und tropfe etwas Speiseöl darauf. Halte das Blatt gegen das Licht. Fetthaltige Nahrungsmittel hinterlassen einen durchscheinenden Fettfleck. → 4

Prüfe die Lebensmittel auf Fett.

Notiere deine Ergebnisse.

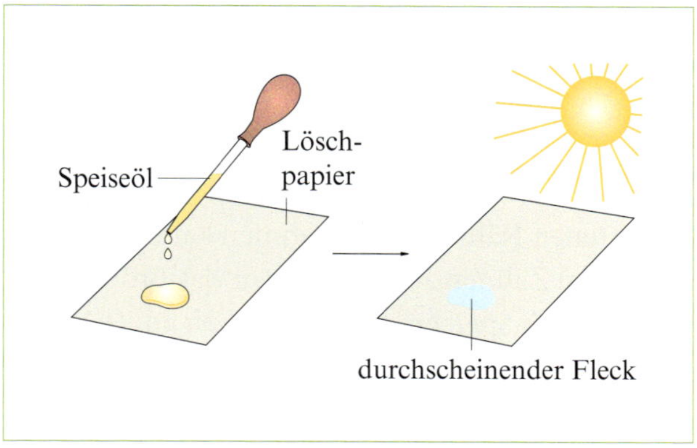

4 Nachweis von Fett

Guten Appetit!
Du beißt ab, kaust und schluckst den Bissen herunter. Das Brötchen verschwindet in deinem Bauch. Nach einiger Zeit bist du satt.
Aber was passiert mit dem Brötchen in deinem Körper?

1 Von der Hand, in den Mund, in den Bauch – und dann?

Was passiert mit dem Frühstücksbrötchen?

Die Verdauung beginnt im Mund

Die Nahrung muss in kleinste Teile zerlegt werden, damit dein Körper die darin enthaltenen Nährstoffe aufnehmen kann. → 2 Mit den Zähnen zerkleinern wir das Brötchen. Durch Speichel wird der Bissen angefeuchtet und durch die **Speiseröhre** in den Magen hinuntergeschluckt.

Magen

Im **Magen** wird der Speisebrei mit dem Magensaft vermischt und gesammelt. → 3 Der

2 Deine Verdauungsorgane verarbeiten fast alle Teile des Brötchens.

After
Dickdarm
Dünndarm
Magen
Speiseröhre

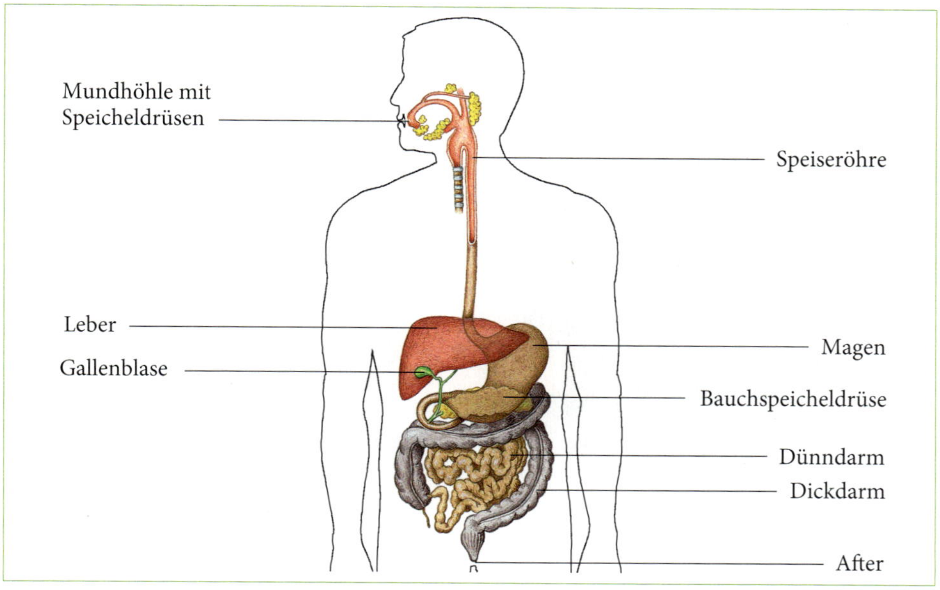

3 Die Nahrung braucht einen Tag, um alle Verdauungsorgane deines Körpers zu durchwandern.

Magensaft tötet Bakterien ab und zerlegt die Eiweißstoffe des Käses in kleinere Bausteine.

Dünndarm

Aus dem Magen wird der Speisebrei in kleinen Portionen in den **Dünndarm** weitergeleitet. → 3 Die Gallenblase gibt Galle zum Verdauungsbrei, die das Fett in winzige Tröpfchen zerlegt. Die Säfte aus der Bauchspeicheldrüse zerlegen die Reste deines Brötchens nun vollständig. Im Dünndarm treffen die Nährstoffe auf Millionen von Darmzotten. Sie kleiden die Wand des 3 bis 5 Meter langen Dünndarms aus und vergrößern seine innere Oberfläche um ein Vielfaches. An jeder Darmzotte kann so eine große Zahl von Nährstoffen in das Blut gelangen und zu den Körperzellen transportiert werden.

Dickdarm

Im **Dickdarm** wird den nicht verdauten Überresten der Nahrung das Wasser entzogen und wieder in den Körper zurückgeführt.→ 3 So wird der unverdauliche Rest des Brötchens als Kot über den **After** ausgeschieden.

→ **Merk dir!** Die Nahrung wird bei der Verdauung in kleinste Bausteine zerlegt. Die Nährstoffe gelangen ins Blut und werden zu allen Körperzellen transportiert. Die unverdaulichen Stoffe scheidet der Körper aus.

Arbeitsaufträge

1. Nenne die Verdauungsorgane.

2. Erkläre, was an den einzelnen Stationen der Verdauung passiert. Kannst du im Handstand etwas essen und trinken? Probiere es aus. Finde eine Erklärung für das Ergebnis.

3. Die innere Oberfläche des Dünndarms ist stark vergrößert.
- **a** Erkläre, wie die Vergrößerung der Oberfläche zustande kommt.
- **b** Erläutere, welchen Vorteil die Oberflächenvergrößerung bei der Verdauung hat.

Hmm! – Pommes, Hamburger und Cola sind schon lecker! Doch bitte nur ab und zu. Zu viel davon ist ungesund. Doch wie ernährt man sich gesund?

1 Lecker, aber auch gesund?

Pizza, Pommes, Schokolade – alles verboten?

Die Mischung macht es

Wer sich nur von Pommes oder Süßigkeiten ernährt, kann auf Dauer nicht gesund bleiben. Achte schon beim Einkauf darauf, dass nicht nur Fertiggerichte und Schokolade im Korb liegen. → 2 Nimm eine gute Mischung der verschiedenen Lebensmittel zu dir. Der **Ernährungskreis** hilft dir. → 3

Essen soll nicht nur satt machen

Du sollst dich dabei auch wohlfühlen. An einem schön gedeckten Tisch mit der Familie ein schönes Essen zu genießen ist für viele Menschen der Höhepunkt eines Tages. → 4 Wenn auch die **Dreiviertel-Teller-Regel** eingehalten wird, ist gesunde Ernährung nicht schwer. Dazu füllst du drei Viertel deines

2 Ein gesunder Einkauf

3 Ernährungskreis

Dreiviertel-Teller-Regel

Ernährungskreis

4 Beim Essen ist auch eine nette Umgebung wichtig.

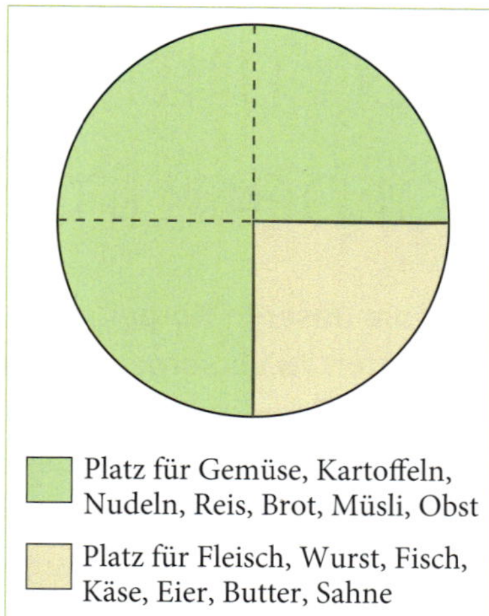

5 Dreiviertel-Teller-Regel

Tellers mit Gemüse, Obst, Nudeln, Reis, Kartoffeln oder Brot. Nur auf das letzte Viertel kommen Fleisch, Fisch, Wurst, Käse oder Eier. → 5 Damit hast du eine gesunde Mischung von allen wichtigen Nährstoffen in der richtigen Menge auf deinem Teller.

Trinken ist lebenswichtig

Dein Körper verliert durch Schwitzen und den Harn Flüssigkeit. Deshalb musst du regelmäßig trinken. Dabei ist aber nicht nur die ausreichende Menge wichtig, sondern auch was du trinkst. Süße Limo und Cola enthalten viel Zucker. Mineralwasser und Saftschorle sind gesund und du kannst davon trinken, so viel du willst. → 6 Jugendliche zwischen 11 und 14 Jahren sollen etwa 1 bis 1 ½ Liter am Tag trinken.

6 Trinken ist lebenswichtig.

> **Merk dir!** Ernähre dich abwechslungsreich. Achte beim Trinken auf zuckerarme Getränke.

Arbeitsaufträge

1. Übernimm Abbildung 5 in dein Heft. Befülle nun deinen Teller nach der Dreiviertel-Teller-Regel. Zeichne die Lebensmittel in die Felder.

2. Gehe in den Supermarkt. Sieh dir die Etiketten von mindestens zehn Getränken an und notiere ihren Zuckergehalt. Begründe, welche Getränke du deinem Freund/deiner Freundin als Durstlöscher empfehlen würdest.

Wie gehe ich mit meinem Körper um?

Wir essen nicht nur, um unseren Körper mit den notwendigen Nährstoffen zu versorgen, sondern auch aus vielen anderen Gründen. Wir belohnen uns mit Süßigkeiten oder anderen Leckereien. Manchmal essen wir aber auch aus Langeweile oder weil wir sauer oder traurig sind.
Doch was passiert, wenn wir unser Essverhalten nicht mehr regulieren können? Kann man süchtig nach Essen werden oder süchtig danach sein, nicht mehr zu essen? Findet es in einem Projekt heraus.

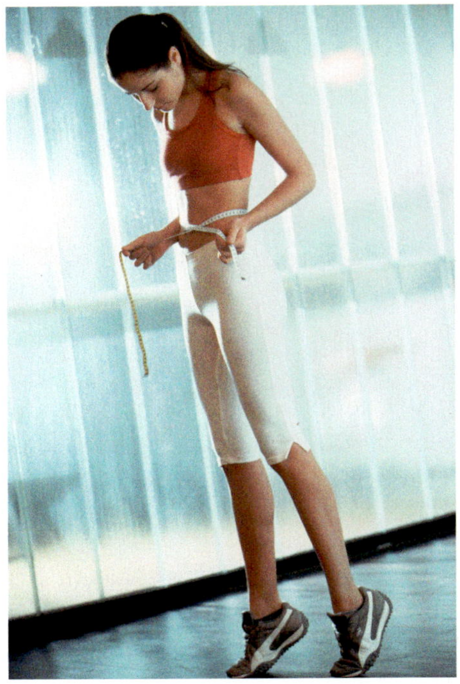

1 Nur wenn ich dünn bin, fühle ich mich wohl.

2 Nur wenn ich esse, fühle ich mich wohl.

Du sollst dich in deinem Körper wohlfühlen. Als Orientierung zu deinem Gewicht gibt es den **Body-Mass-Index.**
Liegt er zwischen 18 und 25, hast du ein normales Gewicht.

$$\text{BMI} = \frac{\text{Körpergewicht in kg}}{(\text{Körpergröße in m})^2}$$

Beispiel:

- Ina, 13 Jahre alt
- 1,56 m groß
- 46 kg schwer

Rechnung:

$1{,}56\,\text{m} \cdot 1{,}56\,\text{m} = 2{,}43\,\text{m}^2$

$$\frac{46\,\text{kg}}{2{,}43\,\text{m}^2} = 19$$

Lösung: Der BMI ist 19.
Ina hat ein normales Gewicht.

3 Das richtige Gewicht

Schritte und Tipps für euer Projekt

Vorbereitung
Besprecht, was ihr unternehmen wollt.
Die Mindmap hilft euch dabei. → 4

Planung
Welche Informationen und Materialien braucht ihr?
- Informationsmaterial der BZgA (z.B. www.bzga-essstoerungen.de)
- Informationen vom Arzt oder aus der Apotheke
- Befragung von Mitschülern im Interview oder mit einem Fragebogen
- Bücher und Zeitschriften
- Plakate und Stifte für eine Präsentation

Durchführung
Bildet Arbeitsgruppen und verteilt die Aufgaben:
- Wie viele Schüler sind in einer Gruppe?
- Wer interessiert sich für welches Thema?
- Wie kann ein Fragebogen aussehen?

Erledigt die verteilten Aufgaben in den Gruppen.

Abschluss und Präsentation
Stellt eure Ergebnisse in der Schule aus.
Wie wollt ihr eure Ergebnisse präsentieren?
- Poster oder Wandzeitung
- Film oder Tonaufnahme
- Ausstellung „Wie gehe ich mit meinem Körper um?“
- Stand mit Informationsmaterial und Berechnung des Body-Mass-Index für Besucher
- Projekttag

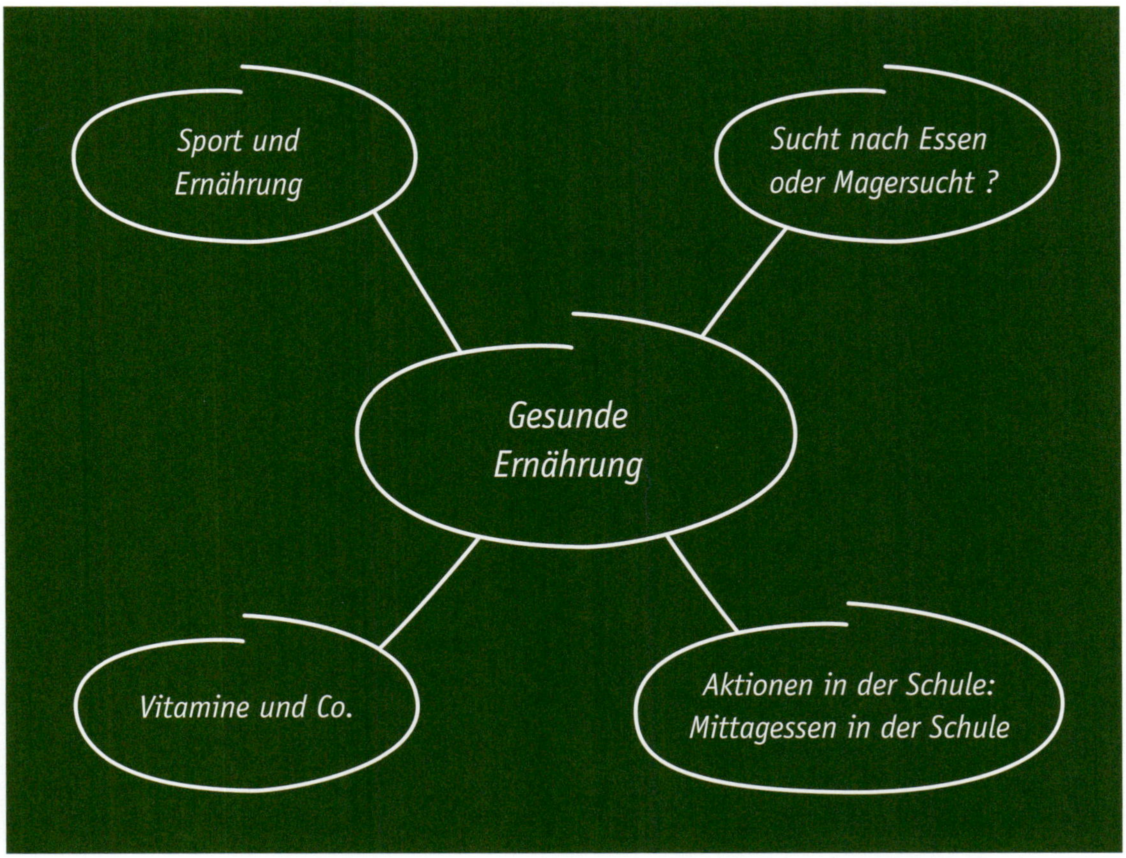

4 Mindmap zur gesunden Ernährung

Tarek verzieht das Gesicht „Aua – mein Zahn tut weh!" Alex meint, Tarek hat wohl ein Loch im Zahn und sollte schnell zum Zahnarzt gehen.
Was musst du tun, um deine Zähne gesund zu erhalten?

1 Was kann Tarek für seine Zähne tun?

Gesunde Zähne

Werkzeuge zum Kauen

Deine **Zähne** zerkleinern die Nahrung im Mund. Mit zwei Jahren haben wir ein vollständiges **Milchgebiss** aus 20 Milchzähnen. Bis zu deinem zwölften Lebensjahr werden die Milchzähne durch bleibende Zähne ersetzt, die du bis an das Lebensende hast und gesund erhalten musst. Eine gute Pflege der Zähne ist daher wichtig.

Die Zähne in deinem Gebiss haben nicht alle die gleiche Form. Man unterscheidet Schneide-, Eck- und Backenzähne. → **2** Sie sind zum Abschneiden, Reißen und Zerreiben der Nahrung da.

Aufbau der Zähne

Alle deine Zähne sind gleich aufgebaut. Sie sind in Zahnkrone, Zahnhals und Zahnwurzel gegliedert und bestehen aus mehreren

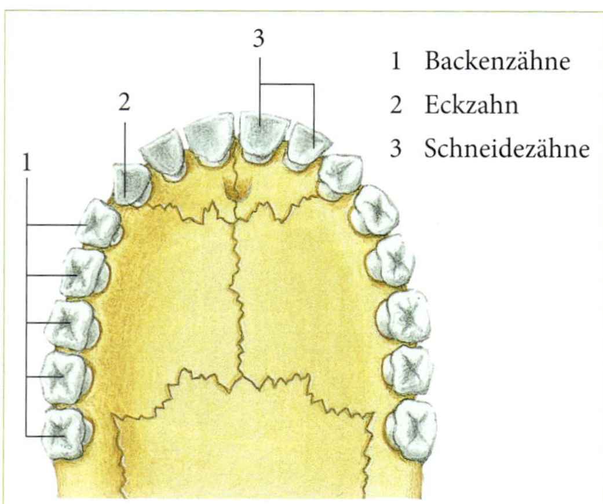

2 Oberkiefer

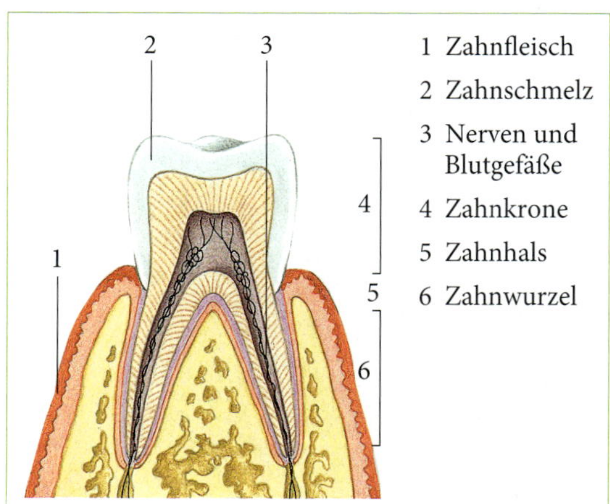

3 Schnitt durch einen Backenzahn

Karies
Milchgebiss
Zähne

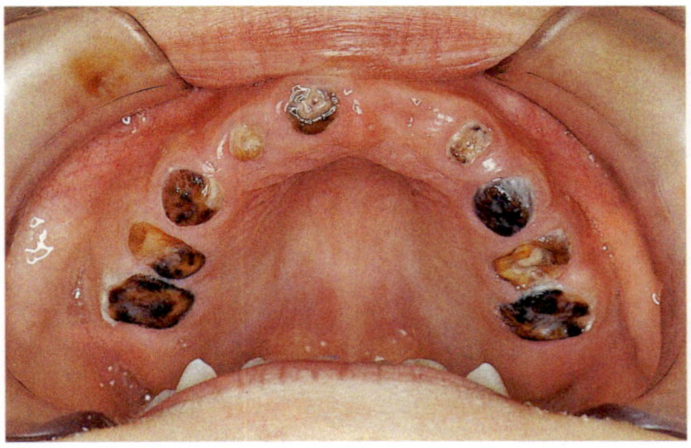

4 Ungepflegte Zähne bekommen Karies.

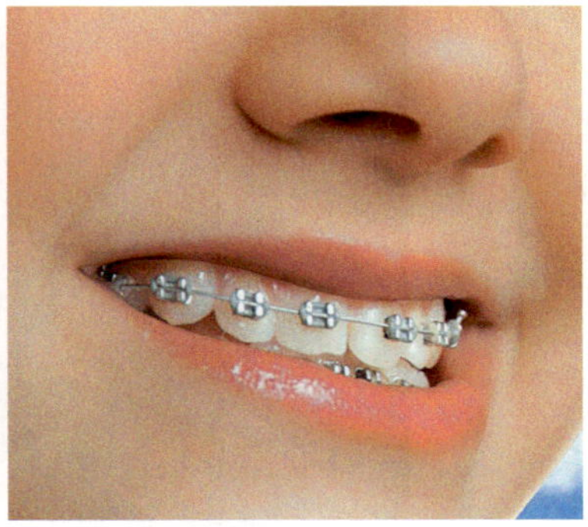

5 Zahnspange

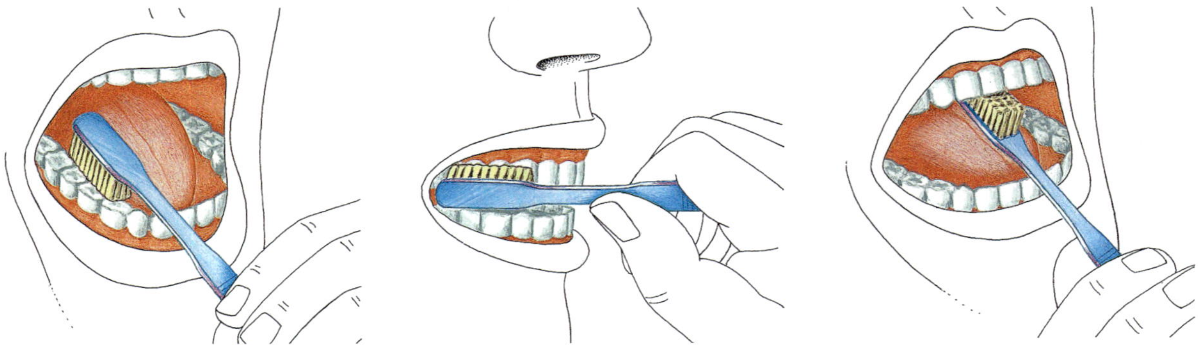

6 So putzt du deine Zähne richtig.

Schichten. → 3 Die Krone ist von hartem Zahnschmelz umhüllt. Er schützt den Zahn. Im Innern wird der Zahn von Blutgefäßen und Nerven durchzogen, die dir schmerzhaft melden, wenn du ein Loch darin hast.

Pflege und Kontrolle

Werden Zähne nicht richtig geputzt, entstehen Zahnbelag und schmerzhafte Zahnfleischentzündungen. Im Zahnbelag sind Speisereste, Speichel und Bakterien. Diese Bakterien können vor allem mit Zucker eine Säure bilden, die deinen Zahnschmelz angreift. Schnell kann ein Loch entstehen. Wird diese **Karies** nicht behandelt, kann der Zahn verfaulen und absterben. → 4 Deshalb solltest du regelmäßig zur Kontrolle zum Zahnarzt gehen. Der Zahnarzt kann auch schiefe Zähne mit einer Zahnspange in die gesunde Form bringen. → 5

→ Merk dir! **Die Zähne sind zum Zerkleinern der Nahrung wichtig. Sie müssen gut gepflegt und regelmäßig vom Zahnarzt kontrolliert werden.**

Arbeitsaufträge

1. Notiere, mit welchen Zähnen du abbeißt und mit welchen Zähnen du kaust.
2. Tarek hat Zahnschmerzen. Erkläre Tarek, was er vielleicht falsch gemacht hat.
3. Sammle aus Zeitschriften Werbefotos von lachenden Menschen. Betrachte die Menschen und ihre Zähne. Erkläre, was die Zähne uns vermitteln sollen.

Dein Körper kann Erstaunliches leisten. Er ist belastbar, fest und doch beweglich. Wie macht er das?

1 Kunstturnerin

Stabil und doch beweglich

Das Skelett

Das **Skelett** besteht aus über 200 Knochen. Sie sind das Gerüst deines Körpers. Das Skelett besteht aus drei Abschnitten. Das Kopfskelett besteht aus dem Schädel. Zum Rumpfskelett gehören Schulter- und Beckengürtel, Brustkorb und Wirbelsäule. Die Knochen von Armen und Beinen bilden das Arm- und Beinskelett. → 2

Aufgaben

Bei Bewegungen, vor allem beim Laufen und Springen, federn deine Knochen die Stöße ab. Die Rippen deines Brustkorbs umgeben deine inneren Organe wie ein schützender Käfig.

Knochen müssen so stabil wie nötig und gleichzeitig so leicht wie möglich sein. Deshalb sind die Knochen außen hart und innen mit einem Gerüst durchzogen.

Schädel

Die Knochen deines Schädels sind zu einer festen Kapsel zusammengewachsen. Sie umschließt dein empfindliches Gehirn. So ist es vor Stößen geschützt.

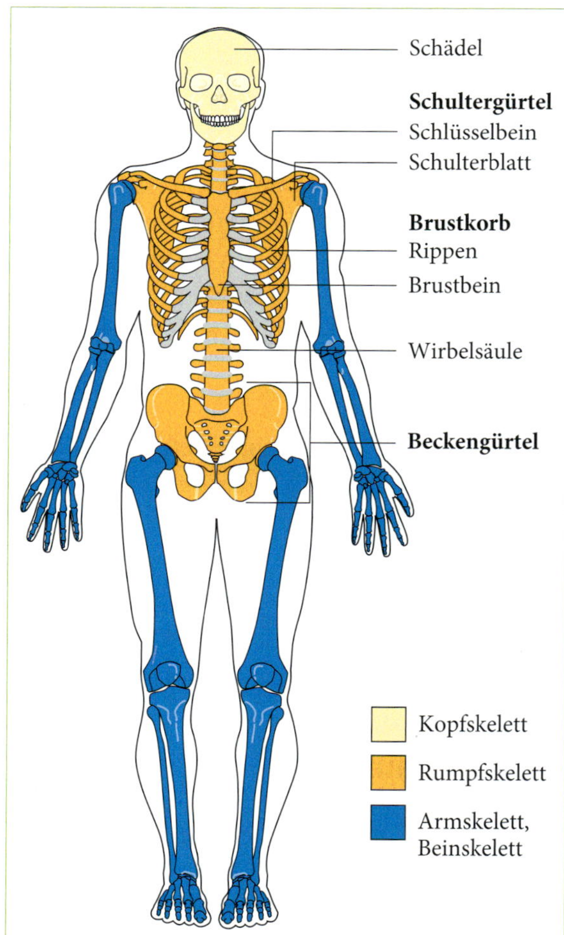

2 Das Skelett des Menschen

Bänder
Gelenk
Skelett

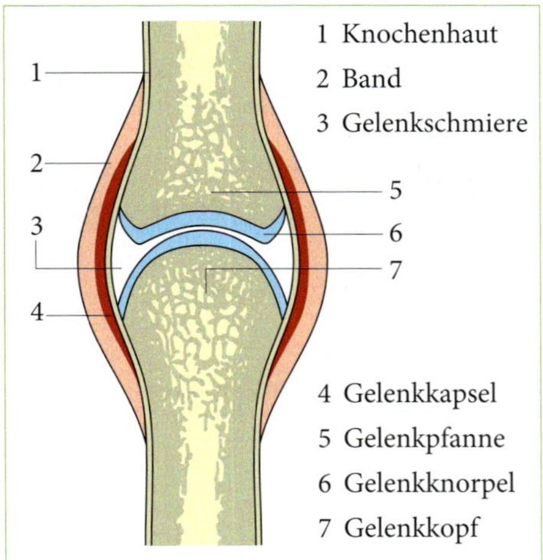

3 Bau eines Gelenks

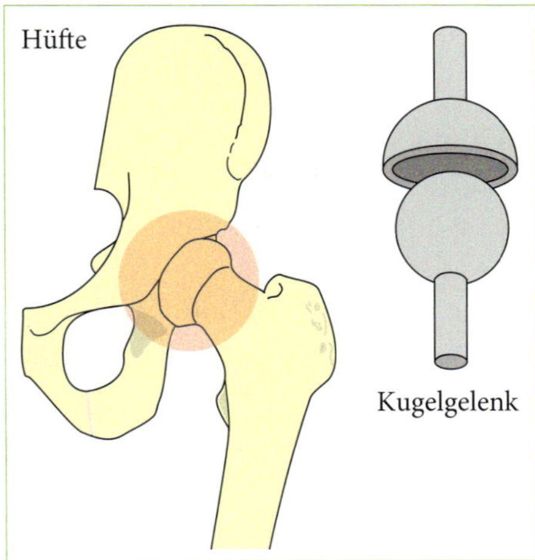

4 Kugelgelenk

Gelenke

Die Knochen deines Skeletts sind mit **Gelenken** verbunden, sodass du beweglich bist. Für die verschiedenen Bewegungen sind unterschiedliche Gelenktypen nötig. Der gewölbte Gelenkkopf des einen Knochens passt in die Vertiefung des anderen Knochens, in die Gelenkpfanne. Die Enden sind mit Knorpel gepolstert und werden mit Gelenkschmiere beweglich gehalten. Kräftige **Bänder** halten die Knochen zusammen. → 3

Gelenktypen

Für die verschiedenen Bewegungen gibt es im Körper verschiedene Gelenktypen. Deine Hüfte hat ein Kugelgelenk, damit du dein Bein in alle Richtungen bewegen kannst. → 4 Mit dem Ellenbogen machst du nur Auf- und Abbewegungen. Das Ellenbogengelenk ist ein Scharniergelenk. Für die Drehung deines Daumens ist ein Sattelgelenk nötig. → 5

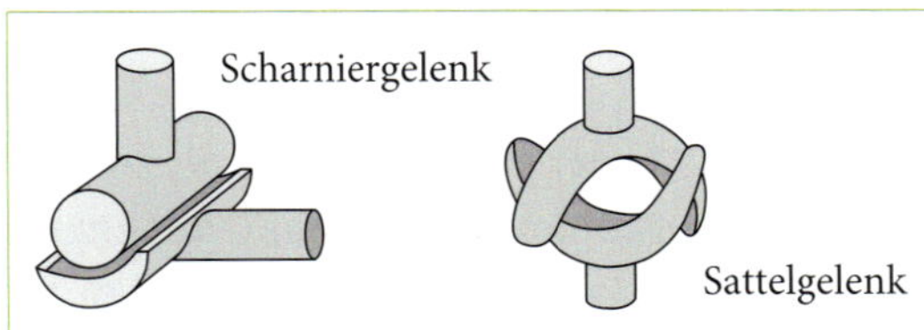

5 Prinzip von Scharnier- und Sattelgelenk

Merk dir! Das Skelett ist das Gerüst deines Körpers. Die Knochen sind durch Gelenke beweglich verbunden. Verschiedene Gelenktypen ermöglichen unterschiedliche Bewegungen.

Arbeitsaufträge

1. Betaste dein Skelett. Finde unterschiedliche Gelenke an deinem Körper. Zeige am Skelett in Abbildung 2, wo deine Knochen mit Gelenken beweglich verbunden sind.
2. Beschreibe die Bewegung, die dein Ellenbogen machen kann. Begründe, warum er keine andere Bewegung machen kann.
3. Gelenke gibt es auch an Gegenständen. Suche im Schulgebäude nach Gelenken und schreibe die Gegenstände auf.

Hau ruck! – Beim Rudern muss sich dein Körper ganz schön anstrengen. Welche Aufgaben übernehmen deine Muskeln dabei?

1 Beim Rudern kommen die Muskeln zum Einsatz.

Bewegung durch Muskelkraft

Muskeln

Die über 600 Muskeln des Menschen bilden das „Fleisch“ des Körpers. → 2 Ob du lächelst, atmest oder läufst – immer wenn du dich bewegst, sind **Muskeln** daran beteiligt. Die Skelettmuskeln sind durch **Sehnen** mit den Knochen verbunden. So können sie ihre Kraft auf die Knochen übertragen. Die Muskeln unseres Skeletts bewegen wir bewusst. Die Muskeln deiner Organe arbeiten dagegen ganz automatisch. Bodybuilder trainieren gezielt ihre Muskeln. Daher sind die Muskeln an ihrem Körper gut erkennbar.

Bewegung ist Teamarbeit

Hast du schon einmal bemerkt, welcher Muskel an deinem Arm dick wird, wenn du etwas Schweres hebst? Es ist der Muskel an der Oberseite des Oberarms, der Beuger. Sobald du den Unterarm wieder senkst, wird der untere Muskel deines Oberarms dick, der Strecker. → 3

Gegenspieler

Alle Muskeln arbeiten, indem sie sich verkürzen. Kein Muskel kann sich aus eigener

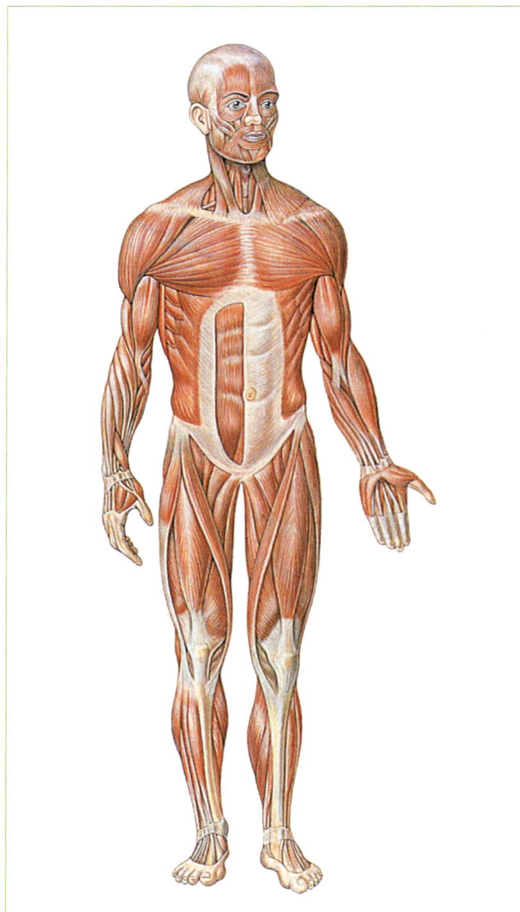

2 Muskulatur des Menschen

Gegenspieler
Hebel
Muskeln
Sehne

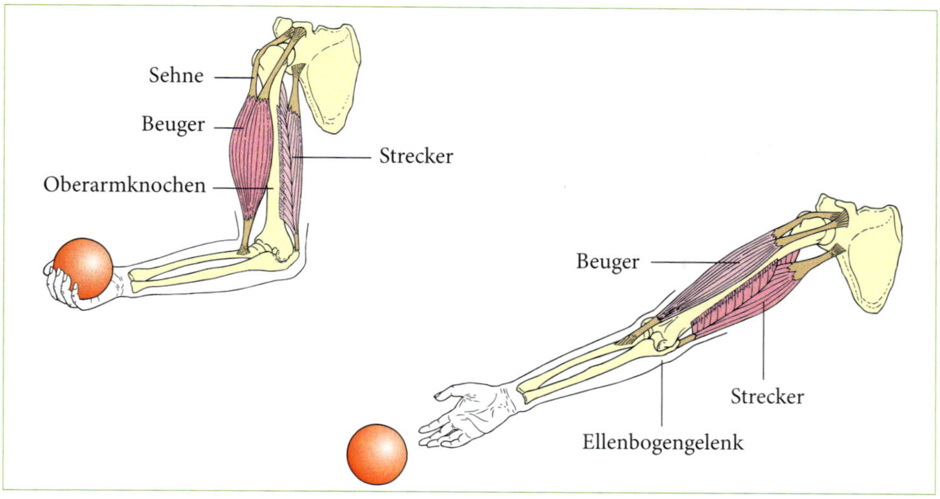

3 Beuger und Strecker arbeiten als Gegenspieler.

Kraft strecken. Das muss ein anderer Muskel besorgen. Deshalb arbeiten Muskeln immer paarweise. Zieht sich ein Muskel zusammen, indem er sich verkürzt, wird gleichzeitig der andere Muskel gestreckt. Für Bewegungen sind daher immer **Gegenspieler** nötig: ein Beuger und ein Strecker. → 3

Der Arm als Hebel

Dein Arm funktioniert wie ein **Hebel**, weil der Ober- und Unterarmknochen durch ein Ellenbogengelenk verbunden sind. Um diesen Gelenkpunkt kann der Unterarm bewegt werden. Entscheidend für die Bewegung des Unterarms ist, dass der Beuger mit seiner Sehne am Unterarmknochen ansetzt. Erhalten deine Muskeln vom Gehirn das Signal, zum Beispiel eine Kugel zu heben, bewegt sich der Unterarmknochen durch die Verkürzung des Beugers nach oben. → 3

- Mit Stretching sollten die Muskeln aufgewärmt werden.
- Ohne Aufwärmung kann Muskelkater entstehen.
- Warme Kleidung schützt vor Muskelrissen und Zerrungen.

4 Regeln für das Muskeltraining

→ Merk dir! **Muskeln können sich nur zusammenziehen. Für deine Bewegungen sind deshalb ein Beuger und ein Strecker notwendig. Bewegungen sind ein Zusammenspiel aus Muskeln, Knochen und Gelenken.**

Arbeitsaufträge

1. Beschreibe deinem Nachbarn mithilfe von Abbildung 3 die Aufgabe von Beuger und Strecker.
2. Durch Übungen kannst du deine Muskeln trainieren. Nenne Übungen, bei denen mehrere Muskelgruppen gleichzeitig beansprucht werden. Frage bei deinem Sportlehrer nach.
3. Hattest du schon mal einen „Muskelkater"? Suche in Büchern nach einer Erklärung dafür und fasse diese schriftlich zusammen.

Wir arbeiten mit einem Modell

Kennst du Modellautos? Sie sehen genauso aus wie echte Autos, nur viel kleiner. Modelle sind Nachbildungen der Wirklichkeit. Nur die wichtigen Merkmale werden im Modell berücksichtigt. Bei dem Modellauto sind dies die äußere Form und die drehbaren Räder. Mithilfe von Modellen kannst du das Wesentliche einer Sache einfacher darstellen und besser verstehen.

1 Modelle sind Nachbildungen der Wirklichkeit.

Tipps zum Arbeiten mit Modellen

Wenn du ein Modell bauen möchtest, überlege dir zuerst, was das Wichtige daran ist. Was willst du zeigen? Hier ist es die Bewegung eines Muskels. Unwichtig ist es, wie der Arm aussieht. Hier zeigen Gummibänder ähnlich dehnbare Eigenschaften wie ein Muskel. Starre Schnur wäre also ungeeignet. Bevor du beginnst, mache immer erst eine Zeichnung.

2 Was beim Beugen und Strecken passiert, kannst du mit einem Modell darstellen.

Nachbildung und Wirklichkeit

Das Modell des Muskels funktioniert auf die gleiche Weise wie sein echtes Vorbild. Es zeigt dir, wie das Gegenspielerprinzip deiner Muskeln funktioniert. Das Modell macht es sichtbar.

Anleitung zum Bau eines Armmodells

Ihr braucht:
Karton, 5 Versandtaschenklammern, 2 Gummibänder, Lineal, Locher, Stift und Schere. → 3

Schritt 1 Zeichne den Umriss von Ober- und Unterarm auf den Karton.

Schritt 2 Zeichne mit dem Stift die Löcher vor. → 4

Schritt 3 Stanze mit dem Locher die vorgezeichneten Löcher aus.

Schritt 4 Stecke durch jedes Loch eine Klammer hindurch.

Schritt 5 Verbinde Ober- und Unterarm. → 5

Schritt 6 Setze die Gummibänder ein. → 5

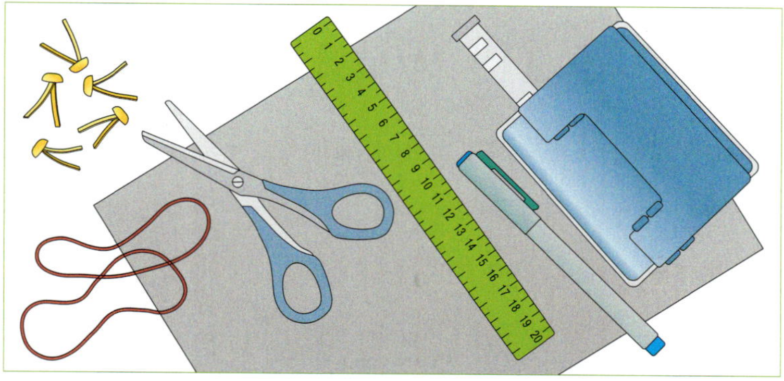

3 Material für dein Modell

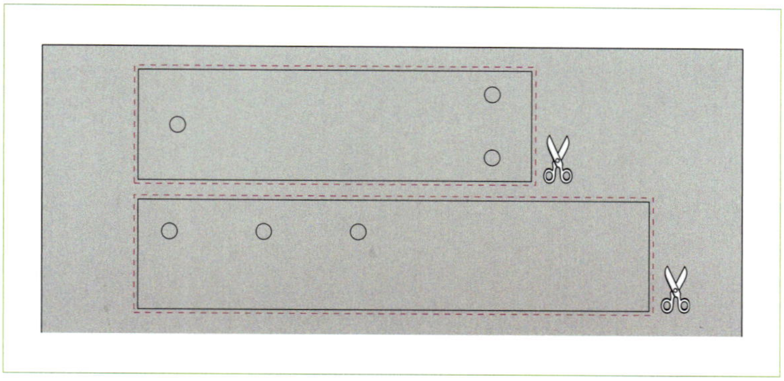

4 Aufzeichnen auf Karton

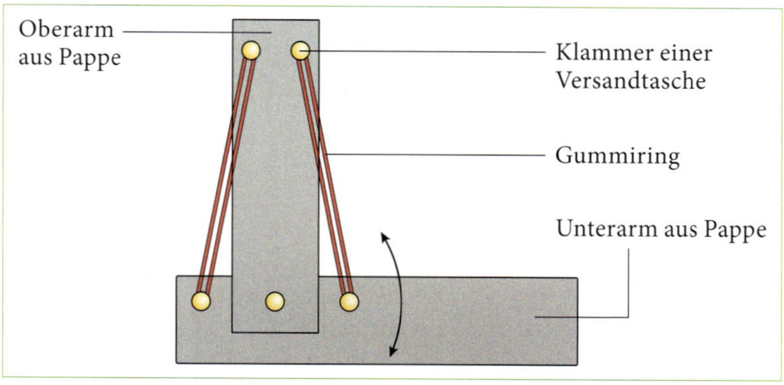

5 Beuger und Strecker im Modell

Arbeitsaufträge

1. Fertige das Modell nach den Schritten 1 bis 6 an.
   - **a** Bewege den Unterarm des Modells auf und ab. Beschreibe, was mit den Gummibändern passiert.
   - **b** Erkläre deinem Nachbarn mithilfe des Modells das Gegenspielerprinzip.
   - **c** Erkläre, was an dem Modell mit der Wirklichkeit übereinstimmt und worin es sich davon unterscheidet.

Versuche zu Muskeln und Knochen

1. Kann dein Gesicht sprechen?

Ihr braucht: Heft, Bleistift, Partner.

Zeichne die Vorlage in dein Heft ab. → 2

Wechselt euch in einer Partnerübung ab. Dein Partner „macht ein Gesicht", du rätst, was das Gesicht ausdrückt, und notierst den Ausdruck in deinem Heft.

Finde heraus, welche Muskeln am Gesichtsausdruck beteiligt sind, und markiere sie in der Arbeitsvorlage. Taste dazu auch das Gesicht deines Partners ab.

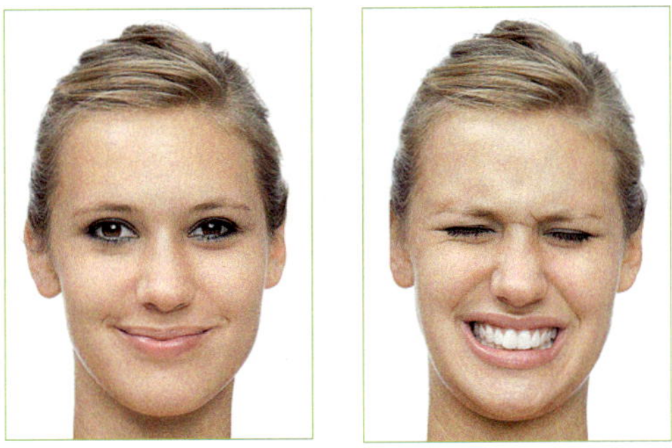

1 Gesichtsausdrücke

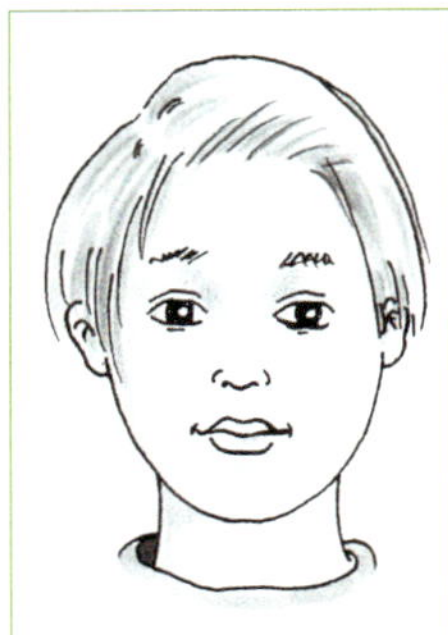

2 Vorlage Gesicht

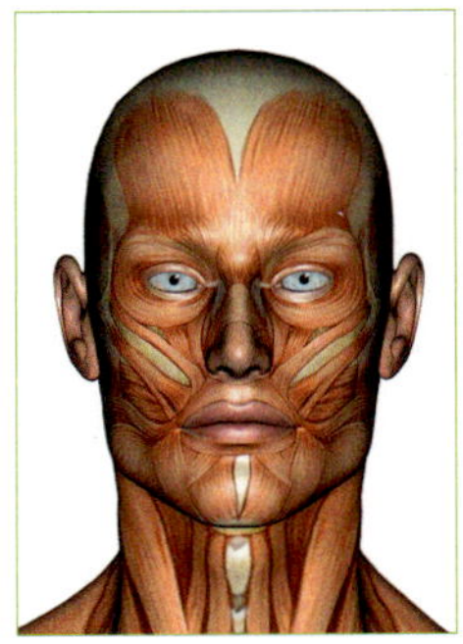

3 Gesichtsmuskulatur

2. Kannst du dich bewegen, ohne es zu wollen?

Reflexe sind schnelle Bewegungen, die unser Körper ausführt. Einige Reflexe kannst du selbst oder mit einem Partner überprüfen.

➔ ***Achtung:** Sei in allen Partnerübungen vorsichtig und achte darauf, dass du deinen Partner nicht gefährdest!*

Ihr braucht: Stuhl, Partner.

Dein Partner sitzt auf einem Stuhl und schlägt ein Bein über, sodass es locker hängt.

Schlage nun mit deiner Handkante auf die Sehne unterhalb der Kniescheibe deines Partners. → 4

a Notiere deine Beobachtung.

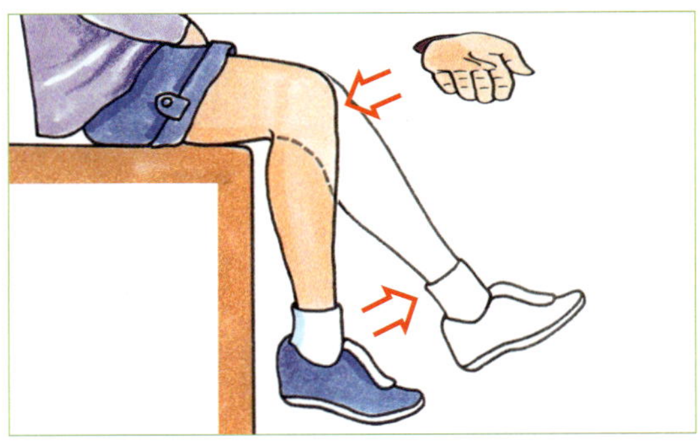

4 Auslösung des Kniesehnenreflexes

Ihr braucht: einen kurzen Strohhalm.

Stelle dich im Abstand von ca. 50 cm vor deinen Partner. Puste einen kräftigen Luftstoß durch den Strohhalm auf sein geöffnetes Auge.

a Notiere deine Beobachtung.

3. Röhre oder Platte – welcher Knochen ist fester?

Unser Skelett besteht aus Röhren- und Plattenknochen. Erstelle Papiermodelle zu diesen Knochentypen.

Ihr braucht: Papierbogen DIN A4, Bleistift, Dreifuß, Bindfaden, Gewichte.

Falte den Papierbogen der Länge nach und trenne ihn vorsichtig.

Falte einen der Bögen dreimal, sodass eine längliche Platte entsteht (Plattenknochen).

Rolle den anderen Bogen um einen Bleistift. Entferne den Bleistift danach, sodass eine Röhre entsteht (Röhrenknochen).

Hänge eine Bindfadenschlaufe mit je einem Gewicht um jedes Papier und lege beide Papiere auf das Dreifußgestell. → 5

a Halte den Versuchsaufbau in einer Zeichnung fest. Welche Beobachtung machst du? Übertrage deine Beobachtungen aus dem Modell auf die Knochentypen. Notiere, welcher Knochentyp stabiler ist.

b Erläutere, welchen Vorteil die Röhrenknochen an unseren Armen und Beinen haben.

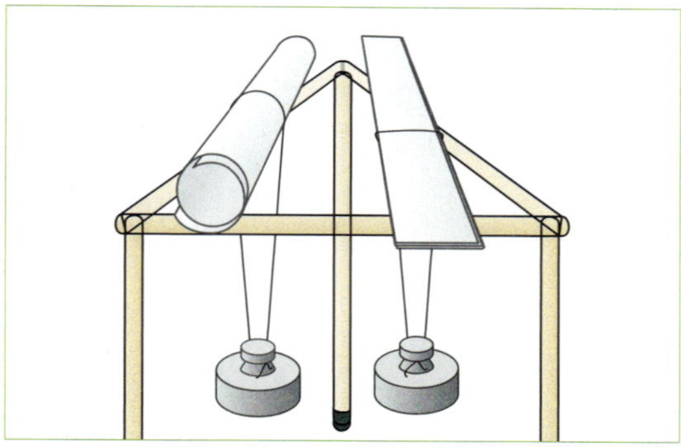

5 Versuchsaufbau zur Knochenstabilität

4. Woraus bestehen Knochen?

Ihr braucht: Hühnerknochen (z. B. aus Speiseresten), zwei Kalksteine, Essigessenz, vier Marmeladengläser.

Säubere die Hühnerknochen von haftenden Fleischresten und lege je einen in ein Glas.

Lege je einen Kalkstein in ein Glas.

Bedecke je einen Knochen und einen Kalkstein mit Wasser, den anderen Knochen und Kalkstein bedecke mit Essigessenz.

Wechsle täglich einmal die Flüssigkeiten.

Beende den Versuch nach 4 Tagen.

Spüle die Knochen mit Wasser ab und biege sie.

Schreibe ein Versuchsprotokoll und erkläre dein Versuchsergebnis.

a Erläutere die biologische Aufgabe von Kalk.

b Knochen ohne Kalk bestehen aus Knorpel. Nenne drei Stellen an deinem Körper, an denen du Knorpel findest.

6 Huhn und Hühnerknochen

Anna fragt Lena, ob sie heute mit zum Fitnesskurs im Jugendzentrum kommt. „Nein, ich habe schon seit Tagen Rückenschmerzen", klagt Lena. „Dann solltest du erst recht heute mitkommen", antwortet Anna. Was verursacht eigentlich Rückenschmerzen und was kannst du dagegen tun?

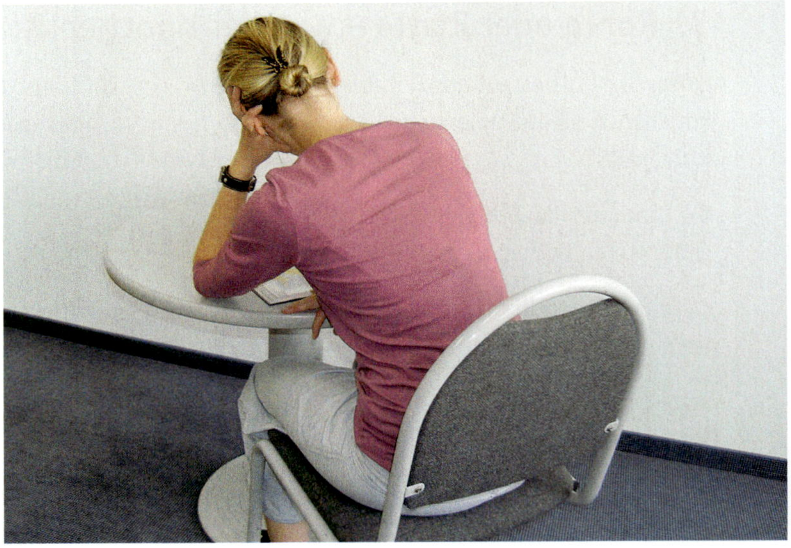

1 Durch eine falsche Sitzhaltung kannst du Rückenschmerzen bekommen.

Ganz schön biegsam

Ganz schön biegsam

Deine **Wirbelsäule** stützt den Körper. Sie besteht aus einer Reihe aufeinandersitzender Knochen, den Wirbeln. Zwischen den Wirbeln sind kleine Polster aus elastischem Knorpel, die **Bandscheiben**. Sie dienen der Wirbelsäule als Stoßdämpfer bei Sprüngen und Stößen. Außerdem sollen sie verhindern, dass deine Wirbel aneinanderreiben und sich dadurch abnutzen. Die Wirbelsäule ist doppelt S-förmig gebogen. → 2 Durch diese Form kann sie wie eine Feder Erschütterungen besser abfedern.

Ursachen für Rückenschmerzen

Du hast sicher schon bemerkt, dass viele Erwachsene über Rückenschmerzen klagen. Doch auch Kinder und Jugendliche können schon einen Rückenschaden bekommen. Durch falsche Belastung, falsches Sitzen oder fehlende Bewegung können Rückenschmerzen und Kopfschmerzen entstehen. Auch wer innerlich angespannt, traurig oder bedrückt ist, lässt den Kopf und die Schultern schlaff hängen. Deshalb solltest du etwas für deine Wirbelsäule tun, um Rückenproblemen vorzubeugen. → 4 Die

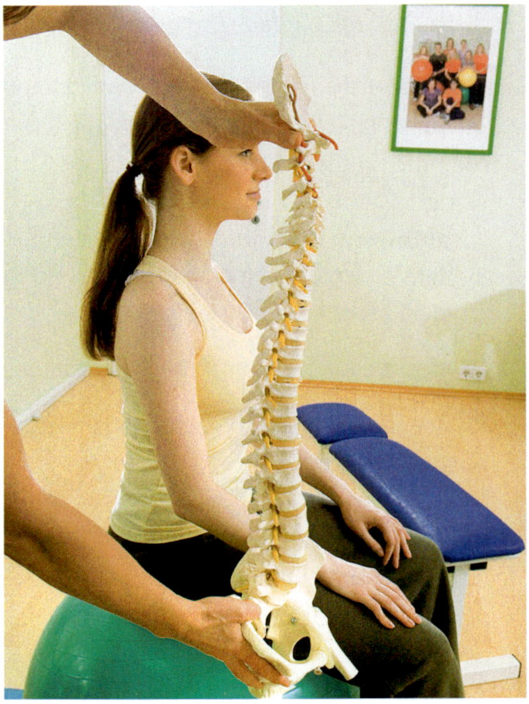

2 Wirbelsäule

Bandscheiben
Haltungsschäden
Wirbelsäule

3 Falsches und richtiges Tragen

4 Training stärkt den Rücken.

häufigsten Haltungsschäden sind Rundrücken und Hohlkreuz.

Falsche Haltung macht den Rücken krank

Wenn du deine schwere Schultasche unter dem Arm trägst, wird deine Wirbelsäule einseitig belastet und du bekommst Rückenschmerzen. Besser ist es, einen Rucksack oder die Schultasche auf dem Rücken zu tragen, damit das Gewicht gleichmäßig verteilt wird. → **3**
Auch durch falsches Sitzen am Schreibtisch werden die Bandscheiben in deinem Rücken einseitig zusammengedrückt. Dadurch können **Haltungsschäden** und Kopfschmerzen entstehen.

Training macht den Rücken stark

Zur Entlastung deiner Wirbelsäule ist es wichtig, den Rücken zu stärken. Die Muskeln an beiden Seiten deiner Wirbelsäule kannst du gut fühlen. Sie stützen die Wirbelsäule und halten die Wirbel fest zusammen. Gute Sportarten, um deine Rückenmuskeln zu trainieren, sind Schwimmen, Rudern, Fahrradfahren oder Übungen im Fitnessstudio. → **4**

→ Merk dir! **Die Wirbelsäule stützt den Körper. Durch falsche Belastung, falsches Sitzen und fehlende Bewegung können Rückenschmerzen und -schäden entstehen.**

Arbeitsaufträge

1. Beschreibe den Aufbau der Wirbelsäule.
2. Erkläre die Aufgabe der Bandscheibe.
3. Informiere dich, was „Rundrücken“ und „Hohlkreuz“ bedeuten. Frage dazu auch deinen Sportlehrer.
4. Miss deine Körpergröße genau:
   - **a** sofort nach dem Aufstehen
   - **b** vor dem Schlafengehen

Wie fit bist du?

1. Länger, weiter, stärker?

Mit diesem Test kannst du feststellen, wie fit du bist. Notiere dir zu jeder Übung die erreichte Punktzahl.
Zähle die Punkte zusammen. Je höher die Punktzahl, desto fitter bist du. Vergleiche das Ergebnis mit deinem Nachbarn.

Wie lange kannst du auf einem Bein stehen? → 1
- ☐ Weniger als 10 Sekunden (1)
- ☐ Weniger als 20 Sekunden (2)
- ☐ Mehr als 20 Sekunden (3)

Spring aus dem Stand, so weit du kannst. Miss die Weite. → 2
- ☐ Weniger als 1 Meter (1)
- ☐ 1 Meter bis 1,50 Meter (2)
- ☐ Über 1,50 Meter (3)

Wie lange kannst du dich mit gebeugten Armen an der Sprossenwand halten. Zähle die Sekunden. → 3
- ☐ Weniger als 5 Sekunden (1)
- ☐ Weniger als 10 Sekunden (2)
- ☐ Mehr als 10 Sekunden (3)

Suche dir eine Wand. Stell dich mit dem Rücken und leicht gespreizten Beinen dagegen. Nun rutsche so weit runter, bis deine Beine einen rechten Winkel bilden. Wie lange hältst du durch? → 4
- ☐ Weniger als 15 Sekunden (1)
- ☐ Weniger als 30 Sekunden (2)
- ☐ Mehr als 30 Sekunden (3)

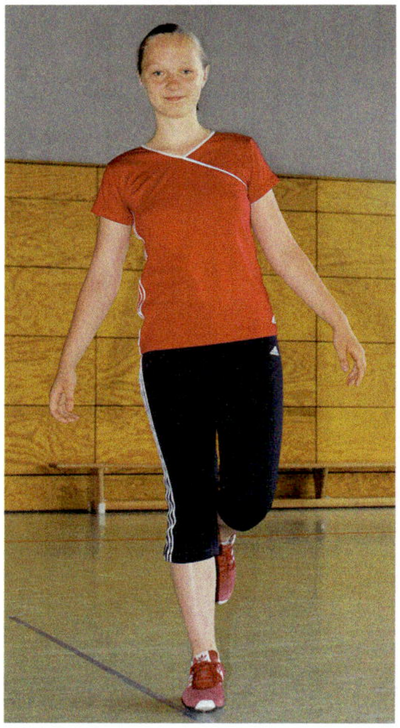
1 Gleichgewicht halten

2 Standweitsprung

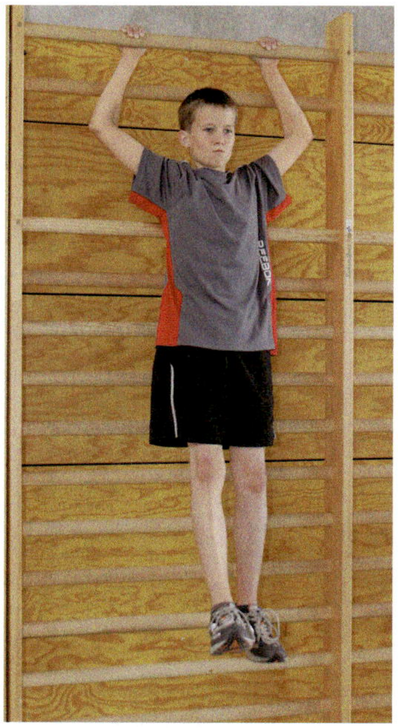
3 Halten an der Sprossenwand

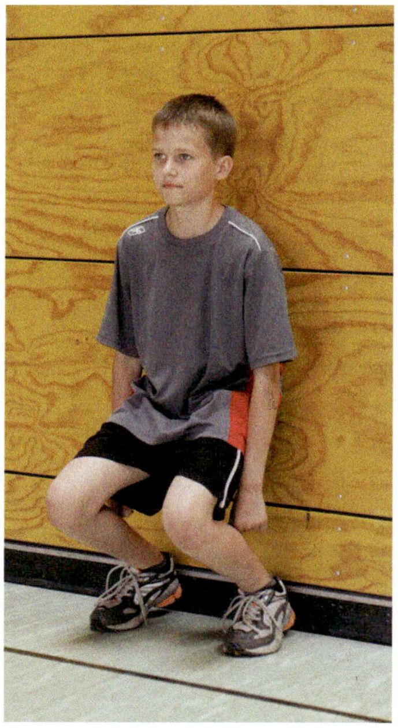
4 An die Wand lehnen

2. Bist du dehnbar?

Vor einer sportlichen Übung müssen die Muskeln gedehnt und warm werden, sonst können sie sich verkrampfen und verletzen. Beim Stretching dehnst du die Muskeln langsam vor und wärmst sie dabei auf. „Stretching" kommt aus dem Englischen und heißt „Strecken, Dehnen". Auch nach dem Sport helfen Dehnübungen den Muskeln, sich wieder zu entspannen.

5 Den Oberschenkel dehnen

6 Den Unterschenkel dehnen

7 Rücken mit „Katzenbuckel" dehnen

Jede Übung langsam ausführen. Die Spannung im trainierten Muskel immer für 10 Sekunden halten. → **5–7**

3. Was tun gegen schlechte Haltung?

Hier siehst du einige Übungen, die deine Körperhaltung verbessern und Haltungsschäden vorbeugen können. Sie unterstützen deine aufrechte Haltung und machen die Wirbelsäule beweglicher. → **8–11**

a Erkläre, warum eine gute Körperhaltung wichtig für die Gesundheit ist.

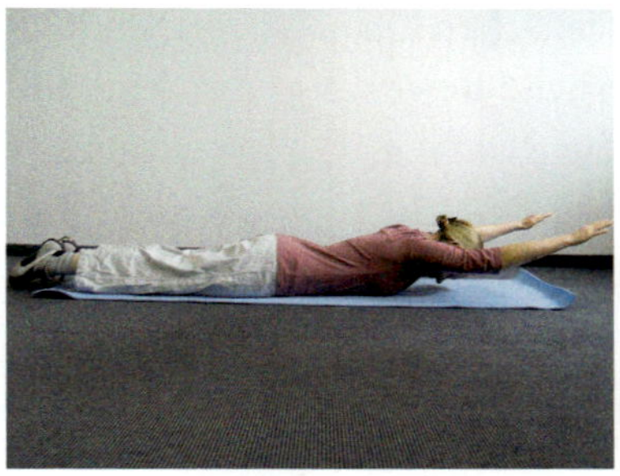

8 In Bauchlage den Oberkörper heben

9 Seitlich hinsetzen

10 Radfahren in der Luft

11 Bodenschaukel aus dem Hocksitz

Menschen, die sich viel bewegen, haben häufig gute Laune, egal wie alt sie sind. Auch du hast sicher schon bemerkt, dass du besser drauf bist, wenn du dich bewegst und nicht „abgehangen" hast.
Weshalb fühlt man sich mit körperlicher Bewegung einfach besser?

1 Bewegung tut gut.

Immer in Aktion!

Gute Laune durch Bewegung

Sich zu bewegen ist für den Menschen ein natürliches Bedürfnis. Körperliche **Bewegung** ist für alle Menschen lebenswichtig. Bewegung erhält dich gesund und macht Spaß. Denn beim Sport bildet dein Körper Glückshormone. Menschen, die wenig aktiv sind, haben öfter schlechte Laune und sind unzufrieden. → 2

Muskeln werden kräftiger

Durch regelmäßige Bewegung wachsen deine Muskeln und werden kräftiger. → 3 Kräftige Muskeln helfen deinem Körper, sich aufrechtzuhalten, und entlasten die Knochen und Gelenke. Wenn du dir schon mal das Bein oder einen Arm gebrochen hast, dann weißt du, wie schnell deine Muskeln ohne Bewegung dünn und schwach werden.

2 Rumhängen kann dir die Laune verderben.

3 Training kräftigt die Muskeln.

4 Gemeinsamer Sport ist auch wichtig für Freundschaften.

Für Herz und Lungen

Sportliche Betätigung lässt dein Herz schneller und kräftiger schlagen. Es wird leistungsfähiger und kann mehr Blut durch den Körper pumpen. Wenn du dich bewegst, atmest du tiefer. Deine Lungen nehmen mehr Sauerstoff auf. Das Blut strömt verstärkt in deine Haut und versorgt sie mit Nährstoffen.

Aktives Gehirn

Damit deine Muskeln richtig funktionieren, muss dein Gehirn die richtigen Befehle geben. Es wird bei Bewegung besser mit Sauerstoff versorgt, durchblutet und kann aktiver arbeiten. Wer am Schreibtisch viel „Denkarbeit" leisten muss, sollte sich daher in den Pausen auch bewegen.

Fit durch Bewegung

Durch Bewegung wird das **Abwehrsystem** deines Körpers angeregt und ist besser auf den Angriff von Krankheitserregern vorbereitet. Du bleibst eher gesund.
Nach einer körperlichen Leistung kannst du besser und tiefer schlafen und erholst dich schneller. Außerdem macht gemeinsamer Sport mit Freunden Spaß und fördert Freundschaften. → 4

→ **Merk dir!** Regelmäßige körperliche Bewegung sorgt dafür, dass du dich wohlfühlst und leistungsfähig bist.

Arbeitsaufträge

1. Fertige eine Liste mit Gründen für eine regelmäßige Bewegung an.
2. Hast du einen Lieblingssport? Berichte deiner Klasse, warum du dich für diese Sportart entschieden hast.
3. „Mannschaftssport fördert Teamgeist, Toleranz und Fairness." Nimm Stellung zu dieser Aussage. Findet in der Klasse konkrete Beispiele und haltet sie schriftlich fest.

Nach einem 100-m-Lauf atmest du viel schneller, als wenn du gemütlich auf dem Sofa vor dem Fernseher oder vor dem Computer sitzt.
Hast du dir schon einmal überlegt, weshalb der Körper offensichtlich mehr Luft zum Atmen benötigt, wenn wir uns körperlich anstrengen?

1 Langstreckenläuferin nach dem Lauf

Unsere Atmung

Wie atmen wir?

Unser Atmungsorgan ist die **Lunge**. Wir kombinieren beim Atmen die **Bauchatmung** und die **Brustatmung**. Bei der Bauchatmung wird das Zwerchfell, eine Muskelschicht zwischen der Lunge und dem Bauchraum, nach unten gezogen. Dadurch wird der Brustraum größer, die Lunge dehnt sich aus und Luft strömt ein. Wölbt sich das Zwerchfell wieder nach oben, verkleinert sich der Brustraum, die Lunge zieht sich zusammen und die Luft wird ausgeatmet. → 2 Mithilfe von Muskeln an den Rippen kann sich bei der Brustatmung der Brustkorb heben. Dabei vergrößert er sich, die Lunge dehnt sich aus. Senkt sich der Brustkorb, verkleinert sich der Raum. → 3

Der Weg der Luft

Die eingeatmete Luft gelangt von der Nase oder dem Mund zunächst in die Luftröhre. Diese gabelt sich an ihrem Ende in zwei Äste, die in die beiden Lungenflügel münden und sich weiter verzweigen. → 4 Diese Röhrchen heißen Bronchien. Am Ende der Bronchien befinden sich winzig kleine **Lungenbläschen**. Die vielen Lungenbläschen und stark verzweigten Bronchien verleihen

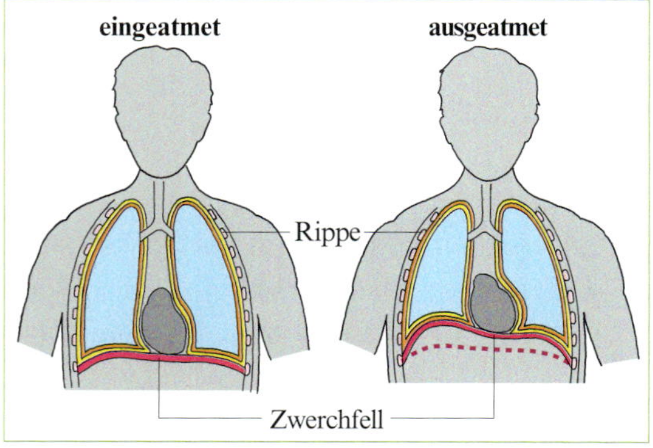

2 Bauchatmung

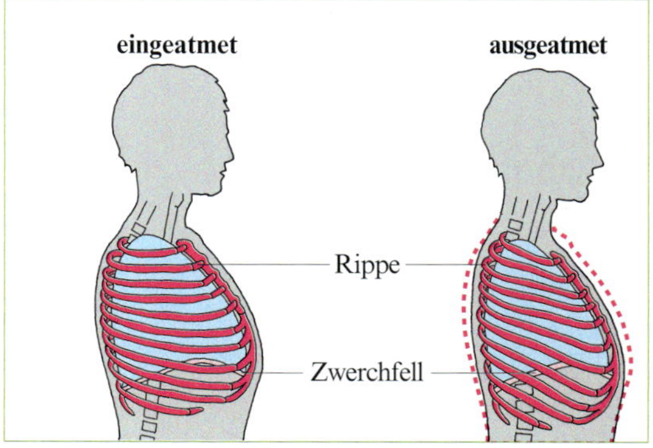

3 Brustatmung

Bauchatmung
Brustatmung
Lunge
Lungenbläschen

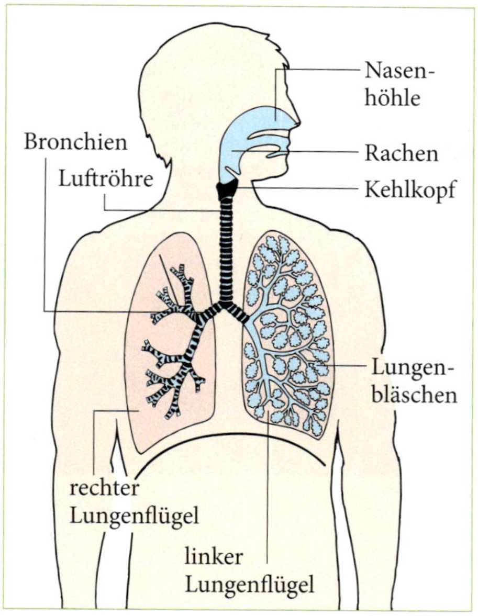

4 Weg der Luft

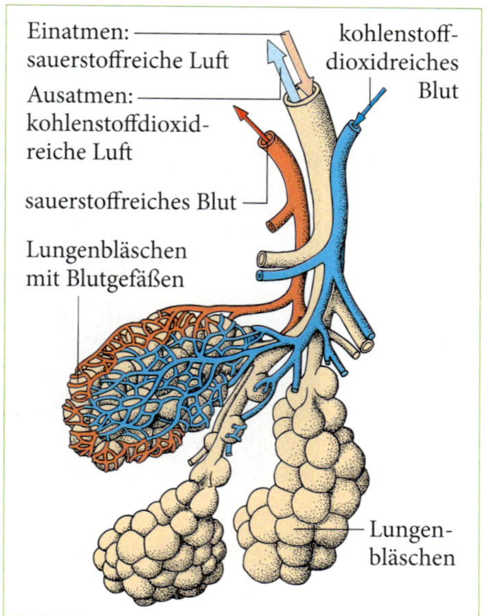

5 Lungenbläschen

der gesamten Lunge eine innere Oberfläche von der Größe eines Tennisplatzes. Der Sauerstoff der Luft kann durch die mehr als 100 m² große Oberfläche der Lungenbläschen in die umgebenden kleinen Blutgefäße, die Kapillaren, aufgenommen werden. → **5** Über das Blut wird der Sauerstoff in alle Zellen des Körpers transportiert.

Die Verwandlung der Luft

Die Körperzellen zerlegen die Grundbausteine der Nährstoffe mithilfe des eingeatmeten Sauerstoffs in Kohlenstoffdioxid. Dabei wird Energie frei. Das Kohlenstoffdioxid wird vom Blut wieder zu den Lungenbläschen zurücktransportiert und schließlich ausgeatmet.

Wohin mit der gewonnenen Energie?

Je mehr Muskeln arbeiten müssen, desto mehr Energie muss erzeugt werden. Der Körper benötigt viel mehr Sauerstoff. Wenn wir aktiv sind, atmen wir schneller.

→ **Merk dir!** Beim Einatmen wird Sauerstoff aufgenommen, beim Ausatmen wird Kohlenstoffdioxid abgegeben. Der Gasaustausch findet in den Lungenbläschen und in den Körperzellen statt.

Arbeitsaufträge

1. Beschreibe den Weg der Luft vom Einatmen bis zum Ausatmen.

2. Nenne die Gase, die bei der Atmung eine Rolle spielen. Notiere die Stellen, an denen der Gasaustausch stattfindet.

3. Die Sportlerin atmet durch den Mund. → **1** Erkläre.

4. Bildet Zweiergruppen. Zählt die Einatemzüge pro Minute bei folgenden Tätigkeiten und tragt die Ergebnisse in eine Tabelle ein:
a ruhiges Sitzen
b nach 15 Kniebeugen
c nach einem 50-m-Sprint auf dem Schulhof
Erklärt das Ergebnis.

Nach körperlicher Anstrengung, wenn du Angst hast oder wenn du dich auf etwas Besonderes freust, merkst du, dass dein Herz schneller schlägt. In vielen Redewendungen kommt das Herz vor. Es wird als Motor unseres Kreislaufs bezeichnet. Was geschieht in unserem Körper, wenn das Herz schlägt?

1 Das Herz als Symbol für die Liebe

Das Herz als Kreislaufmotor

Ein Motor, der immer arbeitet

Das **Herz** schlägt etwa 100 000-mal am Tag. An den Handgelenken kannst du den Herzschlag als Puls fühlen. Das Herz ist ein Hohlmuskel, der sich ständig zusammenzieht und wieder ausdehnt. → 2

Die Rolle des Herzens

Wenn sich das Herz zusammenzieht, wird das Blut aus dem Herzen in die Blutgefäße gedrückt. Dehnt sich das Herz wieder aus, saugt es das Blut aus den Gefäßen an. Wenn das Herz bei Anstrengung schneller schlägt, dann wird auch das Blut schneller durch den Körper gepumpt.

Der Bau des Motors

Damit sich das sauerstoffreiche und das sauerstoffarme Blut im Körper nicht vermischen kann, besteht das Herz aus zwei Hälften. Jede Herzhälfte besteht aus einem Vorhof und einer Herzkammer. → 3 In die Vorhöfe und die Herzkammern münden Blutgefäße. **Venen** leiten das Blut über den Vorhof in das Herz, **Arterien** führen das Blut über die Herzkammer aus dem Herzen hinaus.

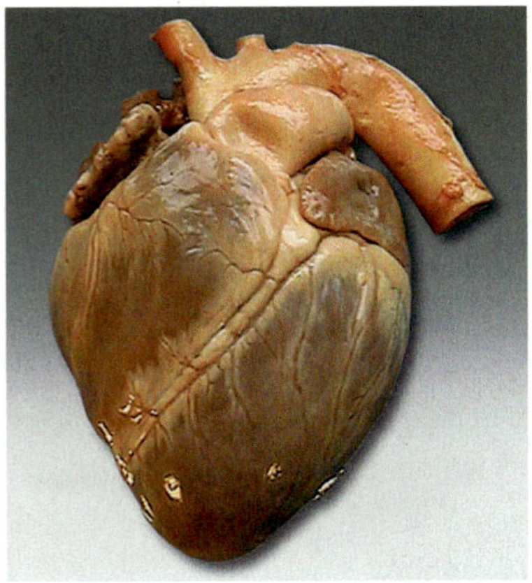

2 Menschliches Herz

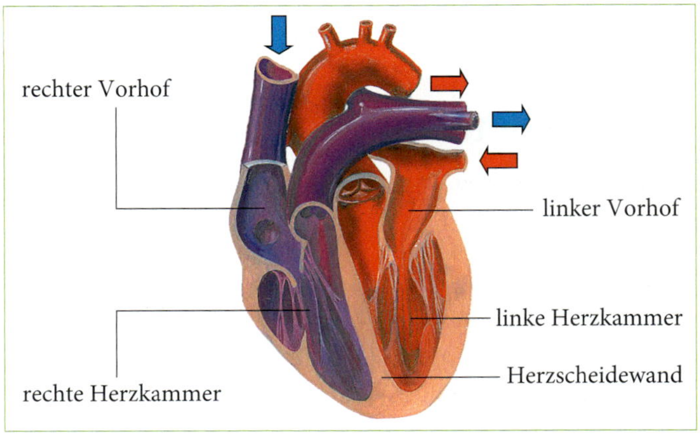

3 Aufbau des Herzens

Arterien
Herz
Körperkreislauf
Lungenkreislauf
Venen

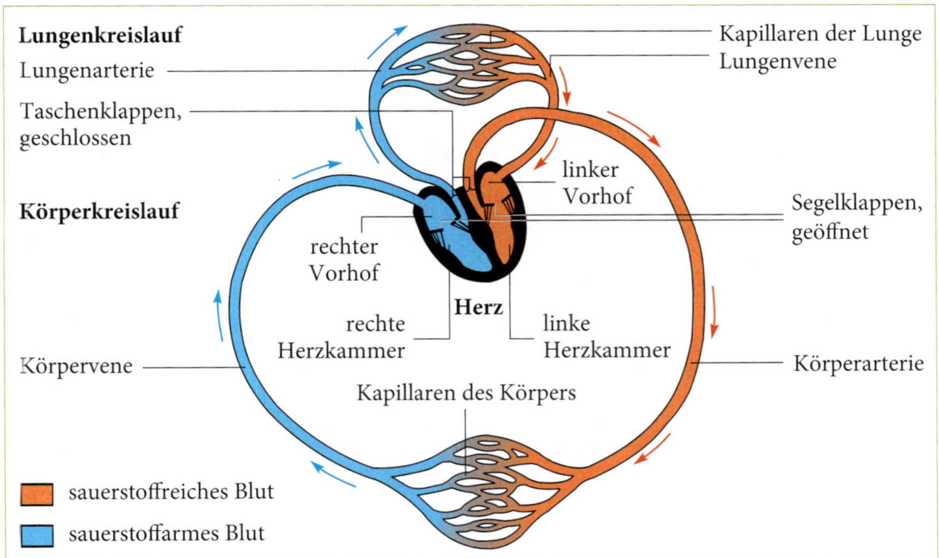

4 Körper- und Lungenkreislauf

Der Weg des Blutes

Von der linken Herzkammer fließt das sauerstoffreiche Blut durch Arterien in alle Teile des Körpers. In den Kapillaren gibt es Sauerstoff an die Zellen ab und nimmt Kohlenstoffdioxid auf.

Das zum Herzen zurückfließende Blut sammelt sich in den Venen und gelangt schließlich über den rechten Vorhof in die rechte Herzkammer.

Der Weg des Blutes durch den Körper wird **Körperkreislauf** genannt. → 4 Aus der rechten Herzkammer fließt das sauerstoffarme Blut über die Lungenarterie zur Lunge. Dort nimmt das Blut wieder Sauerstoff auf und fließt zurück in die linke Herzkammer. Der Weg des Blutes über die Lunge heißt **Lungenkreislauf**. → 4

→ **Merk dir!** Das Herz ist ein Hohlmuskel, der aus zwei getrennten Hälften besteht. Durch das Zusammenziehen wird das Blut in die Blutgefäße gepumpt. Das Blut durchläuft den Körperkreislauf und den Lungenkreislauf.

Arbeitsaufträge

1. Beschreibe den Weg des Blutes:
a durch den Körper
b durch die Lunge

2. Erkläre, was Arterien und Venen sind.

3. Zähle jeweils 15 Sekunden lang den Pulsschlag deines Partners. → 5 Berechne den Puls pro Minute:
a in Ruhe
b nach einem 200-m-Lauf
Erkläre deine Beobachtung.

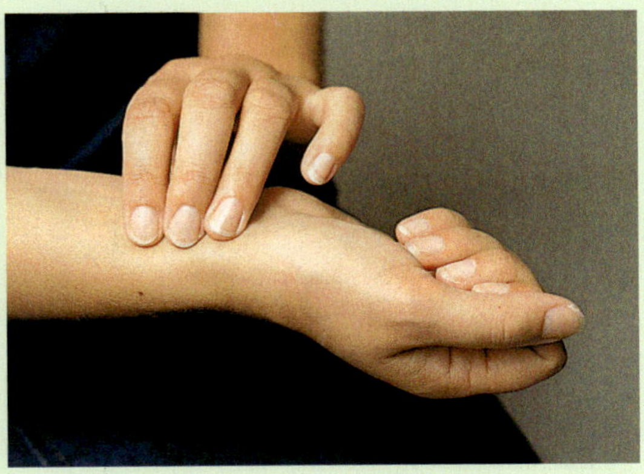

5 Pulsmessung

**Sicherlich hast du dir schon mal das Knie aufgeschlagen oder dich geschnitten. Dabei konntest du beobachten, dass das Blut, das aus der Wunde quillt, bereits nach kurzer Zeit fest wird und eine Kruste bildet.
Was hier wohl geschieht?**

1 Kleine Wunden kommen meist schnell zum Stillstand.

Zusammensetzung und Aufgaben des Blutes

Das Blut, ein ganz besonderer Saft

Jeder Mensch besitzt fünf bis sechs Liter Blut. Es fließt in Blutgefäßen, die den Körper durchziehen. Blut ist keine einheitliche Flüssigkeit. Es besteht aus flüssigen und festen Bestandteilen. → 2 Der flüssige Teil heißt **Blutplasma**. Es besteht aus Wasser, in dem Eiweiße, Zucker, Fette und Salze enthalten sind. Zu den festen Bestandteilen gehören die roten und weißen **Blutkörperchen** sowie die **Blutplättchen**. → 3

Aufgaben des Blutes

Über das Blut werden nicht nur Sauerstoff und Kohlenstoffdioxid transportiert: Nährstoffe gelangen über das Blut vom Darm in die Zellen. Giftstoffe transportiert das Blut zur Leber und zu den Nieren. Botenstoffe gelangen über das Blut zu den Organen, in denen sie gebraucht werden. Das Blut reguliert außerdem die Körpertemperatur und es sorgt für den schnellen Verschluss von Wunden.

2 Blutstropfen

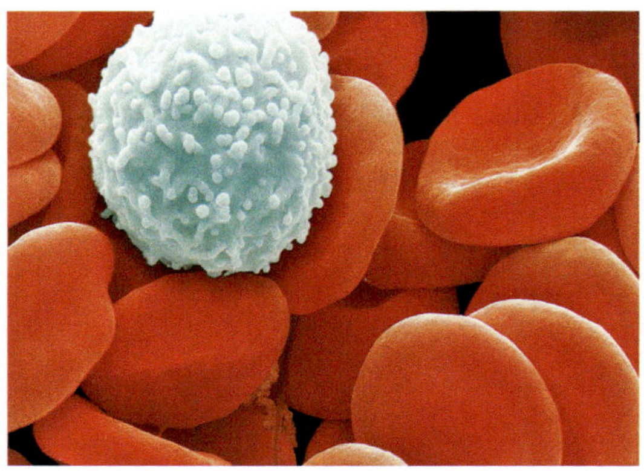

3 Ein Blutstropfen unter dem Mikroskop

Blutkörperchen
Blutplasma
Blutplättchen

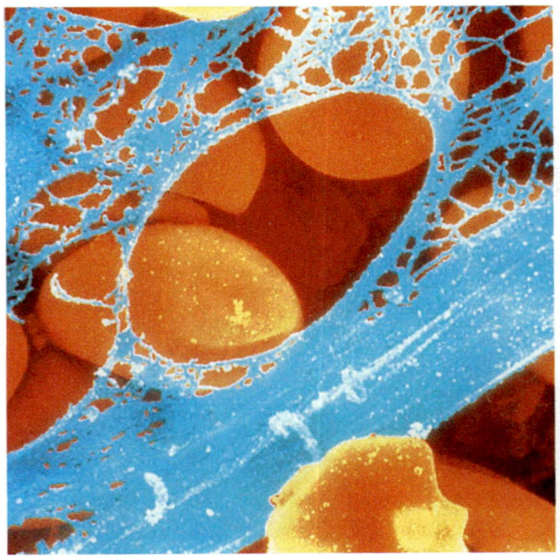

4 Blutgerinnung unter dem Mikroskop

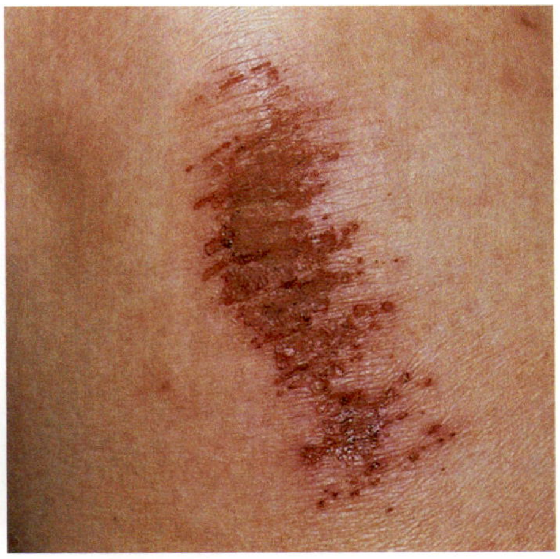

5 Die Wunde hat sich geschlossen.

So funktioniert die erste Hilfe im Körper

Wenn ein Blutgefäß verletzt wird, kann der Körper kleinere Wunden selbst wieder verschließen. Zuerst zieht sich das Gefäß zusammen. Dadurch fließt weniger Blut zu der verletzten Stelle. Anschließend bilden Blutplättchen einen Pfropf, indem sie sich an den Wundrändern zusammenballen. Die Blutplättchen setzen auch Stoffe frei, die zur Gerinnung des Blutes führen. Am Ende dieses Vorgangs bildet sich ein festes Netz, in dem sich die Blutzellen verfangen, und es entsteht eine Kruste. → **4, 5** Kleine Wunden können gut mit einem Pflaster versorgt werden.

Gefahren für die Blutgefäße

Durch Bewegungsmangel, fettreiche Nahrung oder auch durch das Rauchen lagern sich allmählich schädliche Stoffe in den Blutgefäßen ab. Die gleiche Menge Blut muss dann durch engere Gefäße fließen. Der Blutdruck in den Gefäßen steigt an. Das kann zur Schädigung der Blutgefäße und auch des Herzens führen.

> → **Merk dir!** Das Blut ist das wichtigste Transportsystem unseres Körpers. Der flüssige Bestandteil heißt Blutplasma. Rote und weiße Blutkörperchen sowie die Blutplättchen gehören zum festen Bestandteil des Blutes.

Arbeitsaufträge

1. Nenne die verschiedenen Bestandteile des Blutes.

2. Beschreibe die verschiedenen Aufgaben des Blutes.

3. Bei Verletzungen mit starkem Blutverlust kann Leben durch eine Bluttransfusion gerettet werden. Informiere dich über Bluttransfusionen.

4. Alex leidet an der seltenen Bluterkrankheit. Dabei ist die Blutgerinnung gestört.

- **a** Erkläre, wie die Wundheilung bei einem gesunden Menschen erfolgt.
- **b** Stelle eine Vermutung an, welche Gefahr einem Bluterkranken bei einer Verwundung droht.

Immer gut drauf – auch ohne Alkohol und Zigaretten!

Viele Jugendliche rauchen und trinken Alkohol, obwohl sie wissen, wie schädlich diese Drogen für ihren Körper sind. Wissenschaftler haben eine große Anzahl von schädlichen Stoffen im Tabakrauch nachgewiesen – Lungenkrebs und Herzinfarkt können die Folge sein. Auf Partys wird dazu auch noch oft viel Alkohol getrunken. Doch betrunken zu sein ist nicht cool. Du kannst auch anders Spaß haben!

1 Alkohol und Zigaretten gehören bei vielen Jugendlichen dazu.

2 Spaß haben geht auch ohne Alkohol und Zigaretten.

Schritte und Tipps für euer Projekt

Vorbereitung

Besprecht gemeinsam, wie ihr andere Schüler am besten auf euer Anti-Drogen-Projekt aufmerksam machen könnt.

Planung

Überlegt, wie ihr vorgehen wollt. Welche Informationen braucht ihr? Woher bekommt ihr sie?

- Umfragen aus dem Internet
- „Rauchfrei"-Kampagne der Bundeszentrale für gesundheitliche Aufklärung (BZgA) www.rauch-frei.info → **3**, **4**
- Bücher über Gesundheit
- Antidrogenbeauftragten befragen

Durchführung

Befragt zuerst eure Mitschüler, wie diese zum Rauchen und zum Alkohol stehen. Dafür führt in kleinen Gruppen Interviews durch, um die Meinung der anderen Jugendlichen zu erfahren. Gleichzeitig könnt ihr über die Gefahren, die beim Rauchen und Alkoholtrinken entstehen, informieren.

Abschluss und Präsentation

Überlegt, wie ihr die Ergebnisse präsentieren könnt. → **5** Projektergebnisse:

- Veranstaltet eine Ausstellung mit dem Motto: „Immer gut drauf – ohne Alkohol und Zigaretten!"
- Führt Rollenspiele durch. → **6**
- Malt ein lebensgroßes Plakat, das die Schädigungen des Rauchens und des Alkohols darstellt. Hängt es in der Schule aus.

3 Rauchfrei-Kampagne

4 Aufklärung der BZgA

5 Mindmap zur Schülerbefragung

6 Rauchen? – Nein danke!

Den eigenen Körper verstehen und gesund erhalten

Über die Nahrung nehmen wir die Nährstoffe Kohlenhydrate, Fett und Eiweiß auf. Sie liefern uns die Energie zum Leben. (Siehe Seite 196–201.)

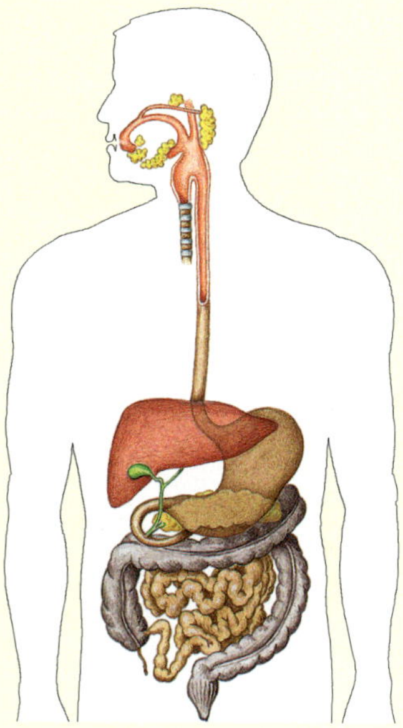

Die Verdauungsorgane zerkleinern, transportieren und zerlegen die Nahrung. (Siehe Seite 200.)

Essen kann man genießen und dabei gesund bleiben. Was und wie viel du isst, kannst du selbst entscheiden. Dabei darf Essen nicht zur Ursache für Stress und Schuldgefühle werden. (Siehe Seite 204.)

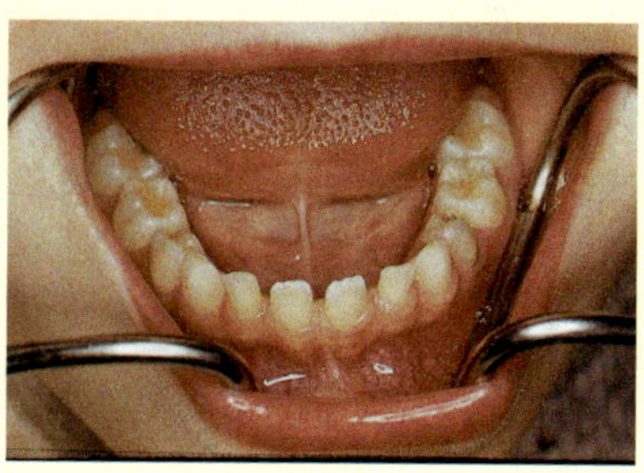

Zähne sind zum Zerkleinern der Nahrung wichtig und müssen gut gepflegt werden. (Siehe Seite 208.)

Das Zusammenspiel von Knochen, Gelenken und Muskeln macht unseren Körper beweglich. (Siehe Seite 210–219.)

Bewegung und Sport tun deinem Körper gut. (Siehe Seite 222.)

Bei der Atmung wird Sauerstoff aufgenommen und Kohlenstoffdioxid abgegeben. (Siehe Seite 224.)

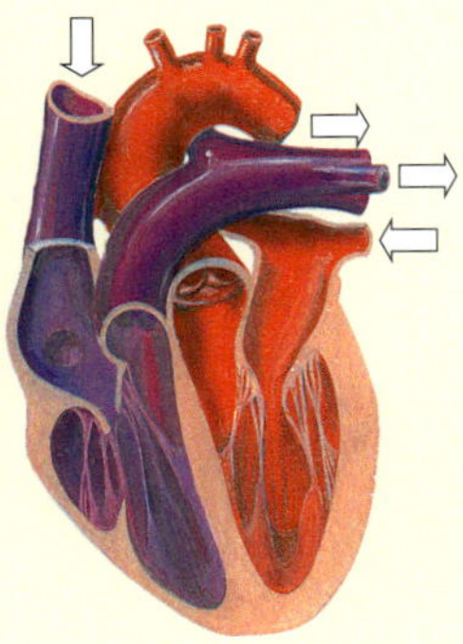

Das Herz als Motor des Kreislaufs pumpt das Blut in alle Teile des Körpers. Das Blut erfüllt viele wichtige Aufgaben in unserem Körper. (Siehe Seite 226–229.)

Zigaretten und Alkohol können süchtig machen und deine Gesundheit schädigen. (Siehe Seite 230.)

1. Für die vielen Aufgaben, die dein Körper leisten muss, braucht er Energie.

a Erläutere, woher die Energie stammt.

b Welche der folgenden Aussagen ist falsch? Begründe.

- Wenn du schläfst, benötigst du keine Energie.
- Wenn du dich viel bewegst, benötigst du auch viel Energie.
- Es ist egal, was man isst.

2. Sich gesund zu ernähren ist gar nicht so schwer. Zu welchem Bild passen folgende Aussagen? → 1–3

a Alle wichtigen Nährstoffe sind in ausreichender Menge vorhanden.

b Ein ausgewogenes gutes Frühstück!

c Der Anteil an Zucker und Fett ist viel zu hoch.

1 Huhn mit Gemüse

2 Cola, Pizza, Kuchen

3 Obst und Joghurt

3. Anna behauptet, sie sei zu dick. Sie ist 12 Jahre alt, 1,63 m groß und wiegt 43 kg. Berechne den BMI und erkläre das Ergebnis.

4. Die Knochen des Skeletts sind das Gerüst deines Körpers.

a Nenne den Teil des Skeletts, der in Abbildung 4 zu sehen ist.

b Erkläre die Funktion deines Skeletts.

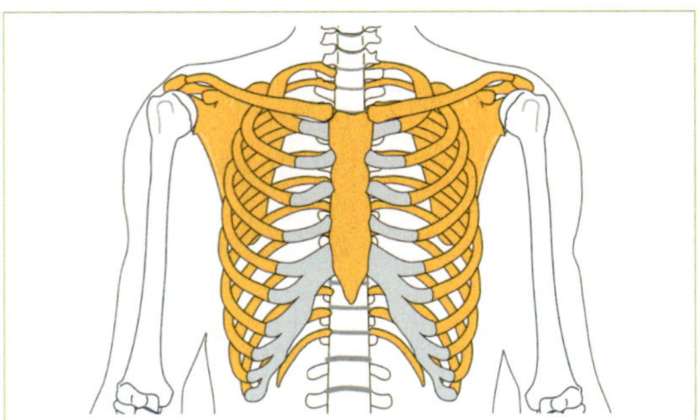

4 Wie heißt dieser Teil des Skeletts?

5. Beschreibe das „Gegenspielerprinzip" deiner Muskeln mithilfe einer kleinen Zeichnung. Beschrifte deine Zeichnung.

6. Wie trägst du deine Tasche richtig? Erkläre anhand der Abbildung 5.

5 Tragen einer Tasche

7. Beschreibe, wie der Sauerstoff aus der Luft in die Körperzellen kommt.

8. Erkläre, warum das Herz als Motor des Kreislaufs bezeichnet wird.

9. Welcher Aussage könntest du zustimmen? → **6**
Begründe deine Wahl.

6 Meinungen zum Rauchen

Ordne deiner Lösung im Heft ein Smiley zu:
☺ Ich habe die Aufgabe richtig lösen können.
😐 Ich habe die Aufgabe nicht komplett lösen können.
☹ Ich habe die Aufgabe nicht lösen können.

Aufgabe	Fähigkeit	Hilfe findest du auf Seite …
1	Ich kann erklären, warum wir essen müssen.	196
2	Ich kann zwischen gesunder und ungesunder Ernährung unterscheiden.	204
3	Ich kann den Body-Mass-Index (BMI) ausrechnen und das Ergebnis beurteilen.	206
4	Ich kann Knochen dem Skelett zuordnen und kenne ihre Funktion.	210
5	Ich kann die Arbeitsweise von Muskeln erklären.	212
6	Ich kann erklären, wie man richtig eine Tasche trägt.	218
7	Ich weiß, wie die Atmung funktioniert, und kenne die Stoffe, die für die Atmung wichtig sind.	224
8	Ich kann die Funktion des Herzens erklären.	226
9	Ich kann Stellung zu Aussagen über das Rauchen beziehen.	230

Mit Sexualität umgehen

Heute noch ein Mädchen oder Junge – morgen schon eine Frau oder ein Mann. Dazwischen liegt eine Zeit mit vielen Veränderungen. Dein Körper verändert sich nicht nur äußerlich. Gehe auf eine spannende Entdeckungsreise und du wirst sehen, dass so manches aufregende Ereignis noch vor dir liegt.

1 Wann werde ich zum Mann? (Siehe Seite 240.)

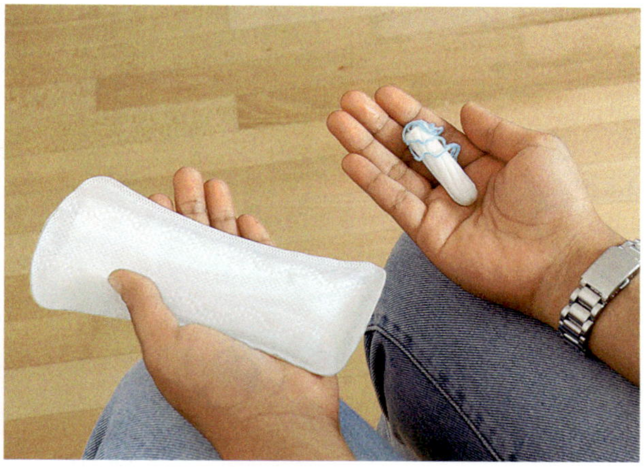

2 Was bedeutet es eigentlich, wenn Mädchen „ihre Tage“ haben? (Siehe Seite 242.)

3 Welche Unterschiede gibt es zwischen Frau und Mann? (Siehe Seite 240, 242.)

4 Wie fühlt sich Liebe an? (Siehe Seite 244.)

5 Verhütung ist wichtig. Warum und wie funktioniert sie? (Siehe Seite 248.)

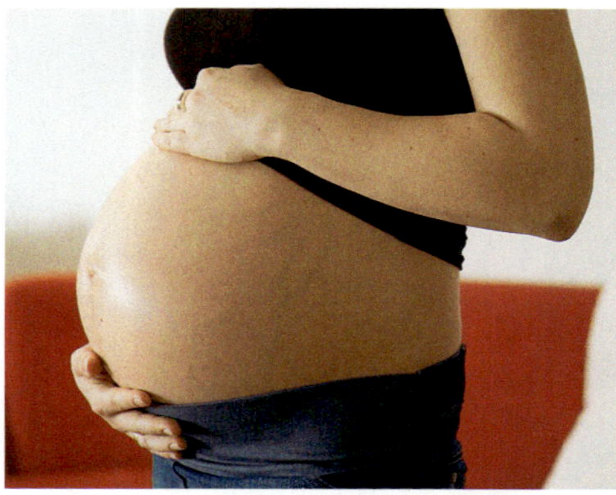

6 Was geht in diesem Bauch vor sich? (Siehe Seite 250.)

Jakob versteht die Welt nicht mehr. Die Eltern sind doof und die Schule nervt. Gerade war er noch gut drauf und nun ist er traurig. Sein Leben fühlt sich an wie eine große Baustelle. Was ist bloß los mit ihm?

1 Was ist bloß los mit Jakob?

Was ist los mit mir?

Die Pubertät – Achtung: Baustelle!

Jakob muss sich keine Sorgen machen. Zwischen dem 10. und 16. Lebensjahr kommt jeder Jugendliche in eine Phase, in der sich sein Leben verändert. Der Körper verändert sich, aber auch das Verhalten ändert sich. Diese Zeit wird **Pubertät** genannt. Bei dem einen beginnt diese Zeit etwas früher, bei dem anderen etwas später. → 2 Jeder Körper hat sein eigenes Tempo.

Der Körper verändert sich

Die Pubertät beginnt mit der Bildung von Stoffen, die wir Hormone nennen. Sie lösen Veränderungen aus. Dadurch wächst du vor allem in die Länge. Aber auch deine Figur verändert sich. Bei den Mädchen wachsen die Brüste und die Hüften werden breiter. → 3 Bei den Jungen werden die Schultern breiter und die Hüften bleiben schmal. → 3 Durch die Hormone beginnen auch die ers-

2 Gleich alt und unterschiedlich weit entwickelt

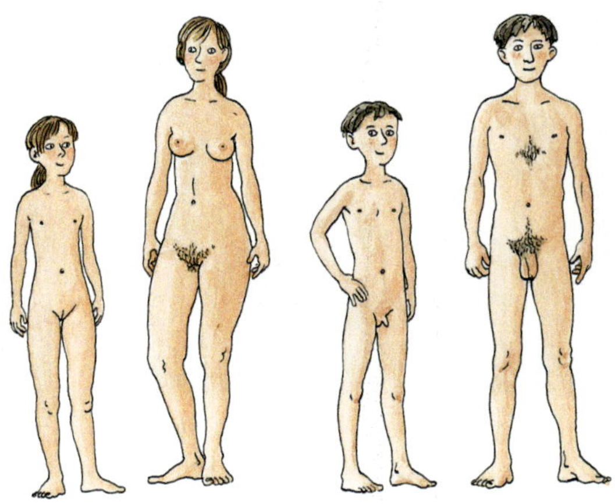

3 Vom Mädchen zur Frau – vom Jungen zum Mann

4 In der Pubertät kann die Haut Probleme machen.

ten Körperhaare in den Achselhöhlen und im Schambereich zu wachsen. Viele Jungen und Mädchen bekommen auch Probleme mit der Haut, denn die Hormone regen die Talgproduktion der Haut an. Dadurch wird die Haut fettig und es können Pickel entstehen. → 4

Das Verhalten verändert sich

Eben noch gut drauf und plötzlich ganz betrübt. In der Pubertät spielen die Gefühle oft „Achterbahn". Die Stimmung kann von einem auf den anderen Moment umschlagen, ohne dass es einen Auslöser dafür gibt. Mit den Eltern führt man immer öfter Diskussionen und die Freunde werden einem wichtiger. Man möchte selbst über sein Leben bestimmen und nicht mehr als Kind behandelt werden. Für viele spielt die erste Liebe auch eine Rolle. Findet der andere mich gut, mag er mich? Man fühlt sich unsicher und fragt sich, ob man mit seiner Art und seinem Aussehen bei den anderen ankommt. So schwierig es manchmal in der Pubertät ist, so spannend ist es auch. Denn man ist dabei, erwachsen zu werden.

→ Merk dir! **Zwischen dem 10. und dem 16. Lebensjahr kommst du in die Pubertät. In dieser Zeit verändern sich dein Körper und dein Verhalten. Du wirst erwachsen.**

Arbeitsaufträge

1. Geht es euch auch so wie Jakob? Seid ihr noch Kinder oder schon Erwachsene? Welche Veränderungen könnt ihr an euch feststellen? Was erwartet ihr vom Erwachsensein?

2. Stelle mithilfe von Abbildung 3 eine Tabelle mit den äußerlich sichtbaren Veränderungen von Mädchen und Jungen in der Pubertät zusammen.

3. Nenne Veränderungen in der Pubertät, die nicht sichtbar sind.

Was passiert genau mit dem Körper eines Jungen in der Pubertät?

1 Aus Jungen entwickeln sich Männer.

Vom Jungen zum Mann

Vom Jungen zum Mann

Die Figur verändert sich, die Schultern werden breiter. Am Hals tritt der „Adamsapfel" hervor und die Stimmbänder werden länger. Dadurch kommen Jungen in den Stimmbruch, bei dem die Stimme mal hoch, mal tief klingt. Die Geschlechtsorgane werden größer, Bart- und Körperhaare sprießen. → 2

2 Bin ich nun ein Mann?

Die männlichen Geschlechtsorgane

Bei einem Jungen sind äußerlich der **Penis** und der **Hodensack** zu sehen. Die empfindliche Eichel an der Spitze des Penis wird von der Vorhaut geschützt. → 3 Der Penis ist normalerweise weich. Mit dem Einsetzen der Pubertät kommt es bei Jungen vor, dass sich der Penis plötzlich versteift. Dabei füllen sich die Schwellkörper in seinem Innern mit Blut. Der Penis wird länger, dicker und richtet sich auf.

Spermienbildung

Im Hodensack befinden sich die Hoden, die täglich mehrere Millionen **Spermienzellen** bilden. Sie sammeln sich in den Nebenhoden. → 3 Beim Samenerguss gelangen die Spermien über den Spermienleiter und die Harnröhre durch den Penis nach außen. → 4 Bei Jungen kommt es zu Beginn der Pubertät vor, dass sie morgens aufwachen und feuchte Flecken in der Wäsche bemerken. Mit diesem ersten Spermienerguss ist der Junge geschlechtsreif. Das heißt, er kann jetzt ein Kind zeugen. Von Zeit zu Zeit

Hodensack
Penis
Spermienzelle

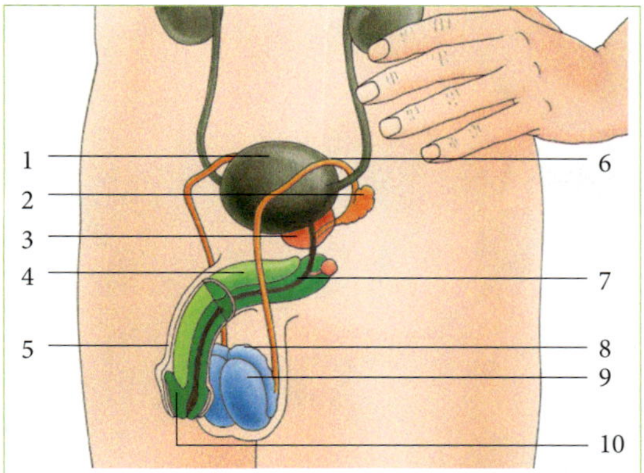

1 Harnblase
2 Bläschendrüse
3 Vorsteherdrüse
4 Schwellkörper
5 Penis
6 Spermienleiter
7 Harnröhre
8 Nebenhoden
9 Hoden
10 Eichel

3 Die männlichen Geschlechtsorgane

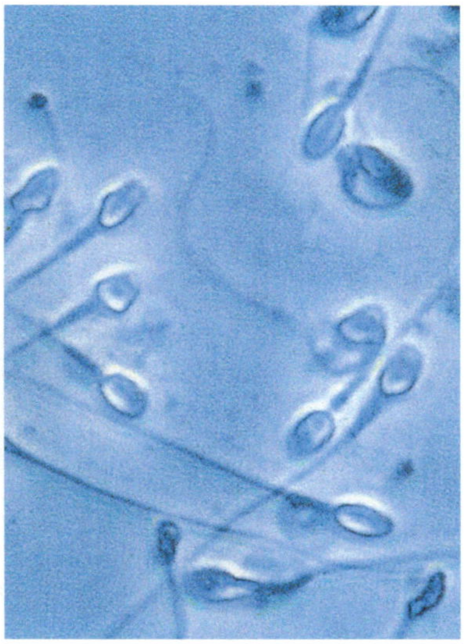

4 Spermien unter dem Mikroskop

kommt es beim Jungen oder beim Mann zu einem unbewussten Spermienerguss im Schlaf.

Selbstbefriedigung – was ist das?

Jakob hat eine Frage, traut sich aber nicht, seine Freunde zu fragen. Darum schreibt er einen Brief an eine Jugendzeitschrift.

Liebes Dr.-Sommer-Team,
meine Freunde sprechen immer über Selbstbefriedigung. Ich weiß nicht, was das ist. Können Sie mir helfen?

Lieber Jakob,
sich selbst zu befriedigen kann ein Weg sein, den eigenen Körper und die eigene Sexualität kennenzulernen. Sich selbst zu befriedigen gehört zur sexuellen Entwicklung. Wenn du deinen Penis berührst, wird dieser steif und du verspürst sexuelle Lust. Es kann bis zum Höhepunkt, dem Orgasmus, kommen. Beim Orgasmus spritzt die Flüssigkeit, in der sich die Spermien befinden, aus dem Penis.

Waschen ist wichtig

Tägliches Waschen der Geschlechtsorgane mit Wasser und einer milden Seife ist wichtig, damit keine Entzündung entsteht. Beim Waschen muss die Vorhaut vorsichtig zurückgezogen werden, um die Absonderungen zu entfernen. So werden Gerüche und Entzündungen vermieden.

> **Merk dir!** Zu den männlichen Geschlechtsorganen gehören: Penis, Eichel, Spermienleiter, Hodensack und Hoden.

Arbeitsaufträge

1. Erstelle eine Tabelle, in die du alle Geschlechtsorgane des Mannes und deren Funktion hineinschreibst.

2. Erkläre, was bei der Versteifung des Penis passiert.

3. Beschreibe den Weg der Spermien im Körper in Form eines Reiseberichts: „Meine Reise beginnt in den …"

Lisa trägt am Strand normalerweise nur die Bikinihose. Dieses Jahr ertappt sie sich dabei, dass sie wie die Erwachsenen lieber auch das Oberteil benutzt. In der Pubertät verändert sich einiges für Mädchen. Was kommt da alles auf sie zu?

1 Aus Mädchen entwickeln sich Frauen.

Vom Mädchen zur Frau

Vom Mädchen zur Frau

Die Hormone sorgen dafür, dass Mädchen die Regelblutung bekommen. Die Geschlechtsorgane werden größer, Körperhaare sprießen. Der Körperbau verändert sich durch das Brustwachstum und die Verbreiterung der Hüften. Viele Mädchen machen sich Gedanken um ihre Figur und ihr Aussehen.

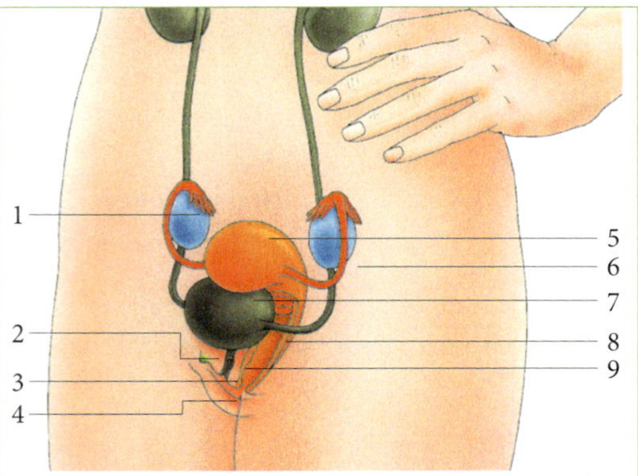

1 Eierstock
2 Kitzler
3 kleine Schamlippe
4 große Schamlippe
5 Gebärmutter
6 Eileiter
7 Harnblase
8 Scheide
9 Harnröhre

2 Die weiblichen Geschlechtsorgane

Die weiblichen Geschlechtsorgane

Bei Mädchen sind von außen nur die großen Schamlippen zu erkennen. Diese Hautfalten bedecken die kleinen Schamlippen, den Kitzler und den Scheideneingang. → 2 Der Kitzler ist erbsengroß, sehr empfindlich und schwillt bei Erregung an. Bei jungen Mädchen ist der Scheideneingang von einem Jungfernhäutchen bedeckt. Die **Scheide** im Innern deines Körpers ist die Verbindung zur Gebärmutter. → 2 Die **Gebärmutter** ist ein Hohlmuskel und hat etwa die Größe einer Birne. Sie ist sehr dehnbar, sodass ein Baby bis zur Geburt ausreichend Platz hat. Sie ist mit Gebärmutterschleimhaut ausgekleidet. Von der Gebärmutter führen zwei **Eileiter** zu den **Eierstöcken**. → 2

Reifung der Eizellen

Jeden Monat wird eine reife Eizelle aus dem Eierstock ausgeschwemmt und von einem der beiden Eileiter aufgefangen. Diesen Zeitpunkt nennt man Eisprung. → 3 Bereits ab dem ersten Eisprung kann ein Mädchen schwanger werden.

Eileiter
Eierstöcke
Gebärmutter
Regelblutung
Scheide

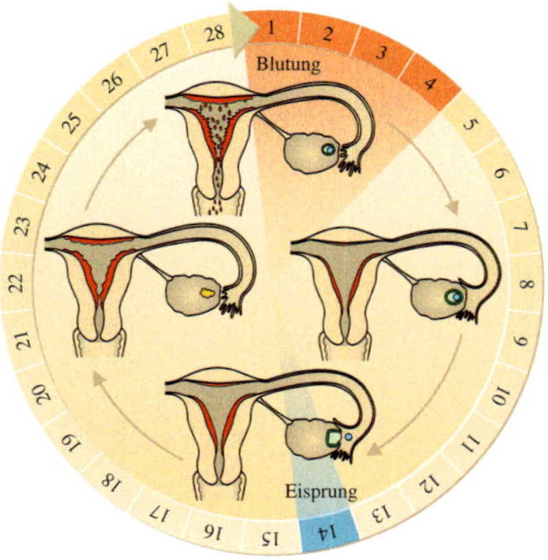

3 Regelzyklus (28 Tage)

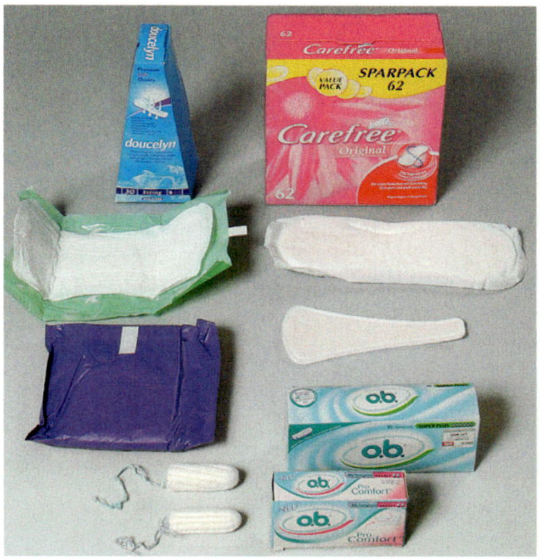

4 Binden und Tampons

Die Regelblutung – was ist das eigentlich?

Die **Regelblutung** setzt zwischen dem 10. und 16. Lebensjahr ein. Sie findet etwa alle drei bis fünf Wochen statt und dauert 3 bis 7 Tage. Die rote Flüssigkeit besteht aus Blut und Gebärmutterschleimhaut. Während die Eizelle im Eierstock reift, baut sich die Gebärmutterschleimhaut auf, um wie ein Nest die befruchtete Eizelle aufzunehmen. Wird die Eizelle nicht befruchtet, wird die Gebärmutterschleimhaut abgestoßen und es kommt zur Regelblutung. Man sagt dann auch, das Mädchen hat ihre „Tage“. Die Zeitspanne vom ersten Tag der Regelblutung bis zum ersten Tag der nächsten Regelblutung nennt man Regelzyklus. → 3

Von Tampons und Binden

Tampons und Binden sind dafür da, die Regelblutung aufzufangen. → 4 Sie sollten mehrmals am Tag gewechselt werden. Tägliches Waschen mit lauwarmem Wasser und einer Waschlotion ist wichtig und verhindert die Bildung von unangenehmem Geruch und Krankheitserregern. Benutzte Tampons und Binden werden im Abfalleimer entsorgt.

→ Merk dir! Zu den weiblichen Geschlechtsorganen gehören: Schamlippen, Kitzler, Scheide, Gebärmutter, Eileiter und Eierstock. Im Eierstock wird jeden Monat eine Eizelle reif.

Arbeitsaufträge

1. Erstelle eine Tabelle mit den Geschlechtsorganen und gib ihre Funktion an.

2. Aylin behauptet, Mädchen können erst mit 18 schwanger werden. Stimmt das? Begründe deine Antwort.

3. Binde oder Tampon? Führe folgende Versuche durch:

a Schneide eine Binde und einen Tampon auf. Beschreibe, woraus sie bestehen und wie sie aufgebaut sind.

b Nimm zwei Messbecher und fülle sie mit 50 ml Wasser. Lege in den einen Messbecher die Binde, in den anderen den Tampon. Was stellst du fest?

Was ist Liebe?

1. Liebe ist …

Ihr braucht: Filzstifte und 7 Plakate.

Schreibt auf jedes Plakat einen der folgenden Satzanfänge:

Liebe ist …
- Einen guten Freund oder eine gute Freundin erkenne ich daran, dass …
- Ich bekomme Herzklopfen, wenn …
- Menschen zeigen Gefühle, wenn …
- Mädchen wollen immer …
- Jungs wollen immer …
- An meinem Freund oder meiner Freundin gefällt mir/gefällt mir nicht …

a Hängt die Plakate mit den Satzanfängen in der Klasse aus.
b Nun vollendet jeder für sich die Satzanfänge, ohne miteinander zu reden.
c Vergleicht die Vorschläge und sprecht darüber in der Klasse.

2. Liebe, Partnerschaft und Sexualität

1 Romantische Bootsfahrt

Ihr braucht: Sammlung von Fotos aus Zeitschriften zu den Themen Liebe, Partnerschaft und Sexualität. → **1–4**

Setzt euch in einen Stuhlkreis und legt die Fotos in der Mitte aus.

a Jeder für sich wählt Fotos aus, die ihm gefallen.
b Stelle nun deine Fotos vor und erkläre, warum sie dir gefallen. Erkläre, welche Verbindung sie für dich zum Thema haben.

2 Rosen

3 Eheringe

4 Liebeserklärung

3. Sie liebt mich, sie liebt mich nicht …

Lena und Alex haben sich schon einige Male auf dem Schulhof gesehen, aber noch nie miteinander geredet. Alex muss immer an Lena denken, „Schmetterlinge tanzen in seinem Bauch". Er wünscht sich, ständig in ihrer Nähe zu sein. Er ist verliebt. Wie kann er nun mit Lena Kontakt aufnehmen? → 5

Hier ein paar Ideen:

- Er lädt sie zu seiner Party ein.
- Er spricht sie an und sagt, dass er sie mag.
- Er ruft sie an.
- …

Sicher habt ihr noch weitere Ideen. Probiert die Ideen in einem Rollenspiel aus.

5 Wie spreche ich sie an?

Anleitung zum Rollenspiel

a Wählt die Personen aus, die in diesem Spiel mitspielen (Lena, Alex …).
b Überlegt, welche Situation ihr spielen wollt.
c Begrenzt die Spieldauer auf 5 Minuten, wählt dazu einen Zeitwächter.
d Versetzt euch möglichst genau in die Personen hinein und denkt an das Ziel, das ihr verfolgt.
e Spielt echt, nicht übertrieben!
f Die anderen Mitschüler, die nicht mitspielen, sind nun die Beobachter und haben folgende Aufgaben:
- Halten sich die Spieler an die Vorgaben?
- Gehen die Spieler aufeinander ein?
- An welchen Stellen könnten die Spieler anders reagieren?

g Spielt nun die Szene vor.

Befragt danach die Spieler, dann die Beobachter, wie sie das Gesehene empfunden haben.

Wenn ihr Lust habt, könnt ihr eine weitere Szene mit anderen Spielern spielen.

Es gibt Situationen, in denen man sich fragt: Was ist richtig, was ist falsch? Was tut mir gut, was nicht? Wo liegen die Grenzen?

1 Zeit der Gefühle

Vom Ja- und Neinsagen

Er liebt mich, er liebt mich nicht …

Aylin ist verliebt. Sie kann nur noch an Tarek denken. Nachts träumt sie sogar von ihm. Er sieht aber auch wirklich toll aus. Immer wenn sie ihn auf dem Pausenhof sieht, wird sie gleich rot. Ob Tarek sie wohl auch mag? Verliebt zu sein ist schön und aufregend. Andererseits kannst du dich auch unsicher fühlen, weil du nicht weißt, wie der andere fühlt. → 1, 2 Es ist wichtig, dass du jemand hast, mit dem du deine Probleme besprechen kannst.

2 Er liebt mich, er liebt mich nicht …

Miteinander reden

Wenn es dann „gefunkt" hat, gehört irgendwann zur Liebe auch die Lust. Der Wunsch nach Nähe und Zärtlichkeit wird größer. Doch was will ich eigentlich? Und was möchte der andere? Man muss offen miteinander reden, wenn einem etwas zu viel wird oder zu schnell geht. Das ist manchmal nicht einfach. Doch beide sollten darauf vertrauen, dass der andere ihn genauso mag, wie er ist. Es ist etwas Wunderschönes, gemeinsam die Liebe zu entdecken.

Sei stark

Wenn jemand etwas von dir verlangt, was du nicht willst, musst du klar **Nein sagen**. → 3 Sage deutlich, dass es kein gutes Gefühl für dich ist. Solltest du dich einmal in einer Situation befinden, in der dich eine Person bedrängt, dann hole dir Hilfe. Wende dich an eine Person, der du vertraust: deine Mutter, einen Freund oder Lehrer. Auch öffentliche **Beratungsstellen** können dir helfen. → 4

Beratungsstellen
Nein sagen

3 Nein sagen ist wichtig.

Beratung und Hilfe bekommst du bei:

- der „Nummer gegen Kummer" 0800–1110 333
- über www.profamilia.de
- www.wildwasser.de

4 Hilfe und Beratung

Vorsicht im Internet

Sicher hast du schon E-Mails geschrieben oder dich im Chat unterhalten. → **5** Wenn du aufgefordert wirst, deine Adresse oder Fotos zu verschicken, solltest du vorsichtig sein. Verschicke niemals deine Adresse, Telefonnummer oder Bilder von dir. Triff dich nicht alleine mit einer Chatbekanntschaft.

> → **Merk dir!** Bei Unsicherheiten oder Problemen rede mit einer Person, der du vertraust. Wenn jemand etwas von dir verlangt, was du nicht willst, musst du klar Nein sagen.

5 Vorsicht mit Bekanntschaften im Internet

Arbeitsaufträge

1. Ergänze folgenden Satz: „Von meinem Freund/meiner Freundin wünsche ich mir ..."

2. In welchen Situationen ist es wichtig, Nein zu sagen? Begründe deine Aussagen.

3. Entscheidet, welche der folgenden Geheimnisse man eurer Meinung nach weitererzählen darf und welche nicht? Begründet eure Meinung.

a Du beobachtest im Geschäft, wie zwei Jungen aus deiner Klasse CDs stehlen.
b Du erzählst deinem Freund /deiner Freundin von deinem Schwarm und bittest, niemandem davon zu erzählen.
c Ein Freund deiner Eltern will dich küssen und streicheln, wenn ihr alleine im Zimmer seid. Er sagt, dies sei euer Geheimnis.

Jugendliche suchen in der Pubertät die Nähe des anderen Geschlechts. Es bleibt nicht immer beim Streicheln, Küssen und gegenseitigen Berühren. Kann ein Mädchen denn schon beim „ersten Mal" schwanger werden?

1 Nähe und Schmusen enden oft ungeplant im „ersten Mal".

Beim ersten Mal kann doch nichts passieren – oder?

Was ist Petting?

Besonders Jugendliche in der Pubertät nutzen das Petting, um erste sexuelle Erfahrungen zu machen. Dazu gehören streicheln, küssen und gegenseitiges Berühren der Geschlechtsorgane. Geschlechtsverkehr findet nicht statt. Wenn Spermienzellen beim Petting in die Scheide gelangen, kann es auch zur Schwangerschaft kommen. → 1

Miteinander schlafen

Irgendwann kommt es dazu, dass Junge und Mädchen miteinander schlafen wollen. Andere Wörter sind „Liebe machen", „Sex" oder „**Geschlechtsverkehr**". Dabei gleitet der steife Penis in die Scheide. Durch die Erregung wird die Scheide feucht, damit der Penis besser eindringen kann. Wenn das Paar keine Kinder zeugen möchte, muss es verhüten.

Verhütung – Sex ja, aber kein Baby

Ein Grund, dass viele Jugendliche beim ersten Mal nicht verhüten, ist, dass die Situation des Geschlechtsverkehrs völlig überraschend kommt. Viele Mädchen trauen sich nicht, ihren Freund auf Verhütung anzusprechen. Manchmal denken Mädchen auch, dass die Jungen schon Bescheid wissen. Pille, Kondom, Spirale, Diaphragma – es gibt eine große Auswahl an Verhütungsmitteln. Wenn ihr miteinander schlafen möchtet, ist es wichtig, sich vorher gemeinsam über Verhütung zu informieren und darüber zu reden.

Das Kondom

Für alle Fälle: Immer ein **Kondom** in der Tasche. Es ist ein dünnes Gummi, das über den Penis gezogen wird und ein Eindringen der Spermienzellen in die Scheide verhin-

Aids
Geschlechtsverkehr
Kondom
Pille

2 Kondome schützen auch vor Aids.

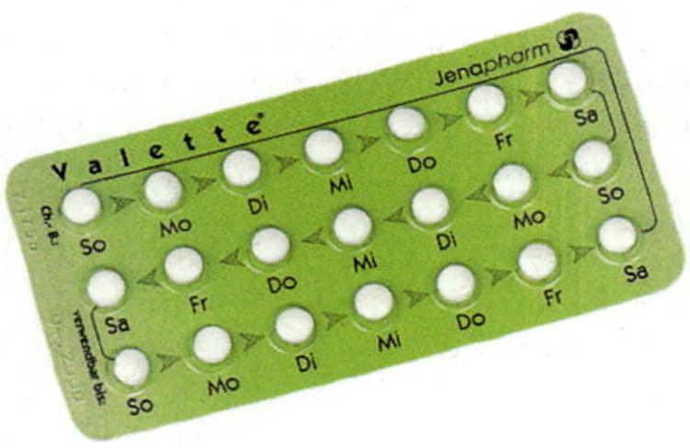

3 Antibabypille

dert. Richtig abgerollt sitzt es recht fest, muss jedoch nach dem Spermienerguss beim Rausziehen des Penis aus der Scheide am Penisschaft festgehalten werden. Das Kondom schützt gleichzeitig vor Geschlechtskrankheiten und **Aids**. Kondome kannst du in Apotheken, Drogerien und Supermärkten kaufen. → 2

Die Pille

Die **Pille** ist eine Hormontablette, die den Eisprung verhindert. Deshalb kann es zu keiner Befruchtung kommen. Sie wird 21 oder 22 Tage lang täglich eingenommen, danach setzt die Regelblutung ein. Bei richtiger Anwendung, das heißt bei regelmäßiger Einnahme, ist die Sicherheit sehr hoch. → 3

Coitus interruptus – Ich pass schon auf!

Beim Coitus interruptus zieht der Mann vor dem Eintritt des Spermienergusses, also direkt vor dem Orgasmus, den Penis aus der Scheide. Diese Methode erscheint sehr reizvoll, da keinerlei Vorbereitung notwendig ist. Das macht sie so verführerisch. Dieses Verfahren bietet aber keinerlei Sicherheit, denn es kommt bereits vor dem Orgasmus zum Austritt von Spermienzellen. Es ist daher dringend vom Coitus interruptus abzuraten!

→ **Merk dir!** Verhütung einer ungewollten Schwangerschaft ist immer wichtig, auch beim ersten Mal.

Arbeitsaufträge

1. Anna ist schwanger. Jakob und sie haben sich aber nur gestreichelt. Dabei hatte Jakob einen Spermienerguss.
- **a** Begründe, warum Anna schwanger ist.
- **b** Erkläre, wie beide die Schwangerschaft hätten verhindern können.
- **c** Informiere dich, wo sich Anna Hilfe holen kann.

2. Stelle in einer Tabelle die Unterschiede zwischen Kondom und Pille gegenüber.

3. Informiere dich unter www.loveline.de über die Benutzung von Kondomen. Präsentiere deine Ergebnisse deinen Mitschülern.

4. Erkläre, wofür das Plakat in Abbildung 2 wirbt.

Jedes Leben beginnt mit einer befruchteten Eizelle. Fast unvorstellbar, dass daraus ein Mensch entsteht.
Wie verläuft die Entwicklung?

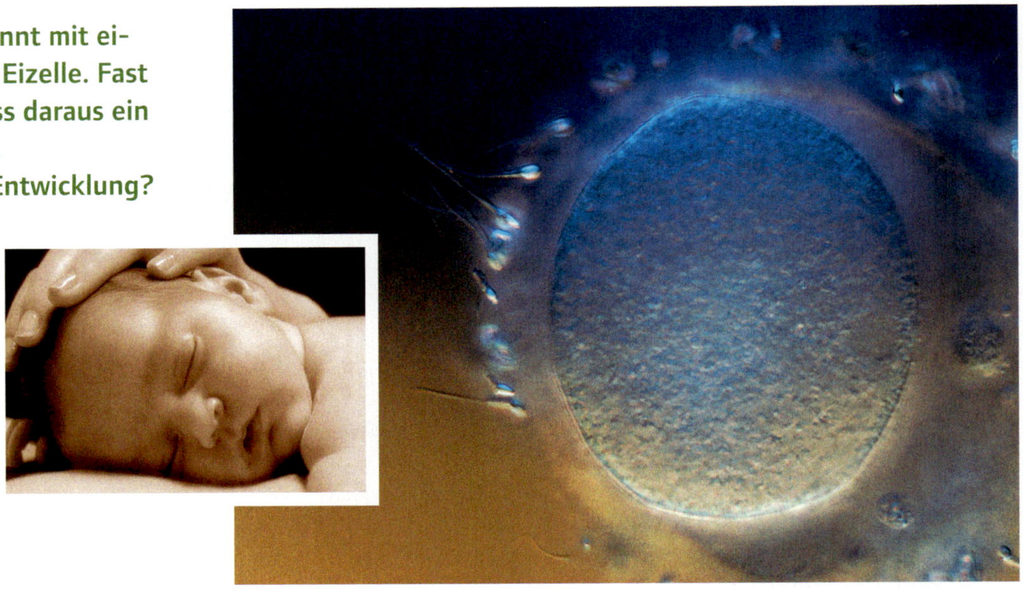

1 Aus einer Eizelle und einer Spermienzelle entwickelt sich ein neuer Mensch.

Wie entsteht ein Baby?

Wie alles beginnt

Wenn eine Eizelle sprechen könnte, dann würde sie Folgendes erzählen: „Endlich bin ich reif und bewege mich im Eileiter in Richtung Gebärmutter. Plötzlich kommt eine Spermienzelle auf mich zu und dringt in mich ein. Dieser Vorgang heißt Befruchtung. Ich teile mich sofort und wachse. In der Gebärmutter angekommen, niste ich mich in der Gebärmutterschleimhaut ein. → 2 Der Frauenarzt nennt mich **Embryo**. Ich wachse weiter."

Versorgung

„Durch den **Mutterkuchen** und über die **Nabelschnur** werde ich mit Nährstoffen und Sauerstoff versorgt. Die mich umgebende **Fruchtblase** schützt mich. Ich schwimme im Fruchtwasser." → 3

Vom Embryo zum Fetus

„Nach 8 Wochen habe ich schon alle inneren Organe. Mein Herz schlägt. Nach 12 Wochen haben alle Organe ihre Aufgaben übernommen. Ich heiße nun **Fetus**." → 4

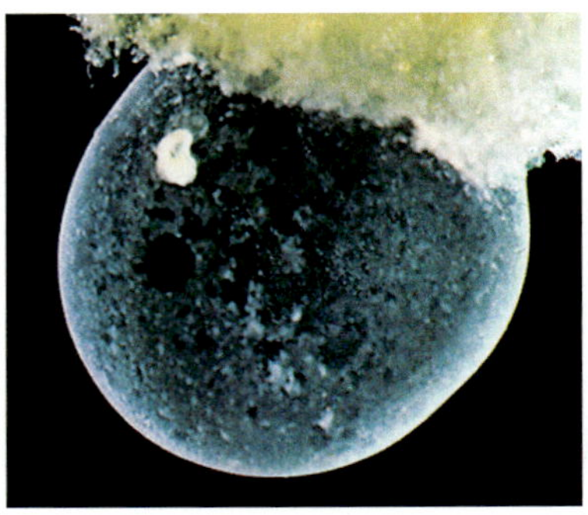

2 Zwei Wochen nach der Befruchtung

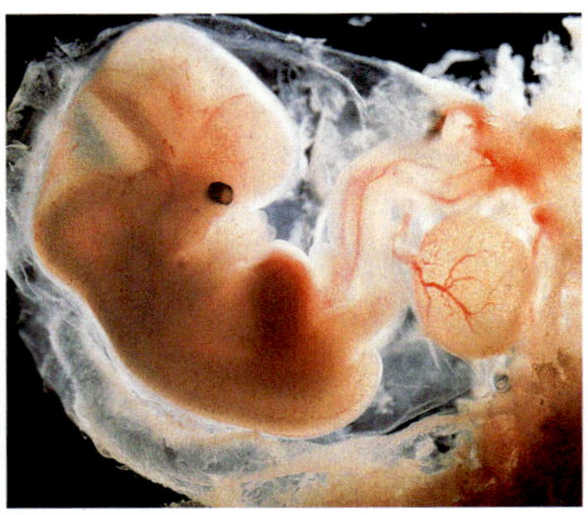

3 Sechs Wochen alter Embryo

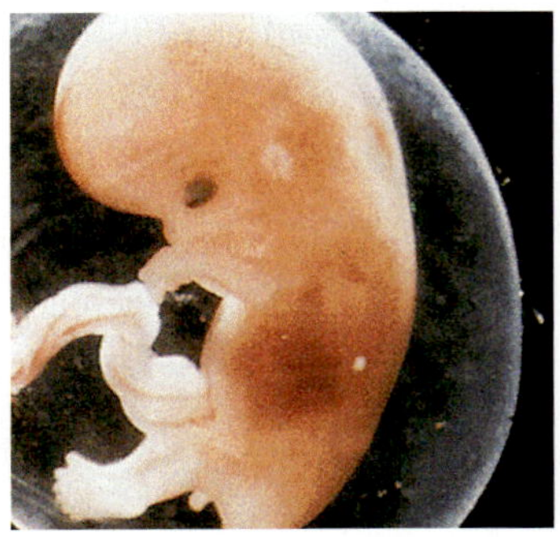

4 Acht Wochen alter Embryo

Embryo
Fetus
Fruchtblase
Mutterkuchen
Nabelschnur
Schwangerschaft

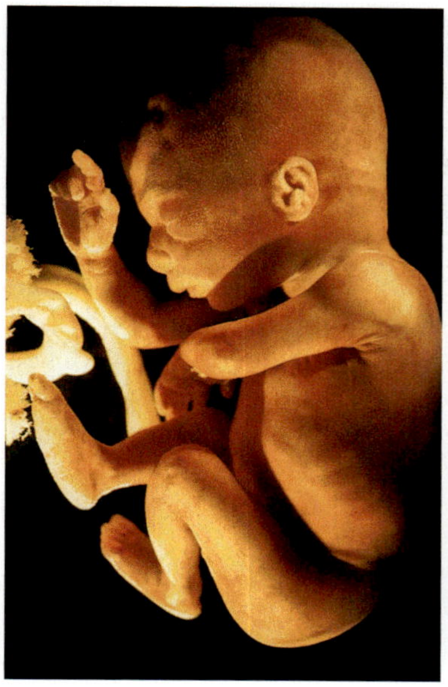

5 Zwanzig Wochen alter Fetus

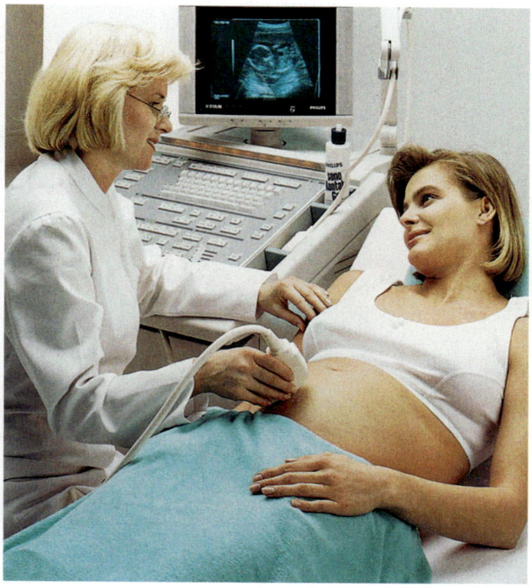

6 Untersuchung bei der Frauenärztin

Das Leben spüren

„Nach 20 Wochen bin ich schon so groß, dass meine Mutter meine Bewegungen an der Bauchdecke spürt. → 5 Jetzt kann ich schon hell und dunkel unterscheiden und Musik hören. Besonders viel Spaß macht mir das Daumenlutschen.“

Nach 40 Wochen

„Ich habe nun fast 40 Wochen in der Gebärmutter verbracht. Ich stehe auf dem Kopf und es wird eng. Es dauert nicht mehr lange, dann komme ich auf die Welt.“

Schwangerschaft

Ob eine **Schwangerschaft** vorliegt, kannst du mit einem Schwangerschaftstest feststellen. Oder du gehst zu einem Frauenarzt. → 6

→ **Merk dir!** Die Befruchtung entsteht durch die Verschmelzung von Eizelle und Spermienzelle. Die befruchtete Eizelle wächst und nistet sich in der Gebärmutterschleimhaut ein. In den ersten zwölf Wochen entwickeln sich beim Embryo alle wichtigen Organe.

Arbeitsaufträge

1. Erkläre mithilfe der Abbildungen 2 bis 5 die verschiedenen Entwicklungsstufen in der Schwangerschaft.

2. Erkläre mithilfe eines Modellversuchs, wie wichtig das Fruchtwasser für den Embryo ist.
- **a** Stelle das Modell von Abbildung 7 her.
- **b** Schüttle das Glas. Was passiert mit dem Ei?
- **c** Führe den Versuch ohne Wasser im Beutel durch. Was passiert mit dem Ei?

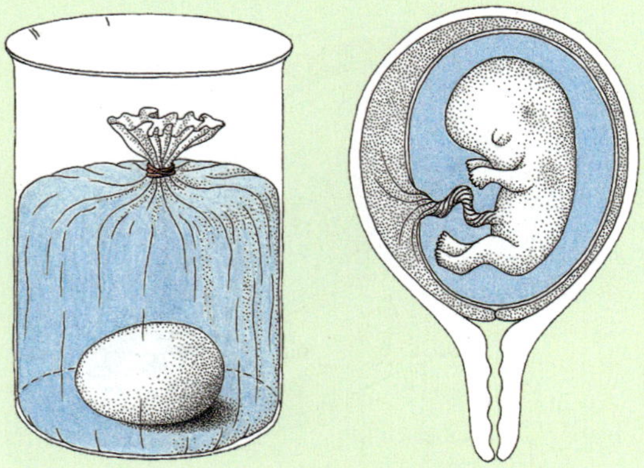

7 Modellversuch zur Funktion des Fruchtwassers

Wie kommt ein Kind auf die Welt? Was geschieht in den ersten Wochen und Monaten?

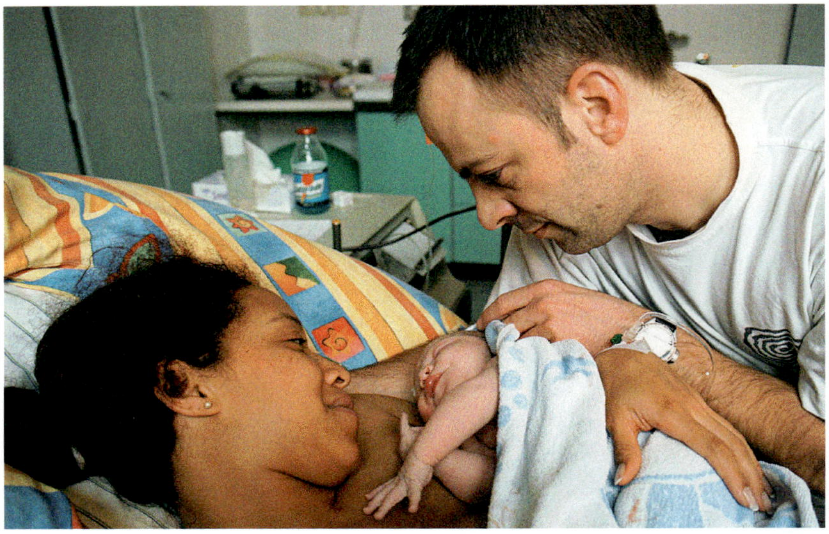

1 Eltern mit einem neugeborenen Kind

Geburt und Entwicklung eines Kindes

Die Geburt

Nach etwa 40 Wochen ist die Entwicklung des Kindes abgeschlossen. Mit den **Wehen** beginnt die **Geburt**. Dabei zieht sich die Gebärmutter zusammen. Die Fruchtblase platzt. Das Baby wird meist mit dem Kopf voran aus der Scheide gedrückt. → 2 Anschließend wird die Nabelschnur ohne Schmerzen durchtrennt. Mit dem ersten Schrei beginnt das Neugeborene selbstständig zu atmen. Kurze Zeit später werden mit einer Wehe Mutterkuchen, Nabelschnur und Fruchtblase ausgestoßen.

Der Säugling

Das Neugeborene beginnt an der Brustwarze der Mutter zu saugen. Die Muttermilch enthält alle wichtigen Nährstoffe. Wenn das

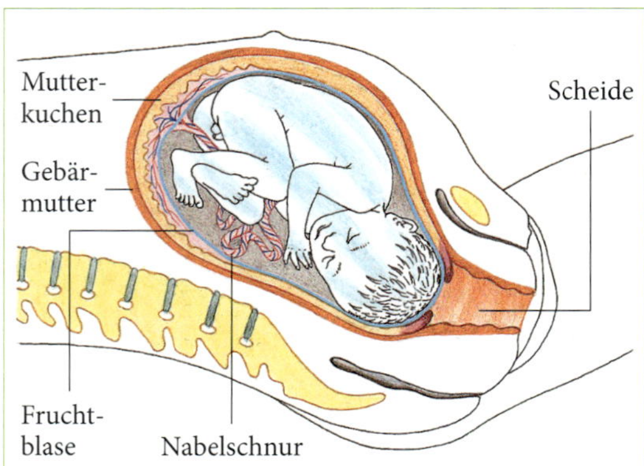

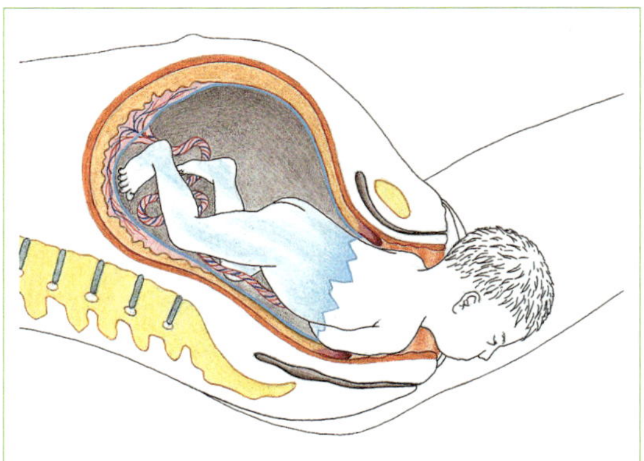

2 Durch Wehen wird das Baby aus der Gebärmutter gedrückt.

Geburt
Vererbung
Wehen

3 Baby

4 Kleinkind

Baby fünf Monate alt ist, kann es Brei essen und schlucken. Babys schreien, wenn sie hungrig oder müde sind. Für Babys ist es sehr wichtig, dass sie engen körperlichen Kontakt mit den Eltern haben. Fürsorge und Geborgenheit spielen für die weitere Entwicklung des Kindes eine bedeutende Rolle. → 3, 4

Ähnlichkeiten liegen in der Familie

„Du siehst aus wie dein Vater!" – „Deine Schwester und du, ihr seht euch aber ähnlich!" Solche Sätze hast du bestimmt schon einmal gehört. Die Ursache für Ähnlichkeiten in der Familie liegt in der Eizelle der Mutter und in der Spermienzelle des Vaters. Dort befinden sich Informationen, die zum Beispiel die Haar- und Augenfarbe des Kindes bestimmen. Diese Informationen geben die Eltern an ihre Kinder weiter. Dies nennt man **Vererbung**. In Familien treten daher oft Ähnlichkeiten unter Geschwistern, Cousins und Cousinen auf.

→ Merk dir! Nach 40 Wochen ist die Entwicklung des Kindes abgeschlossen. Durch Wehen wird es auf die Welt gebracht. Ein Baby braucht viel Aufmerksamkeit und Zuneigung.

Arbeitsaufträge

1. Überlege, was sich für das Baby alles ändert, wenn es den Körper der Mutter verlässt.
2. Begründe, warum Neugeborene auch Säuglinge genannt werden.
3. Finde mithilfe des Internets heraus, wie Zwillinge entstehen.
4. Babys schreien. Informiere dich bei Eltern von Neugeborenen, welche Gründe es für Babys gibt zu schreien. Können Eltern die Gründe am Schreien erkennen?

Sandras Baby weint. Was hat die Kleine denn nur? Wenn es doch nur schon reden könnte. Sandra schaut auf die Uhr. Hunger! Sie legt den Säugling an die Brust. Nun ist er zufrieden und saugt.
Was kann ein Neugeborenes, wenn es auf die Welt kommt? Wie entwickelt sich ein Kind in den ersten Jahren?

1 Der Säugling wird gestillt.

Vom Säugling zum Schulkind

Meilensteine der motorischen Entwicklung

Im ersten Lebensjahr sind die Fortschritte im Bereich der Fortbewegungsmöglichkeiten des Kindes besonders eindrucksvoll. Nach der Geburt liegen Neugeborene nur, ihren Kopf können sie in Bauchlage nur für einen kurzen Moment anheben. → 1, 4

Nach wenigen Wochen schon kann ein Säugling sitzen, wenig später beginnt er zu krabbeln und mit ungefähr einem Jahr machen die meisten Babys die ersten freien Schritte. → 2, 3 Die Bandbreite, wann Kinder welche Fertigkeit erlernen ist groß. Jedes Kind durchlebt diese **Entwicklung** in seinem eigenen Tempo.

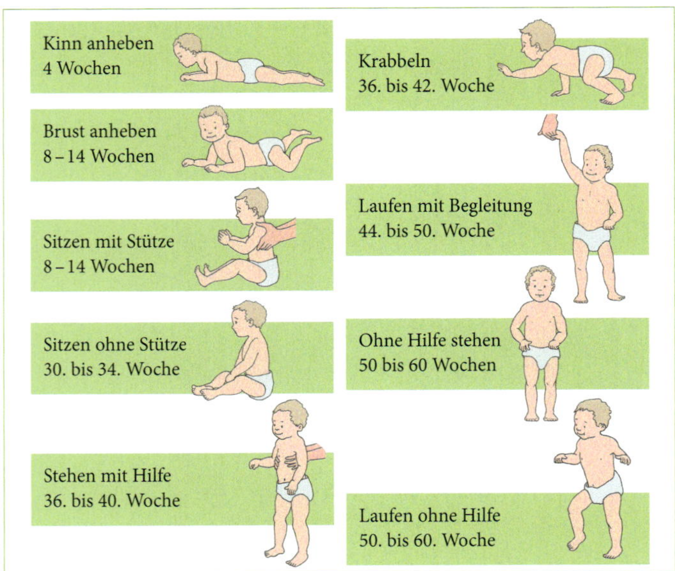

2 Kindesentwicklung

3 Die ersten Schritte

angeboren
Entwicklung
Selbstständigkeit
Sprachentwicklung

4 Neugeborenes

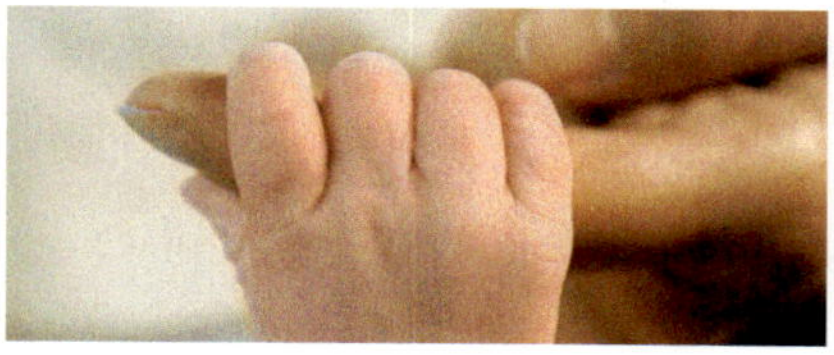

5 Der Greifreflex lässt sich schon beim Neugeborenen beobachten.

6 Das Baby spürt Haut und Duft der Mutter. Es fühlt sich geborgen.

Angeborene Verhaltensweisen sichern das Überleben

Schon im Mutterleib hat das Kind einige Fertigkeiten gelernt, die ihm nach der Geburt helfen, seine Bedürfnisse zu erfüllen. Mit seinem Schreien erregt es die Aufmerksamkeit der Mutter. Mithilfe des Suchreflexes findet es die Brustwarze der Mutter, mit dem Saugreflex kann es trinken und der Schluckreflex sorgt dafür, dass die Nahrung aus dem Mund weitertransportiert wird. Suchen, Saugen und Schlucken sind **angeboren**. Auch das Greifen ist angeboren. → **5**

Lernen in allen Bereichen

Mit zunehmendem Alter nimmt das Kind seine Umwelt immer aufmerksamer wahr. Es lernt, seine Körperbewegungen zu kontrollieren, sodass es mit ungefähr einem Jahr laufen kann. Es beginnt seine Umgebung zu erforschen und kann mit den Fingern Gegenstände greifen. Es lernt erste Worte und Sätze (**Sprachentwicklung**). Es lernt soziale Kontakte zu Menschen innerhalb und später auch außerhalb der Familien zu knüpfen. Um all das zu lernen, braucht es vertraute Personen, die es liebevoll versorgen, mit ihm spielen, sprechen und es berühren. → **6**

Das Schulkind

Jetzt folgen große Entwicklungsschritte in der **Selbstständigkeit**. Das Kind hat nun die Fähigkeit, sich in einer bekannten, kleinen sozialen Gruppe angemessen zu verhalten. In der Schule muss es lernen, die sozialen Kompetenzen weiterzuentwickeln.

→ **Merk dir!** Ein Kind kommt mit angeborenen Verhaltensweisen auf die Welt, die ihm sein Überleben sichern. Mithilfe vertrauter Personen lernt es die Welt kennen und wächst zu einem selbstständigen Menschen heran.

Arbeitsaufträge

1. Beschreibe den Weg eines Kindes bis zu den ersten eigenen Schrittchen. → **3**

2. Erläutere die Notwendigkeit der Reflexe.

3. Erkläre, warum Babys ängstlich reagieren, wenn keine vertraute Person anwesend ist.

Mit Sexualität umgehen

In der Pubertät verändern Hormone deinen Körper und dein Verhalten. Du wirst erwachsen. (Siehe Seite 238.)

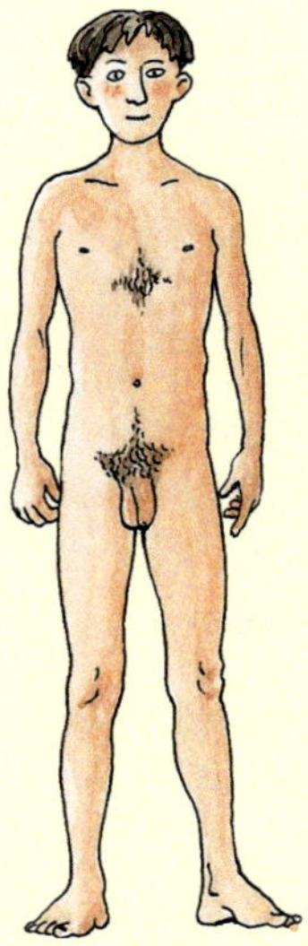

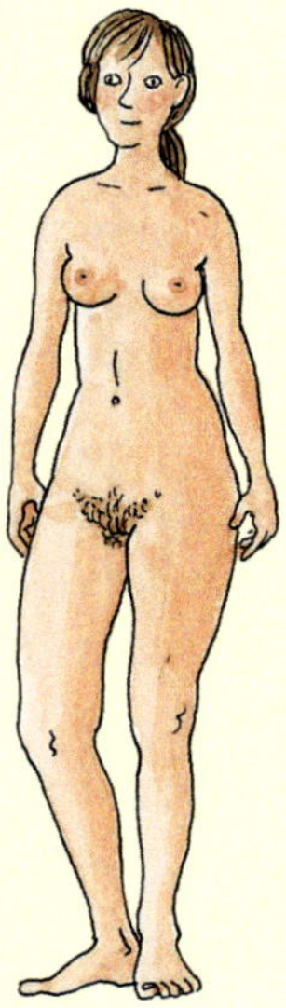

Zu den männlichen Geschlechtsorganen gehören Penis, Eichel, Spermienleiter, Hodensack und Hoden. Ab dem ersten Spermienerguss kann der Junge ein Kind zeugen. (Siehe Seite 240.)

Zu den weiblichen Geschlechtsorganen gehören Schamlippen, Kitzler, Scheide, Gebärmutter, Eileiter und Eierstock. Mit dem ersten Eisprung kann ein Mädchen schwanger werden. (Siehe Seite 242.)

Liebe ist nicht immer einfach. Lasst euch Zeit und redet miteinander. (Siehe Seite 246.)

Nein!

Sage Nein, wenn dir etwas nicht gefällt und du dich dabei nicht wohlfühlst. (Siehe Seite 247.)

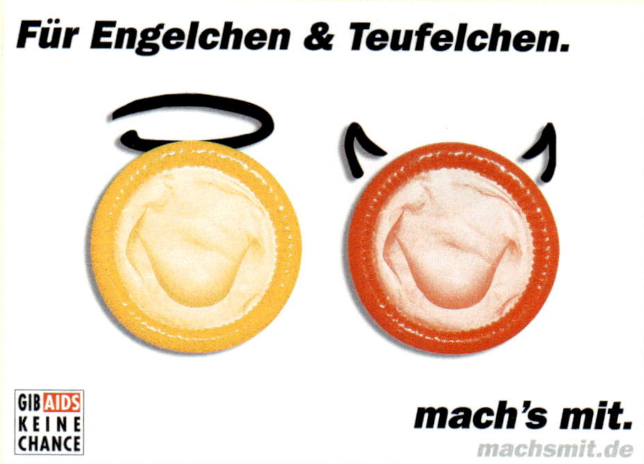

Kümmert euch vor dem Geschlechtsverkehr gemeinsam um die Verhütung. Kondom und Pille schützen vor einer Schwangerschaft. (Siehe Seite 248.)

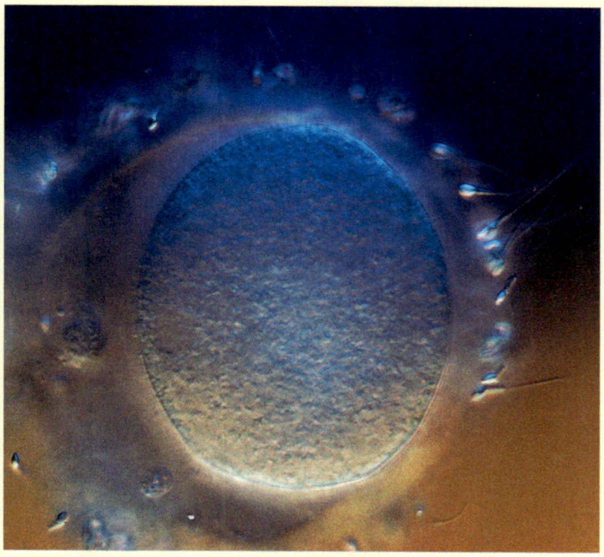

Ein Kind entsteht, wenn eine reife Eizelle mit einer Spermienzelle verschmilzt. (Siehe Seite 250.)

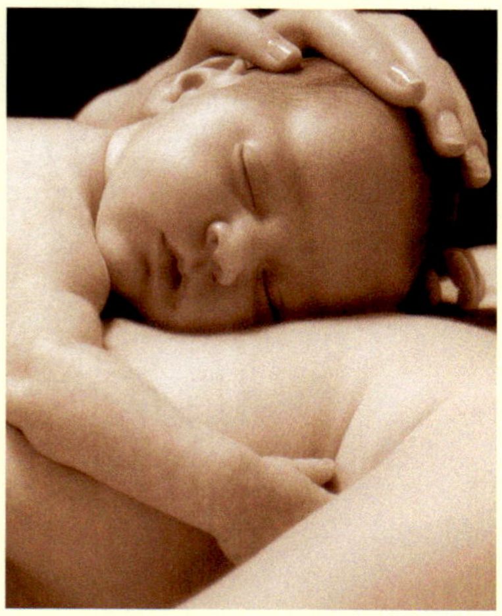

Nach 40 Wochen ist die Entwicklung des Kindes abgeschlossen und es wird geboren. (Siehe Seite 252.)

1. Manchmal bezeichnet man die Pubertät als „Achterbahn der Gefühle“. Erkläre, was damit gemeint ist.

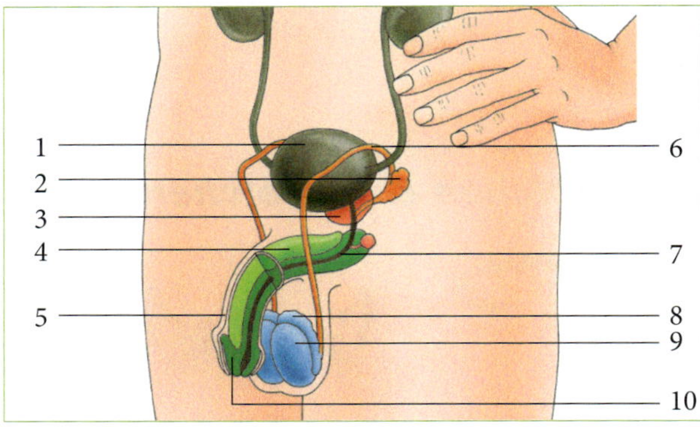

1 Männliche Geschlechtsorgane

2. Während der Pubertät entwickeln sich Jungen zu Männern.

a Nenne vier Dinge, die sich bei Jungen verändern.

b Ordne den Nummern in der Abbildung 1 die richtigen Begriffe zu.

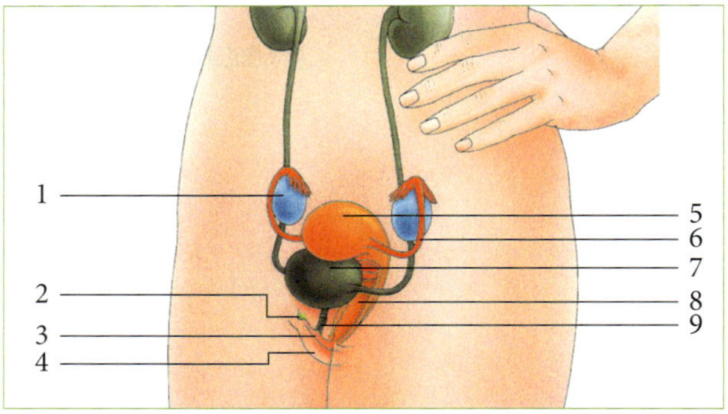

2 Weibliche Geschlechtsorgane

3. Während der Pubertät entwickeln sich Mädchen zu Frauen.

a Nenne vier Dinge, die sich bei Mädchen in der Pubertät verändern.

b Ordne den Nummern in der Abbildung 2 die richtigen Begriffe zu.

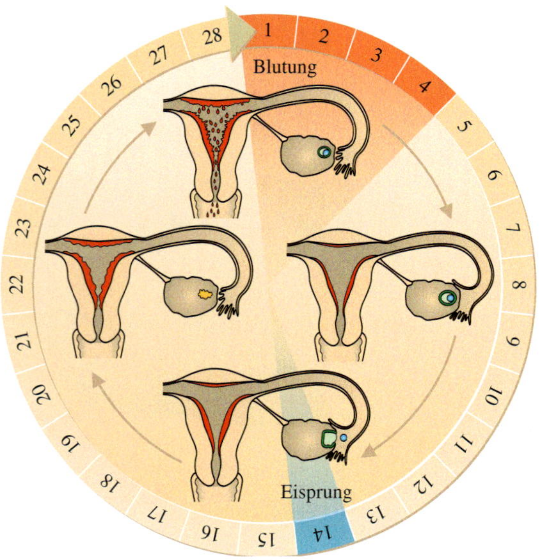

3 Regelzyklus

4. Die Abbildung 3 zeigt einen Vorgang im weiblichen Körper.

a Wie heißt der dargestellte Vorgang?

b Beschreibe ihn und verwende dabei die Begriffe Eierstock, Eileiter, Eizelle, Gebärmutter, Gebärmutterschleimhaut und Scheide.

5. Nenne zwei Verhütungsmittel.

a Erkläre ihren Gebrauch.

b Erkläre ihre Wirkungsweise.

6. Das Kind entwickelt sich im Körper der Mutter. Ordne die Bilder in der richtigen Reihenfolge und lege dazu eine Zeitleiste an.

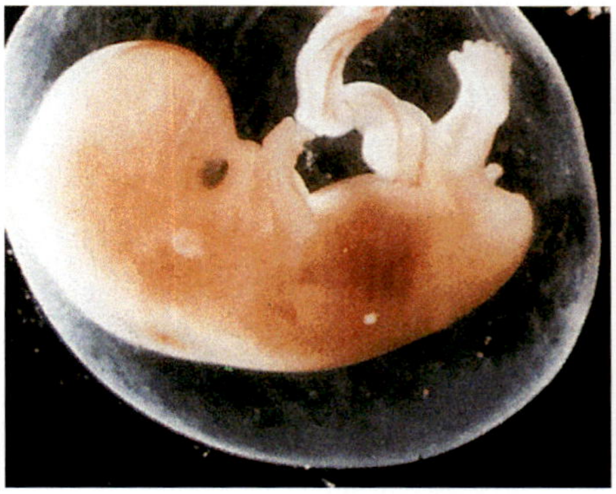

a

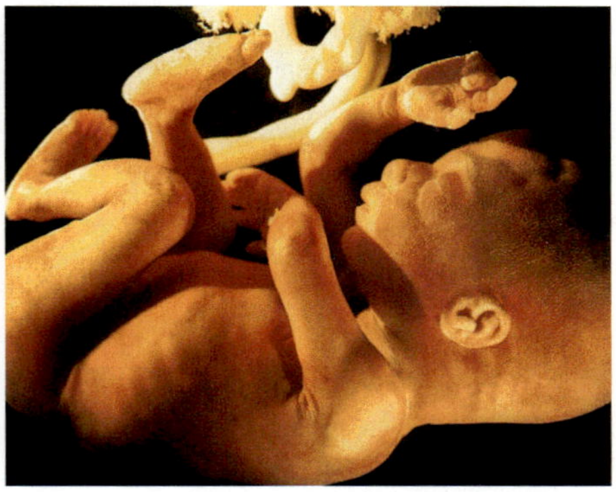

b

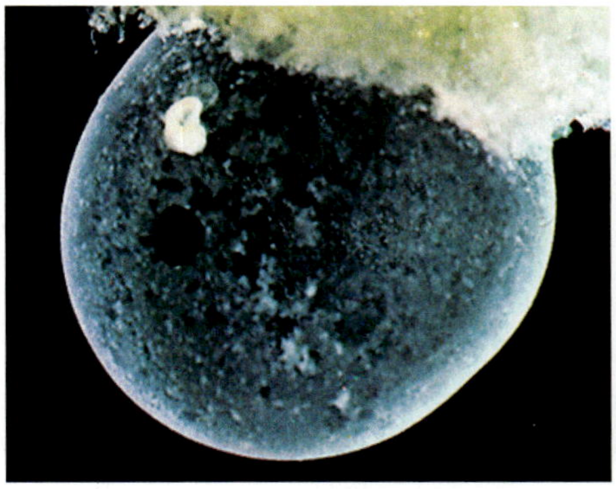

c

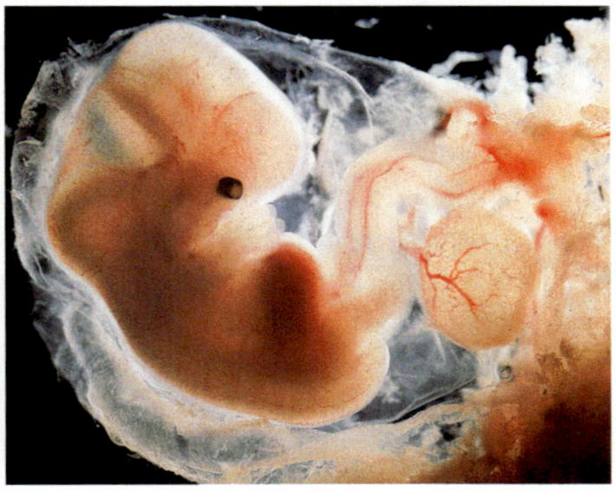

d

Ordne deiner Lösung im Heft ein Smiley zu:

☺ Ich habe die Aufgabe richtig lösen können.

😐 Ich habe die Aufgabe nicht komplett lösen können.

☹ Ich habe die Aufgabe nicht lösen können.

Aufgabe	Fähigkeit	Hilfe findest du auf Seite …
1	Ich kann den Begriff Pubertät erklären.	238
2, 3	Ich kann Veränderungen während der Pubertät benennen.	238–243
2, 3	Ich kann die einzelnen Teile der Geschlechtsorgane nennen und weiß, wo sie liegen.	238–243
4	Ich kann den Vorgang der Regelblutung unter Verwendung der Fachbegriffe erklären.	243
5	Ich kann Möglichkeiten der Verhütung aufzählen und weiß, wie sie wirken und anzuwenden sind.	248
6	Ich kann die Stufen der Entwicklung des Kindes benennen und zeitlich ordnen.	250

Test Lösungen

Kennzeichen der Lebewesen

1 a Lebewesen weisen immer alle Kennzeichen des Lebens auf. Gegenstände können einzelne Merkmale des Lebens zeigen, doch erst die Summe aller Merkmale kennzeichnet das Lebewesen.

2 a Ein Roboter zeigt Bewegung und reagiert auf Reize. „Reizbarkeit" steht aber bei Lebewesen für das Vorhandensein von Sinnesorganen und deren Tätigkeit.
b Dem Roboter fehlen die Kennzeichen *Fortpflanzung* und *Vererbung*, *Stoffwechsel*, *Wachstum* und *Entwicklung*.

3 Im Text weisen die Jungziegen auf Fortpflanzung und Vererbung sowie Wachstum und Entwicklung hin. Ernährung mit Milch und Pflanzen sind ein Teilbereich des Stoffwechsels. Erschrecken, Davonrennen und Erfahrungsammeln zählen zur Reizbarkeit.

4 a Individuelle Lösungen.
b Individuelle Lösungen.

5 Wichtige Teile eines Lichtmikroskops sind Okular, Tubus, Objektivrevolver, Objektiv, Objekttisch, Blende, Grobtrieb, Feintrieb, Lampe, Stativ.
Nachdem das Objekt auf den Objekttisch gelegt wurde, wird immer zuerst mit der kleinsten Vergrößerung mikroskopiert. Die Vergrößerung erhält man, wenn die Zahl auf dem Okular mit der Zahl auf dem Objektiv multipliziert wird.

6

Bestandteile der Pflanzenzelle	Bestandteile der Tierzelle
Zellmembran Zellplasma Zellkern Vakuole (Zellsaftraum) Blattgrünkörner	Zellmembran Zellplasma Zellkern

Menschen halten Tiere

1 Haustiere: Wellensittich, Katze, Hund;
Nutztiere: Schwein, Kuh, Huhn, Hund.

2 1: Der Hund ist aufmerksam und freut sich. 2: Der Hund hat Angst und zeigt seine Unterlegenheit. 3: Der Hund droht, dass er gleich angreifen und beißen wird, wenn die Situation sich nicht ändert. 4: Der Hund zeigt seine Unterlegenheit an.

3 Die Katze hat ein gutes Gehör. Sie schleicht sich auf leisen Sohlen an. Ist die Beute in Reichweite, setzt die Katze zum Sprung an. Während des Sprungs fahren ihre Krallen aus. Sie packt die Beute und hält sie fest. Die Beute ist nun wehrlos der Katze ausgeliefert.

4 Das Rind reißt das Gras zunächst nur ab und schluckt es runter. Im Pansen wird das Gras eingeweicht, im Netzmagen in kleinen Portionen gesammelt. Diese gehen zurück ins Maul. Dort wird gründlich gekaut. Das aufwendige Wiederkäuen ist notwendig, um an die Nährstoffe des Grases zu gelangen.

5 Keine Säugetiere: c Storch – ist ein Vogel, hat Federn und legt Eier; f Pinguin – Vogel, legt Eier; g Hai – ist ein Fisch, säugt seine Nachkommen nicht; i Schlange – legt Eier, hat kein Fell, ist wechselwarm.

6 Die Nüsse (a) gehören zum Nagetiergebiss (d). Mit den Nagezähnen kann die Schale der Nuss geknackt und aufgenagt werden. Das Reh (b) gehört zum Fleischfressergebiss (c). Mit den Reißzähnen kann das Fleisch gut zerteilt werden.

7 a Der Mehlkörper befindet sich im Weizenkorn.
b Aus der Blüte des Weizens entsteht die Ähre mit den Weizenkörnern.
c Die Blätter sitzen am Halm.

Tiere in ihrem Lebensraum

1 Stromlinienförmiger Körperbau, dachziegelartig aufeinanderliegende Fischschuppen, Schleimhaut, Flossen, Seitenlinienorgan, Schwimmblase, Kiemen.

2 a Gründe der Gefährdung: Zerstörung des natürlichen Lebensraumes durch Trockenlegung von Sumpf-, Feuchtgebieten, Wanderung zu Laichgewässern, Überquerung stark befahrener Straßen, Gefahr durch Fressfeinde im Wasser (Laich und Kaulquappen).
b Maßnahmen zum Schutz der Lurche: Aufstellen von Krötenzäunen, Einsammeln der Lurche und Verbringung in das Laichgewässer, Schutz des natürlichen Lebensraumes, Anlegen von Feuchtbiotopen.

3 Schlangen schlängeln sich mit dem ganzen Körper über den Boden. Sie kriechen auf ihren Rippen. Mithilfe von Muskeln richten sie dabei ihre Bauchschuppen auf. So finden die Schlangen Halt am Boden und stoßen sich ab.

4 Vögel besitzen ein Federkleid, das gegen Kälte und Nässe schützt. Sie besitzen ein kräftiges Brustbein, an dem die starke Flugmuskulatur ansetzt. Die Knochen sind hohl und luftgefüllt. Vögel legen Eier, durch die Eiablage wird das Körpergewicht verringert. Sie besitzen einen schnellen Stoffwechsel, Unverdauliches wird nicht lange im Körper gehalten.

5 1: Winterruhe; 2: Winterstarre; 3: winteraktiv; 4: Winterschlaf.

6 b

7 Pinguin

8 Die langen Beine schützen den Körper vor den heißen Temperaturen am Wüstenboden. Die spreizbaren Füße verhindern, dass das Dromedar im Wüstensand einsinkt. Das dichte Fell schützt es vor der Hitze am Tag und der Kälte in der Nacht. Das Dromedar kann außerdem seine Nasenlöcher verschließen und ist so bei Sandstürmen geschützt. Das Tier kann in seinem Rückenhöcker Fett speichern. In Hungerzeiten dient das gespeicherte Fett als Nahrung und Energiequelle.

9 Fortpflanzung an Land: Kriechtiere und Vögel legen Eier. Säugetiere bringen lebende Jungtiere zur Welt. Fortpflanzung im Wasser: Fische und Lurche legen Laich im Wasser ab. Die Entwicklung der Jungtiere findet ebenfalls im Wasser statt.

Pflanzen in ihrem Lebensraum

1 → S. 119.

2 Mithilfe von Licht können grüne Pflanzen aus Kohlenstoffdioxid und Wasser Traubenzucker herstellen. Bei dieser Reaktion entsteht Sauerstoff, der an die Umgebung abgegeben wird.
Ausgangsstoffe: Wasser, Kohlenstoffdioxid;
Endstoffe: Traubenzucker, Sauerstoff.

3 **a** richtig
b falsch
c richtig

4 1: Fruchtknoten, 2: Narbe, 3: Pollenkorn, 4: Pollenschlauch, 5: Samenanlage mit Eizelle, 6: Pollenschlauch, 7: männliche Geschlechtszelle, 8: Samen, 9: Fruchtfleisch.

5 Durch Übertragung von Pollen auf die Narbe findet die Bestäubung statt. Bei der Bestäubung übertragen Wind oder Insekten den Pollen auf die Narbe. Nach der Bestäubung wächst ein Pollenschlauch durch den Griffel bis zur Samenanlage.

6 2: Windverbreitung, die Früchte des Ahorns fliegen wie ein Propeller mit dem Wind. 3: Windverbreitung, die Früchte des Löwenzahns werden vom Wind fortgetragen. 4: Tierverbreitung, das Eichhörnchen vergräbt Nüsse, die im kommenden Jahr keimen können.

7 **a** Wenn Pflanzen sich ohne Samen mit Ablegern, Stecklingen, Sprossknollen oder Brutpflanzen vermehren, wird dies als ungeschlechtliche Vermehrung bezeichnet.
b Ein Vorteil der ungeschlechtlichen Vermehrung ist, dass man nur eine einzige Ausgangspflanze benötigt. Pflanzt man hingegen Samenpflanzen, benötigt man viele Samen, damit man neue Pflanzen bekommt. Außerdem dauert die ungeschlechtliche Vermehrung wesentlich kürzer.

8 Aylin sollte beachten, dass die Samen Erde und ausreichend Wasser, Licht und Nährstoffe benötigen, um zu keimen und zu wachsen.

9 Speicherorgane sind Sprossknollen, Wurzelknollen und Zwiebeln.

Was lebt in der Nachbarschaft?

1 Beide Aussagen sind richtig. Der Baum ist eine Pflanze und Pflanzen sind Lebewesen. Das „Lebewesen Baum" ist zugleich Lebensraum für viele andere Lebewesen (Pflanzen und Tiere).

2 Sammeln – Ordnen und Vergleichen – Erkennen und Benennen – Aufbewahren.
a Die Blätter werden zuerst nach ihrer Form geordnet (rundlich, herzförmig, nadelförmig, eiförmig). Anschließend wird der Blattrand untersucht (glatt, gezähnt, gesägt, gebuchtet). Mithilfe von Bestimmungsbüchern kann dann bestimmt werden, zu welchen Pflanzen die gesammelten Blätter gehören.
b Die Blätter werden zwischen Zeitungspapier gelegt und gut getrocknet. Dazu legt man die Zeitungen mit den Blättern zwischen zwei Bretter und beschwert das Ganze mit einem Stein. Nach etwa einer Woche sind die Blätter so getrocknet, dass sie auf einen Zeichenkarton geklebt werden können und haltbar sind.

3 Die Hecke von Herrn Müller ist vielfältiger als die Ligusterhecke von Herrn Maier. Je vielfältiger eine Hecke ist, umso mehr Tieren kann sie mit ihren Früchten Nahrung bieten und umso mehr Tierarten finden hier einen Platz zum Verstecken, Wohnen und Nisten. Durch das häufige Schneiden der Ligusterhecke werden in der Hecke von Herrn Maier auch keine Vögel brüten.

4 **a** Insekten bestehen aus Kopf, Brust und Hinterleib. Am Kopf sitzen die Fühler (Geruchsantennen), die Mundwerkzeuge und die Facetten- oder Netzaugen. An der Brust befinden sich 6 Beine und meistens zwei Paar Flügel.
b Wirbeltiere: Grundbauplan: Kopf, Rumpf, 4 Beine; Innenskelett aus Knochen mit Wirbelsäule; geschlos-

sener Körper-/Blutkreislauf und Herz; Sauerstoffaufnahme erfolgt durch die Lunge.

c Insekten: Grundbauplan: Kopf, Brust, Hinterleib, 6 Beine, 4 Flügel; Außenskelett aus Chitin, das in Körperringe gegliedert ist; Sauerstoffaufnahme durch Atemlöcher, Sauerstoffverteilung in den Tracheen, röhrenförmiges Herz, das das Blut frei in den Körper pumpt – offener Blutkreislauf.

5 **a** Eine Nahrungskette ist die Verknüpfung zwischen Pflanzen, Pflanzenfressern und Fleischfressern. Wenn mehrere Nahrungsketten miteinander verknüpft werden, entsteht ein Nahrungsnetz.

b Erzeuger: … Verbraucher … Zersetzer: …

c Beispiel 1: Die Blattlaus saugt den Pflanzensaft der Heckenrose und des Holunderblatts. Sie wird vom Marienkäfer, aber auch vom Laufkäfer gefressen. Marienkäfer und Laufkäfer dienen dem Rotkehlchen und dem Neuntöter, aber auch der Zauneidechse oder der Erdkröte als Nahrung und diese wiederum sind die Beute des *Sperbers*.
Beispiel 2: Der Blattkäfer frisst am Holunderblatt und am Blatt der Heckenrose. Er wird von der Zauneidechse und vom Rotkehlchen gefressen. Der Sperber frisst das Rotkehlchen.

d Individuelle Lösungen.

6 Der Stoffkreislauf beginnt bei der Heckenrose, die als Erzeuger mithilfe von Licht, Wasser und Mineralstoffen energiereiche Stoffe herstellt und an die Verbraucher Blattlaus, Marienkäfer, Zauneidechse, Amsel, Sperber weitergibt. Der Regenwurm als Zersetzer stellt aus den toten Überresten von Erzeugern und Verbrauchern Mineralstoffe her und schließt damit den Stoffkreislauf.

7 Naturschutzverbände setzen sich für den Artenschutz und den Naturschutz ein. Auch bedrohliche Ursachen für das Artensterben wie Luft-, Wasser- und Bodenverschmutzungen und große Wetterveränderungen versuchen Naturschutzverbände zu bekämpfen.

Den eigenen Körper verstehen und gesund erhalten

1 **a** Der Mensch nimmt Energie in Form von Nahrung zu sich.

b Wenn du schläfst, benötigst du keine Energie: Diese Aussage ist falsch. Auch im Schlaf arbeiten die Organe und benötigen Energie. Es ist egal, was man isst: Diese Aussage ist falsch. Nicht alle Lebensmittel enthalten in ausreichender Menge die Inhaltsstoffe, die wir für eine gesunde Ernährung benötigen.

2 Aussage a gehört zu Abbildung 1: Die Mahlzeit aus Gemüse, Kartoffeln und magerem Hühnerfleisch enthält eine gesunde Mischung von allen wichtigen Nährstoffen.
Aussage b gehört zu Abbildung 3: Das Frühstück aus Joghurt und Obst enthält Calcium und Vitamine.
Aussage c gehört zu Abbildung 2: Pizza, Kuchen und Cola enthalten zu viel Fett und Zucker im Mund.

3 Berechnung von Annas BMI:
$1{,}63\,m \cdot 1{,}63\,m = 2{,}66\,m^2$
$43\,kg : 2{,}66\,m^2 = 16{,}16$
Ihr BMI beträgt 16,2.
Damit hat sie Untergewicht und ist daher auf keinen Fall zu dick.

4 **a** Abbildung 4 zeigt den Brustkorb.

b Der Brustkorb schützt die Organe, wie das Herz und die Lungen.

5 Beim Beugen des Arms verkürzt sich der Beugermuskel. Da Muskeln sich nicht alleine wieder strecken können, verkürzt sich beim Strecken des Arms der Streckermuskel. Der Beuger wird dadurch gestreckt. Beuger und Strecker arbeiten somit als Gegenspieler. Zeichnung → S. 213.

6 Das Mädchen rechts auf der Abbildung trägt die Tasche richtig. Auf dem Rücken wird die Wirbelsäule nicht einseitig belastet.

7 Durch Mund oder Nase gelangt der Sauerstoff mit der eingeatmeten Luft in die Luftröhre und anschließend in die beiden Lungenflügel. In den Lungenbläschen wird er schließlich an die Kapillaren abgegeben und über das Blut in alle Zellen des Körpers transportiert.

8 Nur durch das ständige Zusammenziehen und Ausdehnen des Hohlmuskels Herz kann das Blut laufend durch den Körper gepumpt werden. Körper- und Lungenkreislauf funktionieren nur, wenn der Motor, das Herz, ständig arbeitet.

9 Rauchen schadet deiner Gesundheit und du wirst süchtig. Deshalb ist es wichtig, erst gar nicht mit dem Rauchen anzufangen.

Mit Sexualität umgehen

1 Die Pubertät beginnt mit der Bildung von Hormonen. Diese lösen körperliche Veränderungen aus, beeinflussen aber auch die Stimmung. Auf dem Weg zum Erwachsensein möchte man selbst über sein Leben bestimmen. Dabei fühlt man sich aber auch oft unsicher, weil man nicht weiß, ob man von den anderen akzeptiert wird.

2 **a** Bei den Jungen werden die Schultern breiter, die Stimme tiefer und die Geschlechtsorgane größer. Die ersten Bart- und Körperhaare sprießen.

b 1: Harnblase; 2: Bläschendrüse; 3: Vorsteherdrüse; 4: Schwellkörper; 5: Penis; 6: Spermienleiter; 7: Harnröhre; 8: Nebenhoden; 9: Hoden; 10: Eichel.

3 **a** Bei den Mädchen wird das Becken breiter, die Regelblutung setzt ein, die Geschlechtsorgane werden größer und die Brust wächst.

b 1: Eierstock; 2: Kitzler; 3: kleine Schamlippe; 4: große Schamlippe; 5: Gebärmutter; 6: Eileiter; 7: Harnblase; 8: Scheide; 9: Harnröhre.

4 **a** Abbildung 3 zeigt den Regelzyklus.

b Die Zeitspanne vom ersten Tag der Regelblutung bis zum ersten Tag der nächsten Regelblutung nennt man Regelzyklus. Die Regelblutung findet alle drei bis fünf Wochen statt und dauert 3 bis 7 Tage. Während die Eizelle im Eierstock reift, baut sich die Gebärmutterschleimhaut auf, um wie ein Nest die befruchtete Eizelle aufzunehmen. Die Eizelle gelangt über den Eileiter in die Gebärmutter. Wird die Eizelle nicht befruchtet, wird die Gebärmutterschleimhaut über die Scheide abgestoßen und es kommt zur Regelblutung.

5 Verhütungsmittel sind das Kondom und die Pille.

a Das Kondom wird vor dem Geschlechtsverkehr über den steifen Penis gerollt. Die Pille muss täglich zur gleichen Tageszeit eingenommen werden.

b Beim Spermienerguss werden die Spermien im Kondom aufgefangen und gelangen so nicht in die Scheide. Die Pille enthält Hormone. Diese hemmen die Reifung der Eizelle und somit den monatlichen Eisprung. Sie verändert außerdem die Gebärmutterschleimhaut, sodass sich keine befruchtete Eizelle einnisten kann.

6 c: zwei Wochen nach der Befruchtung; d: sechs Wochen alter Embryo; a: acht Wochen alter Embryo; b: zwanzig Wochen alter Fetus.

Abwehrsystem schützt den Körper vor dem Angriff von Krankheitserregern.

After Ende des Verdauungstraktes; scheidet unverdauliche Stoffe als Kot aus.

Aids Immunschwächekrankheit, die von Viren übertragen wird. Im Endstadium stirbt der Patient oft an einer eigentlich harmlosen Infektion; Ansteckung erfolgt meist durch ungeschützten Sexualverkehr mit Infizierten.

Akne Entzündung der Haut, die durch Verstopfung der Talgdrüsen und Eindringen von Bakterien entsteht, insbesondere in der Pubertät.

Amphibien Lurche; wörtlich: zwei Leben; Tiere, die in zwei Lebensräumen leben, im Wasser und auf dem Land (z. B. Frösche).

Anpassung, Angepasstheit Tiere und Pflanzen, die in der Umgebung des Menschen leben, sind an diese Bedingungen des Lebensraums angepasst.

Artenschutz Schutz bestimmter Tier- und Pflanzenarten, die vom Aussterben bedroht sind.

Arterien Blutgefäße, die das Blut vom Herzen weg transportieren.

Atmung ein Kennzeichen der Lebewesen; Aufnahme von Sauerstoff und Abgabe von Kohlenstoffdioxid. Sauerstoff wird von Tieren und Pflanzen benötigt, um in den Körperzellen aus Nährstoffen die für die Lebensvorgänge notwendige Energie bereitzustellen. Als Abfallprodukt entstehen bei der Atmung Kohlenstoffdioxid und Wasser.

Augentiere Tiere, die sich durch Sehen orientieren, beispielsweise Katzen.

Außenskelett Körperhülle von Insekten. Das Außenskelett kann nicht mitwachsen und macht Häutungen erforderlich.

Ballaststoffe unverdauliche Nahrungsbestandteile, die vor allem in pflanzlichen Lebensmitteln wie Getreide, Obst, Gemüse und Hülsenfrüchten enthalten sind. Sie können durch die Enzyme im Dünndarm nicht zerlegt und daher nicht direkt verstoffwechselt werden. Ein Großteil der Ballaststoffe wird im Dickdarm durch Bakterien so aufbereitet, dass der Körper sie verwenden kann.

Bartenwale Bartenwale haben anstelle von Zähnen hornige Platten am Gaumen, die mit groben Fransen, den Barten, besetzt sind.

Baum pflanzliches Lebewesen, bestehend aus Wurzelbereich, Stamm, Blättern oder Nadeln.

Befruchtung Eindringen eines Spermiums in die Eizelle.

Bestäubung Übertragung von Pollen auf die Narbe einer anderen Blüte.

Blatt Grundorgan der Blütenpflanzen. Die grünen Laubblätter dienen in erster Linie der Fotosynthese.

Blättermagen einer der Mägen des Wiederkäuers, in dem der Nahrung Wasser entzogen wird.

Blattgrün Farbstoff in den Zellen von grünen Pflanzen, der es den Blättern ermöglicht, das Sonnenlicht aufzunehmen.

Blut besteht aus dem flüssigen Blutplasma sowie den Blutkörperchen. Sie bilden den festen Bestandteil des Blutes. Es gibt rote und weiße Blutkörperchen sowie Blutplättchen.

Blüte Grundorgan von Blütenpflanzen, bestehend aus Kelchblättern, Kronblättern und Staubblättern. In der Blüte liegen die „Geschlechtsorgane" der Pflanze.

Blütenpflanze Pflanzen, die Blüten bilden. Viele sind auf eine Bestäubung und die Verbreitung der Samen angewiesen.

Blutplasma flüssiger Bestandteil des Blutes. Es besteht vor allem aus Wasser und transportiert Nährstoffe, Mineralstoffe, Hormone und Abfallstoffe.

Blutplättchen feste Bestandteile des Blutes. Sie sind am Verschluss von Wunden beteiligt.

Brennwert Energie, die ein Stoff liefert; wird in Kilojoule oder Kilokalorien gemessen. Lebensmittel haben unterschiedliche Brennwerte.

Chitin hornartige Substanz, die das Außenskelett, beispielsweise bei Insekten, bildet.

Chloroplast Blattgrünkorn. Chloroplasten befinden sich in den Zellen von grünen Pflanzen und enthalten einen Farbstoff, das Blattgrün oder Chlorophyll. Mithilfe dieses Farbstoffs findet in den Chloroplasten die Fotosynthese statt.

Dendrit kurze, stark verzweigte Fortsätze der Nervenzellen, die Signale von anderen Nervenzellen empfangen.

Dickdarm Teil des Verdauungsapparats. Hier wird den noch nicht verdauten Nahrungsresten Wasser entzogen.

Dünndarm Teil des Verdauungsapparats. Speisebrei kommt vom Magen in den Dünndarm. Fette werden hier in winzige Tröpfchen zerlegt.

Eierstöcke Teil der weiblichen Geschlechtsorgane; hier reift jeden Monat eine Eizelle, die vom Eierstock in die Eileiter geschwemmt wird. Eine Frau besitzt zwei Eierstöcke.

Eileiter Teil der weiblichen Geschlechtsorgane; führen von der Gebärmutter zu den Eierstöcken und nehmen jeden Monat die reife Eizelle aus den Eierstöcken auf. Hier kann die Eizelle von einer männlichen Spermienzelle befruchtet werden.

Eisprung Zeitpunkt, zu dem die reife Eizelle aus dem Eierstock ausgeschwemmt und vom Eileiter aufgenommen wird. Dieser Vorgang wiederholt sich monatlich und ist die Zeit, in der ein Mädchen / eine Frau schwanger werden kann.

Eiweiße Nährstoffgruppe, die der Körper zum Wachstum und zur Erneuerung von Körperzellen benötigt.

Eizellen werden in den Eierstöcken der Frau gebildet. Jeden Monat reift eine Eizelle heran und gelangt in den Eileiter.

Embryo menschliches Ungeborenes bis zum Ende des dritten Schwangerschaftsmonats.

Ernährungskreis gibt an, wie viel man von welchem Lebensmittel zu sich nehmen sollte.

Erzeuger Grüne Pflanzen sind die Erzeuger in einem Ökosystem, die durch die Fotosynthese energiereiche Stoffe herstellen und die Nahrungsgrundlage aller anderen Organismen bilden.

Facettenaugen Netzaugen der Insekten, bestehend aus mehreren bis vielen Tausend Einzelaugen.

Fette Nährstoffgruppe. Fette liefern sehr viel Energie.

Fetus menschliches Ungeborenes ab dem dritten Schwangerschaftsmonat bis zur Geburt. Beim Fetus sind alle Organe bereits ausgebildet.

Flachwurzler Bäume, die flache Wurzelteller bilden, beispielsweise Fichte.

Fleischfressergebiss Gebiss der Raubtiere mit spitzen Fangzähnen und gezackten Reißzähnen (z. B. bei Wölfen, Katzen, Hunden, Füchsen, Löwen).

Flossen Fortbewegungsorgan der Fische.

Fortpflanzung eines der Kennzeichen von Lebewesen. Bei der Fortpflanzung entstehen neue Lebewesen, die ihren Eltern in vielen Eigenschaften ähneln.

Fotosynthese Alle grünen Pflanzen betreiben Fotosynthese. Mithilfe der Chloroplasten (Blattgrünkörner) nehmen die Pflanzen Lichtenergie auf. Diese Lichtenergie nutzen sie, um aus Kohlenstoffdioxid und Wasser energiereichen Traubenzucker herzustellen. Ein weiteres Produkt bei der Fotosynthese ist der Sauerstoff.

Freilandhaltung artgerechte Haltung von Nutztieren, die bei dieser Haltungsart ihren natürlichen Bedürfnissen nachgehen können.

Frucht entwickelt sich nach der Befruchtung aus dem Fruchtknoten. Im Innern der Frucht liegt der Samen.

Fruchtblase enthält Fruchtwasser, in dem der Embryo/Fetus schwimmt; schützt das ungeborene Kind.

Frühblüher Pflanzen, die bereits kurz nach dem Winter wachsen und blühen; speichern Vorratsstoffe in Zwiebeln oder Knollen (z. B. Schneeglöckchen).

Gasaustausch Austausch von Sauerstoff gegen Kohlenstoffdioxid. In den Lungenbläschen übernimmt das Blut den eingeatmeten Sauerstoff und gibt gleichzeitig Kohlenstoffdioxid ab. Das Blut gibt den Sauerstoff über Kapillaren an die Körperzellen ab, übernimmt das Kohlenstoffdioxid und transportiert dieses zurück zur Lunge.

Gebärmutter Teil der weiblichen Geschlechtsorgane; birnengroßer Muskel, der sehr dehnbar ist und dem Baby bis zur Geburt Platz bietet.

Geburt Ausstoßen des Babys aus dem Mutterleib unter Wehentätigkeit.

Gefiederfarbe wichtiges Merkmal zur Erkennung und Bestimmung von Vögeln.

Gegenspieler Bewegungsprinzip bei Muskeln. Jeder Muskel hat einen Gegenspieler. Wenn sich ein Muskel verkürzt, wird gleichzeitig der andere Muskel gestreckt.

Gehirn Teil des Nervensystems, der im Kopfbereich liegt. Beim Menschen und vielen anderen Wirbeltieren liegt es in einer Schädelhöhle. Man unterscheidet mehrere Bereiche: Großhirn, Kleinhirn, Zwischenhirn und Hirnstamm.

Gelenk Gelenke verbinden die Knochen des Skeletts und sorgen für Beweglichkeit. Man unterscheidet verschiedene Gelenktypen: Kugelgelenk, Scharniergelenk, Sattelgelenk.

Gesang artspezifisches Merkmal der Vögel; dient dem Anlocken von Weibchen und der Abgrenzung von Revieren.

Geschlechtsorgane, männliche Penis, Eichel, Spermienleiter, Hodensack, Hoden.

Geschlechtsorgane, weibliche Schamlippen, Kitzler, Scheide, Gebärmutter, Eileiter, Eierstock.

Geschlechtsreife Alter, in dem Männer Kinder zeugen und Frauen schwanger werden können. Sie setzt beim Mann mit dem ersten Spermienerguss, bei der Frau mit ihrer ersten Regelblutung ein.

Geschlechtsverkehr Sex, Liebe machen. Der steife Penis gleitet in die Scheide. Beim Geschlechtsverkehr gelangen Spermien des Mannes in die Scheide der Frau.

geschlossener Blutkreislauf Wird das Blut vom Herzen in geschlossenen Adern durch den Körper gepumpt, spricht man von einem geschlossenen Blutkreislauf.

Gestalt Bestimmungsmerkmal für Vögel.

gleichwarm Tiere, deren Körpertemperatur unabhängig von der Außentemperatur ist, sind gleichwarm (Vögel, Säugetiere).

Gleitflug Flugart der Vögel. Flügel werden ausgestreckt und nicht bewegt.

Grabschaufeln Die Vordergliedmaßen des Maulwurfs bilden kräftige Grabschaufeln. Mit deren Hilfe kann er sein Gangsystem anlegen und die Erde nach oben befördern.

Großhirn größter Teil des Gehirns mit der Form einer Walnuss; Zentrum unserer Wahrnehmung und verantwortlich für Bewegungen. Das Großhirn ist der Sitz unserer Sprache und Intelligenz.

Haustiere Tiere, die der Mensch zu seinem Nutzen oder Vergnügen hält.

Haut größtes, vielseitigstes und schwerstes Organ des Menschen; aufgebaut aus Ober-, Unter- und Lederhaut.

Häutung Abstoßen der alten Haut. Die aus Hornschuppen bestehende trockene Haut von Echsen und Schlangen kann nicht mit dem Tier mitwachsen und wird deshalb von Zeit zu Zeit gewechselt.

Hecke Gehölzstreifen aus Bäumen, Sträuchern und Krautpflanzen; entstehen durch Anflug von Pflanzensamen oder werden vom Menschen als Begrenzung angepflanzt. Artenreiche Hecken bieten vielen Tier- und Pflanzenarten einen Lebensraum.

Heimtiere Tiere, die der Mensch zu seiner eigenen Freude hält.

Herz Hohlmuskel, der aus zwei Hälften besteht. Das Herzt pumpt das Blut in die Blutgefäße.

Hirnstamm Teil des Gehirns. Der Hirnstamm steuert Körperfunktionen wie Atmung, Herzschlag, Blutdruck, Augenbewegungen, Husten und Schlucken.

Innenskelett Innen liegendes Skelett, das aus der Wirbelsäule und den Knochen besteht. Ein solches Skelett ist allen Wirbeltieren gemeinsam.

Insekten artenreichste Tierklasse mit 32 Ordnungen; Grundbauplan: Kopf, Brust und Hinterleib; 6 Beine, 4 Flügel und Facettenaugen; besitzen ein Außenskelett aus Chitin, haben einen offenen Blutkreislauf und atmen mithilfe eines Tracheensystems. Man unterscheidet die vollkommene und die unvollkommene Verwandlung.

Insektenfresser Tiere, die sich von Insekten ernähren. Insektenfresser haben ein typisches Insektenfressergebiss mit vielen kleinen spitzen Zähnen.

Kapillaren die kleinsten Bluttransportgefäße. In den Kapillaren findet ein ständiger Stoffwechsel statt. Nährstoffe werden dem Gewebe zugeführt und die Abfallstoffe wieder abtransportiert.

Karies Bakterien im Zahnbelag; sie bilden eine Säure, die den Zahnbelag angreift.

Kaulquappe Brut der Frösche, die sich aus dem Laich entwickelt. Kaulquappen atmen mit Kiemen, besitzen einen Ruderschwanz und leben vollständig im Wasser.

Kiemen Atmungsorgane der Kaulquappen und Fische; ermöglichen eine Atmung unter Wasser. Sauerstoff wird durch die gut durchbluteten Kiemen aus dem Wasser aufgenommen und Kohlenstoffdioxid abgegeben.

Klappzunge lange, klebrige Zunge der Frösche, mit der die Beute gefangen und ins Maul befördert wird.

Kleinhirn zweitgrößter Teil des Gehirns und neben dem Großhirn ein zweites Zentrum für Bewegungen, verantwortlich für das Gleichgewicht.

Knospe enthält die Anlagen für vollständige Blätter und Blüten und hilft den Pflanzen, den Winter unbeschadet zu überstehen.

Kobel rundliche Nester des Eichhörnchens aus Ästen und Zweigen, die mit Moos und Gras ausgepolstert werden; dienen für die Jungenaufzucht und zur Winterruhe.

Kohlenhydrate Nährstoffgruppe, die vor allem als Energieträger dient. Stärke und andere Zucker sind wichtige Kohlenhydrate, die im Darm zu Traubenzucker (Glucose) abgebaut werden. Die Zellen benötigen Traubenzucker zur Energieumwandlung.

Kondom Verhütungsmittel; dünnes Gummi, das über den Penis gezogen wird. Es schützt außerdem vor Geschlechtskrankheiten und vor Aids.

Körperkreislauf Weg des Blutes von der linken Herzkammer durch die Arterien in den Körper und durch die Venen zurück in die rechte Herzkammer.

Kriechtiere Echsen, Schlangen, Krokodile, Schildkröten; wechselwarme Tiere, die sich regelmäßig häuten.

Kulturfolger Tiere und Pflanzen, die in der Umgebung des Menschen leben. Sie haben meist keine großen Ansprüche an ihren Lebensraum und ernähren sich oft von menschlichen Essensresten.

Labmagen einer der Mägen eines Wiederkäuers, in dem die Nahrung endgültig verdaut wird.

Laich Eier von Tieren, die direkt ins Wasser abgegeben werden (Fische, Amphibien). Nachdem das Weibchen den Laich abgelegt hat, gibt das Männchen seine Spermienzellen darüber.

Lebensraum Bäume, Gärten, Gewässer, Hausfassaden, Hecken, Rasen, Wald; Lebensräume unterscheiden sich hinsichtlich Boden, Licht, Feuchtigkeit, Wind, Temperatur.

Lebewesen besitzen als Kennzeichen Bewegung, Stoffwechsel, Reizbarkeit, Wachstum, Entwicklung, Fortpflanzung.

Leitungsbahnen Bahnen in der Sprossachse von Pflanzen, durch die Wasser und Nährstoffe transportiert werden.

Lunge Atmungsorgan. Die Luft gelangt durch Nase oder Mund über die Luftröhre in die beiden Lungenflügel. In den Lungenbläschen findet schließlich der Gasaustausch statt.

Lungenkreislauf Weg des Blutes aus der rechten Herzkammer zur Lunge und zurück in die linke Herzkammer.

Lupe bauchige Linse mit einer Vergrößerungswirkung von 5- bis 20-fach.

Magen Teil des Verdauungsapparats. Der Speisebrei wird mithilfe des Magensaftes von Bakterien befreit, Eiweißstoffe werden zerlegt.

Massentierhaltung besonders kostengünstige Form der Tierhaltung. Tiere werden sehr beengt und in keiner Weise artgerecht gehalten, um einen möglichst hohen Profit abzuwerfen.

Menstruation vgl. Regelblutung.

Mikroskop Linsensystem, bestehend aus mindestens zwei Lupen. Gesamtvergrößerung von Lichtmikroskopen: bis 1000-fach.

Milchgebiss das erste Gebiss; beim Menschen bestehend aus 20 Milchzähnen, die etwa bis zum 12. Lebensjahr durch bleibende Zähne ersetzt werden.

Mineralstoffe wichtig für verschiedene Körperfunktionen. Calcium ist zum Beispiel wesentlich für den Aufbau von Knochen und Zähnen.

Mutterkuchen übernimmt bis zur Geburt die Versorgung des Ungeborenen und die Entsorgung von Ausscheidungsprodukten.

Nabelschnur versorgt das Ungeborene während der Schwangerschaft mit Nährstoffen.

Nagetiergebiss Gebiss der Nagetiere mit großen Nagezähnen als Vorderzähne (z. B. Hamster, Biber, Eichhörnchen).

Nährstoffe Stoffe, die Energie liefern. Dazu gehören Stoffe aus dem Essen, aber auch der Sauerstoff aus der Atemluft. Mit der Energie aus den Nährstoffen können die Organe des Körpers arbeiten, der Körper kann wachsen und sich bewegen und die Körpertemperatur aufrechterhalten werden.

Nahrungskette Reihe von Pflanzen und Tieren, die durch ihre Ernährung direkt voneinander abhängig und wie die Glieder einer Kette miteinander verbunden sind. Meist sind Nahrungsketten zu einem Nahrungsnetz verknüpft.

Nahrungsnetz Die meisten Tiere fressen verschiedene Pflanzen- und/oder Tierarten. Verschiedene Nahrungsketten sind miteinander verknüpft.

Nasentiere Tiere, die sich in erster Linie über Gerüche orientieren, beispielsweise Hunde.

Naturschutz Erhaltung von Lebensräumen für bedrohte Pflanzen- und Tierarten. Beispiel: Schaffung von Naturschutzgebieten.

Nektar zuckerhaltige Flüssigkeit innerhalb der Blüte, die beispielsweise Insekten anlockt und sehr nahrhaft ist.

Nervenbahnen viele hintereinandergeschaltete Nervenzellen.

Nervenfaser Teil der Nervenzelle; langer Fortsatz, über den die elektrischen Signale weitergeleitet werden und von hier in die Synapse gelangen.

Nervensystem Gesamtheit der Nervenzellen und deren Verbindungen in einem Lebewesen.

Nervenzellen gehören zu den längsten Zellen des Körpers und sind in vier Abschnitte gegliedert: Dendrit, Zellkörper mit Zellkern, Nervenfaser, Synapse.

Nestflüchter Tiere, die nach der Geburt rasch selbstständig werden; sind bei der Geburt meist behaart und haben geöffnete Augen.

Nesthocker Tiere, die nach der Geburt oder nach dem Schlüpfen hilflos und auf die Hilfe der Eltern angewiesen sind. Nesthocker sind nach der Geburt oft blind und nackt.

Netzmagen einer der Mägen eines Wiederkäuers, aus dem kleine Portionen des gefressenen Grases zurück ins Maul befördert werden.

Nützling Lebewesen, die für den Menschen in irgendeiner Form nützlich sind. Dazu zählen vor allem einige Spinnentiere und Insekten, z. B. Florfliege, Marienkäfer, Raubmilben.

Nutztier Haustiere, die vom Menschen gehalten und gezüchtet werden und Nahrungsmittel liefern (Milch, Eier), selbst als Nahrungsmittel dienen (Fleisch) oder deren Fell und Häute verarbeitet werden.

Offener Blutkreislauf Insekten besitzen einen offenen Blutkreislauf. Das farblose Blut fließt nicht in Adern und wird mithilfe des röhrenförmigen Herzens in den Körper gepumpt.

Ohrentiere Tiere, die sich über Geräusche orientieren, zum Beispiel Hunde.

Orgasmus Höhepunkt der sexuellen Lust; führt beim Mann zum Spermienerguss, bei der Frau zieht sich die Muskulatur der Scheide rhythmisch zusammen.

Paarhufer Tiere, bei denen der Huf geteilt ist (z. B. Rind, Schwein).

Paarung Bereitschaft, Nachwuchs zu bekommen, führt zusammen mit bestimmten Verhaltensweisen zur Paarung, in deren Verlauf es zur Befruchtung der Eizelle durch eine Spermienzelle kommt.

Pansen der erste Magen (Vormagen) eines Wiederkäuers, in dem die Nahrung eingeweicht wird.

Penis Teil der männlichen Geschlechtsorgane, äußerlich sichtbar.

Periode vgl. Regelblutung.

Pflanzenfamilien Pflanzen, die den gleichen Grundbauplan haben, gehören zu einer Familie. Man unterscheidet Rosengewächse, Schmetterlingsblütler, Korbblütler, Lippenblütler, Doldenblütler und Kreuzblütler.

Pflanzenfresser Tiere, die sich ausschließlich von Pflanzen ernähren.

Pille Hormontablette zur Empfängnisverhütung. Die regelmäßige Einnahme bietet einen hohen Schutz vor ungewollter Schwangerschaft.

Pollen enthält die männlichen Geschlechtszellen der Blütenpflanzen.

Pubertät geschlechtliche Reifung; Lebensphase, in der sich der Körper und das Leben eines jungen Menschen unter dem Einfluss von Hormonen stark verändert (10. bis 16. Lebensjahr).

Regelblutung Periode, Monatsblutung, Menstruation; monatliches Abstoßen der Gebärmutterschleimhaut, wenn die Eizelle nicht befruchtet wurde.

Reizbarkeit eines der Kennzeichen der Lebewesen; Aufnahme von Reizen aus der Umwelt und entsprechende Reaktion des Lebewesens.

Reizverarbeitung Im Gehirn werden die eingehenden Informationen verarbeitet und in Form von elektrischen Signalen weitergeleitet.

Rote Liste Warnliste von Tier- und Pflanzenarten, die vom Aussterben bedroht sind und besonders dringend Schutz brauchen.

Ruderflug Flugart der Vögel. Flügel werden schnell auf- und abbewegt.

Säugetier gleichwarme Tiere, die ein Fell besitzen und ihre Jungen eine Zeit lang mit Milch ernähren.

Scheide Teil der weiblichen Geschlechtsorgane; bildet die Verbindung zur Gebärmutter.

Schleichjäger haben eine besondere Art des Beutefangs: Anschleichen, Fangen, Töten und Fressen. Beispiel: Katze.

Schnabelform Bestimmungsmerkmal für Vögel. Schnabelformen unterscheiden sich deutlich entsprechend der Nahrung.

Schwangerschaft Zeit von der Befruchtung einer Eizelle bis zur Geburt des Babys; Dauer beim Menschen etwa 40 Wochen.

Schwimmblase mit Luft gefüllte Blase bei Fischen, durch die diese im Wasser schweben können.

Segelflug Flugart der Vögel; ist v. a. bei großen Vögeln zu beobachten, die sich mit ausgebreiteten Flügeln in die Höhe treiben lassen.

Seitenlinienorgan Orientierungsorgan der Fische, das aus vielen Sinneshärchen besteht, die in kleinen Hautöffnungen sitzen.

Selbstverbreitung Samen werden von den Pflanzen selbst, mithilfe unterschiedlicher Mechanismen und ohne die Hilfe von Tieren, des Menschen oder von Wind, verbreitet. Beispiel: Schleuderfrüchte des Springkrauts.

Signale entstehen durch Umwandlung der Reize durch die Sinneszellen der Sinnesorgane.

Sinnesorgane Organe, mit denen ein Lebewesen Reize aus der Umwelt aufnehmen kann (Augen, Ohren, Nase, Haut). Jedes Sinnesorgan ist auf einen bestimmten Reiz spezialisiert.

Sinneszellen nehmen Reize auf und wandeln sie in Signale um, die dann an das Gehirn weitergeleitet werden.

Skelett gibt dem Körper Festigkeit und Form. Das menschliche Skelett besteht aus über 200 Knochen. Man unterscheidet Kopfskelett, Rumpfskelett, Arm- und Beinskelett.

Speicherorgane Organe von Pflanzen, in denen alle Nährstoffe für das Wachstum gespeichert sind. Man unterscheidet Zwiebeln, Wurzelknollen, Sprossknollen.

Speiseröhre Teil des Verdauungsapparats, der die Nahrung vom Mund in den Magen befördert.

Spermienzellen werden in den Hoden des Mannes gebildet und sammeln sich in den Nebenhoden. Beim Geschlechtsverkehr gelangen die Spermienzellen in die Scheide der Frau. Eine Spermienzelle kann mit einer weiblichen Eizelle verschmelzen und so zu einer Befruchtung führen.

Sprossachse durch sie werden Wasser und gelöste Stoffe von den Wurzeln in die Blätter von Pflanzen transportiert.

Steckbrief schlagwortartige Beschreibung von Pflanzen und Tieren; enthält die wichtigsten Merkmale und Kennzeichen der Pflanze oder des Tieres.

Stempel Teil der pflanzlichen Blüte, der aus Fruchtknoten, Griffel und Narbe besteht.

Stoffkreislauf Kohlenstoffdioxid, Wasser, Mineralstoffe und Sauerstoff durchlaufen in der Natur einen sich ständig wiederholenden Kreislauf, bei dem das Sonnenlicht eine wichtige Rolle spielt. An den Kreisläufen der Natur sind Erzeuger, Verbraucher und Zersetzer beteiligt.

Stoffwechsel eines der Kennzeichen von Lebewesen; Stoffaufnahme, Stoffumbau im Körper und das Ausscheiden von nicht verwertbaren Abfallstoffen.

Tiefwurzler Bäume, deren Wurzeln mehrere Meter tief in den Boden wachsen, beispielsweise Kiefer.

Venen Blutgefäße, die das Blut zum Herzen transportieren.

Verdauung Weg der Nahrung und der Nährstoffe von ihrer Aufnahme bis zur Ausscheidung. Während der Verdauung gewinnt der Körper aus den Nahrungsmitteln die lebenswichtige Energie.

Vererbung Weitergabe bestimmter Informationen (Erbanlagen) wie Haar- oder Augenfarbe von einer Generation an die nächste.

Vermehrung, ungeschlechtliche Vermehrung von Pflanzen ohne Samen durch Stecklinge, Sprossknollen, Ableger und Brutpflanzen.

Vitamine lebenswichtige Stoffe, die mit der Nahrung aufgenommen werden müssen, da sie der Körper selbst nicht herstellen kann.

Vollkommene Verwandlung Entwicklungstyp der Insekten. Aus der Larve bildet sich ein Puppenstadium. Hier findet der Umbau der Larve zum geschlechtsreifen Tier statt.

walzenförmig Körperbau, der an eine Walze erinnert. Beispielsweise hat der Maulwurf einen walzenförmigen Körperbau.

wechselwarm Tiere, die keine konstante Körpertemperatur haben, sondern sich der Außentemperatur anpassen (Fische, Amphibien).

Wehen rhythmisches Zusammenziehen der Gebärmutter während der Geburt.

Weiße Blutkörperchen feste Bestandteile des Blutes. Sie sind auf die Bekämpfung von Krankheitserregern und Fremdkörpern spezialisiert.

Wiederkäuer Tiere (Pflanzenfresser) mit mehreren Mägen. Futter wird vorverdaut, anschließend wieder hochwürgt und nochmals zerkaut, bevor die Nahrung dann erneut verschluckt und endgültig verdaut wird (z. B. Rinder, Schafe, Ziegen).

Winterruhe Zustand von Tieren bei ungünstigen Außentemperaturen; fressen sich im Spätsommer eine Fettschicht an und verlassen ihr frostsicheres Nest, wenn sie hungrig sind (z. B. Eichhörnchen, Dachs, Biber, Hamster, Bär).

Winterschlaf Tiere ziehen sich in ein frostsicheres Versteck zurück und verschlafen die kalte Jahreszeit. Körpertemperatur, Atmung und Herzschlag werden verringert, sie nehmen in dieser Zeit keine Nahrung auf (z. B. Igel, Fledermäuse).

Winterstarre wechselwarme Tiere (Lurche, Kriechtiere) verfallen in der kalten Jahreszeit in eine Winterstarre; gleichen ihre Körpertemperatur in frostsicheren Verstecken der Außentemperatur an.

Wirbelsäule Teil des Skeletts; Kennzeichen aller Wirbeltiere. Die Wirbelsäule besteht aus einer Reihe aufeinandersitzender Knochen, den Wirbeln. Beim Menschen ist sie doppelt S-förmig gebogen.

Wirbeltiere Zusammenfassung aller Tiere, die eine Wirbelsäule besitzen: Fische, Lurche, Kriechtiere, Vögel, Säugetiere.

Wurzel Grundorgan von Blütenpflanzen, das die Pflanze im Boden verankert und mit dem Wasser und Mineralstoffe aufgenommen werden.

Zähmung Durch Zähmung werden Wildtiere zu Haustieren.

Zähne bestehen aus Zahnkrone, Zahnhals, Zahnwurzel. Die Krone ist von Zahnschmelz umgeben, der den Zahn schützt. Die Zähne werden von Blutgefäßen und Nerven durchzogen. Sie dienen der Zerkleinerung von Nahrung im Mund.

Zahnwale Zahnwale haben Zähne und ernähren sich überwiegend von Fischen (z. B. Schwertwal, Delfine).

Zehenspitzengänger Tiere, bei denen beim Gehen nur die Zehenspitzen den Boden berühren (z. B. Pferde).

Zelle Grundbaustein aller Lebewesen mit einer Größe von 1 bis 10 µm. Tierzellen besitzen eine Zellmembran, Zellplasma und einen Zellkern. Pflanzenzellen haben zusätzlich eine Zellwand, einen Zellsaftraum (Vakuole) und Chloroplasten (Blattgrünkörner).

Zersetzer Lebewesen, die tote Tiere und Pflanzen sowie Ausscheidungen wie Kot verwerten und Mineralstoffe herstellen, die die Erzeuger wieder aufnehmen können.

Züchtung Durch Züchtung können besondere Fertigkeiten eines Tieres verfeinert werden. Auf diese Weise entstehen verschiedenartige Rassen.

Zwischenhirn Teil des Gehirns. Das Zwischenhirn ist verantwortlich für Gefühle, Hunger, Durst und Körpertemperatur.

A1PIX/JPP: 198.1.2, /KTP: 218.2, /MCH: 82.1, 105 re.o., /PHA: 206.1, / REO: 136.1, 153.5, /TO: 120.1 | action press/Lehtikuva Oy: 248.1.1 | ad-pic.de: 146.2.1 | Agentur Focus/SPL: 228.3 | akg-images: 30.2 | Alimde. net/Zoller: 126.1, /Koenig: 171.3, /Rosseforp: 237.2, /Schauhuber: 170.2, /Siepmann: 164.2, 190 re., 192.1a | Angermayer, T.: 29.1a, 79.5, 91.5, 128.3, 129.4, 129.7, 168.3, 170.1, 173.6 | Angermayer/Pfletschinger: 80.1 | Archiv Hoyer: hint. Vors. 2 li.o., Archiv Hoyer/Beuster: 17.4.2, /Duty: 91.4, 169.4, /E. Hoyer: 56.2, 86.1, 137.5, /Wernicke: 106.4, 162.2 | Arco Images/de Cuveland: 59.5, 106.3, /Frei: 72.3, /NPL: 39.5, /Reinhard: 90.2, 105 li.o., /Ruegner: 192.1b, /Steiner: 8.1, 9.1.1, 11.4, 11.5.1, 24 li.o., 37.5, /Usher: 163.4, /WHJ Sator: 38.2 | argus/ Frischmuth: 222.1.1, 233 li.Mi. | Bach-Kolster, Helgard: 134.2 | Bellmann, Heiko: 131.3 | Bevilacqua/Cedri: 250.2, 259c | Bilderbox/Wodicka: 26.1-2, 89.3 | Biopix.dk/Schou: 48.2 | BIOS/Courseaux: 158.1 | blickwinkel/Blumenstein: 76.1, /fotototo: 100 (Schlange), 100 (Fisch), /Hartl: 74.2, /Hecker: 155.5, /Hecker/Sauer: 118.4, /Schmidbauer: 74.1, 90.1, 99.4, 109.6, /Schuetz: 59.2, /van Haan: 16.3, 41.4 | Blümel, H., Mücka: 26.4, 73.6, 106.2 | botanikfoto/Take: 149.6 | Bruns, E., Osnabrück: 42.1 | Buff, Bieberach: 20.2, 114.2 | Buhtz, A.: 147.4, 155.2 | BzgA: 231.3-4, 249.2, 257 re.o. | Carl Zeiss Jena GmbH, Jena: 9.5 | Caro/Teich: 212.1 | Corbis/Bannister: 173.5, /C. Lovell: 26.6, /Duomo: 222.1.2, /Morsch: 196.4, /Pelaez Inc.: 196.3, /RF: 24 li.u., 195.1, hint. Vors. 1 li.Mi., /Rotmann: 69.4, /T. u. G. Baldizzone: 10.2, /zefa: 128.1, 130.1 | Cornelsen Verlag: 9.1.2, 18.2, 19.3-4, 27.8, 100 (Vogel), 147.5, 165.7, 185.3, 185.4b, 190 u., 208.1, 214.1, 219.3, 234.5 | Deutsche Gesellschaft für Ernährung e.V., Bonn: 204.3 | Digitalstock: 5, 57.5.a, 100 (Bär), 109.1, 109.3, 109.4, 109.7, 110.1.2, 118.1, 118.3, 121.3, 121.6, 121.8, 122.1, 127.7, 130 (Papaya), 130 (Kokos), 130.2, 131.4-6, 140.1, 140.4, 141.5-6, 146.2.2-4, 151 li.u., 155.4, 156.4, 184.2, 186.1, 205.5, 233 re.u., 234.1, 234.3, Digitalstock/Mikus: 93.3, /Milewsky: 155.6 | Döring, V., Hohen Neuendorf: 9.3, 11.5.2-3, 13.8, 14.1, 14.3, 15.4-7, 18.1, 24 re.o., 38.3, 75.6, 85.7, 112.2, 116.1-2, 127.4, 136.2, 174.3, 182.1.2, 187.6, 191 o., 198.3, 199.4-5, 220.1-4, 240.2, 243.4, 247.5, 249.3, hint. Vors. 2 re.o. | Ernst, Beat, Basel: 145.3 | F1 online/Becker: 180.1, /bilderlounge: 222.2, /Kopp: 32.1, /Onoky: 195.3, /Widmann: 205.4 | Fischer, R., Berlin: 234.2 | Flößer, R., Hirschberg: 123.6, 155.7 | Fotolia.com/Alfred Tschui: 162.1, /Antoine Cupial: 155.3, /AVAVA: 92.1, /Beat Bieler: 135.4, /Ben: 143.3, /Bernd Wolter: 176.1li, /contrastwerkstatt: 219.4, / Dario Sabljak: 29.4, 47.5, /eblue: 216.3, /Eric Isselée: 4.1, /Eva Kahlmann: 175.5, /eyezoom1000: 7, /Fotolyse: 45.4, /Franz Pfluegl: 254.3, / Harald Lange: 43.5, 93.4, /HelleM: 217.6 u., /Ingo Bartussek: 89.4, /Joachim Neumann: 159.5, /julien méjean: 98.2, /Kaarsten: 3, 17.5, /Manfred Ruckszio: 124.1, /Maria Brzostowska: 125.4, /Marty Kropp: 4.2, / Mönks Photografie: 49.4, /outdoorsman: 52.2 o., /Paullyne: 255.4, / Reena: 156.3, /Reiner Wellmann: 62.1, /René Metzler: 167.5, /Sly: 29.3, /Thaut Images: 133.4, 151 re.o., 152.3, /Thomas Aumann: 209.5, /Thomas Renz: 182.1.1, /Thorsten Jahns: 167.4, /Tischenko: 123.4, /volff: 217.6 o., /Zauberhut: 157.6, /Zoltán Futó: 174.1 | Frei, H., Pforzheim: 68.2, 104 re.o. | Gemeinschaft deutscher Hundehalter: 29.1b, 56.1 | Getty Images/Taxi: 230.2, 232 re., 246.1.2 | GNU/Rasbak: 133.5b | Greiner&Meyer, Braunschweig/Birke: 241.4 | Gruschwitz, M.: 80.3 | Hartmann, Braunschweig: 21.4 | Heinzel, K., Berlin: 148.3 | Helga Lade Fotoagentur: 58.1, 59.3, 103.5 | Hollatz, J., Heidelberg: 84.2, 195.8, 227.5, 228.2, 256 li.o. | IFA/Kienlein: 87.5 | images.de/Enters: 59.1, / Schulten: 195.2 | Intro/Ausserhofer: 245.5 | iStockphoto.com/ac_bnphotos: 51.4, /Andrew Johnson: 69.5, /AnsonLu: 116.3, /Christopher Futcher: 14.2, /David Safanda: 71.5, /ene: 31.6, /Eric Isselée: 52.1(Luchs), 52.1(Eichhörnchen), /eva serrabassa. 242.1, /ingmar wesemann: 157.8, /Janis Litavnieks: 195.6, 233 re.o., /jeff gynane: 187.5, / Kenneth Man: 195.5, /Martina Berg: 49.5, /Roger Whiteway: 133.5a, / Steve Debenport: 242.2, /syagci: 52.1(Pferd), /Thomas Gordon: 242.1, / Tommounsey: 74.3, /Yobro10: 52.1(Schwein), /ZoneCreative: 216.1a+b | Jaenicke, J.: 127.6 | Joker/Allgoewer: 143.4, /Gerard: 48.1, 55.1, /Ruehmekorf: 252.1 | Juniors Bildarchiv: 28.1, 30.1, 32.3, 52.3 o., 56.4, 72.1, 85.6, 98.3, 100 (Frosch), 104 li.o., 132.3, 152.4, 158.3, Juniors Bildarchiv/Layer: 25 re.o., /Schmidbauer: 90.3 | Karly, Florian: 23.5, 23.7 | Kleesattel, W., Schwäbisch Gmünd: 10.1, 12.1-5, 13.6-7, 107.5, 111.6, 151 re.u. | KPA/Kina: 81.7, 104 re.u. | Kretschmer, K., Berlin: 218.1, 221.5-11 | Kuttig, Siegfried: 240.1 | Landesverwaltungsamt Sachsen-Anhalt: 185.4a | Lichtbildarchiv Keil: 63.4 | Limbrunner, A., Dachau: 85.5, 87.4 | LÖBL/LAfAO, Recklinghausen: 103.3 | LOOK-foto/ Martin: 59.7, /Werner: 149.4 | mauritius images/age: 33.4.2, 59.6, 65.4 / age fotostock: 248.1.2, /age fotostock/CMB: 3, 34.1, /Beck: 104 li.u., / Harscher: 33.4.4, /imagebroker.net/RF: 184.1, /imagebroker/Probst: 65.6, /IT Stock Free: 237.1, /Ley: 237.3, /Palais: 228.1, /Photononstop: 254.1, /Pöhlmann: 33.4.3, 206.2, 253.3, /Rosenfeld: 204.2, /Schätzle: 44.2.1, /Schrempp: 80.4, /Spirit: 202.1, /SST: 36.1, 54 li.o., /Steve Bloom Images: 96.3, /Umstätter: 198.1.1, /Warburton-Lee: 20.1.1, /Yankushev: 202.2 | mediacolors/dia: 230.1 | Nilsson, L., Stockholm: 229.4, 250.1.2, 250.3-4, 257 li.u., 259a, 259d | Nordzucker: 149.5 | Okapia: 45.3, Okapia/A.&M. Shan: 189.4 | Okapia/Biophoto Ass/Science Son.: 9.6, / BIOS/Heuclin: 76.2, /BIOS/Seitre: 97.4, /Brehm: 98.1, 105 re.u., /Bromhall/OSF: 251.5, 259b, /Brossette: 88.2, /Cogis/Lili: 35.2, /Emu: 48.3, / Grzimek: 229.5, /Hartl: 74.4, /Meul: 172.2, /Meyers: 106.1, /Morell: 121.4, /Naturbild/Schacke: 43.4, /OSF/Bernard: 44.1.1, /Reinhard: 16.2, 40.1, 121.7, 166.1, /Schwind: 47.4, /Vock: 24 re.u., 36.2 | Petry, P.: 113.7 | Philips Medizin Systeme: 251.6 | Picture Press/G5 Design: 130 (Guave), /Raith: 255.6 | picture alliance/Arco Images: 61.4, 63.5-6, 65.3, /Dirscherl: 64.1, /dpa: 29.2, 31.4, 96.1-2, 109.5, 126.2, 132.1, 188.3, 210.1, 233 li.o., hint. Vors. 1 re.u., /Okapia: 60.1, 60.3, 61.5, /Okapia/ Layer: 189.5, /Okapia/Reinhard: 46.2, /Okapia/Roth: 165.6, /Perrey: 33.4.1, /Picture Press: 31.5, 223.4, /ZB: 156.2, 190 o., /Zoonar: 176.1re | pictureNEWS/Abraham: 78.1 | Pixelio.de: 57.5.b, 118.2, 148.1, 149.8, 237.5 | plainpicture/Kuttig: 25 re.Mi., /Normal: 246.2 | Project Photos: 22.3, 26.3, 44.1.2, 100 (Pinguin), 109.2, 114.1 o.+u., 123.5, 130 (Ananas), 130 (Orange), 144.1, 142.1, 148.2, 149.7, 149.8 re., 150 li., 155.8, 194.1, 196.2, 197.5, 197.6.1-2, 198.2, 204.1, 214.2, 222.3, 232 li.o., 237.4, 237.6, 244.1-4, 246.1.1, 253.4, 255.5, hint. Vors.1 li.u. | Rach, Jutta: 124.2, 125.5 | Redeker, T.: 192.2, 256 re.u. | Reinhard Tierfoto, Heiligkreuzsteinach: 9.2, 20.1.2, 25 li., 29.5, 38.1, 41.3, 46.1, 46.3, 54 re.o.+re.u., 56.3, 121.5, 127.5, 129.5-6, 134.1, 140.3, 155.1, 157.5, 163.3, 163.5, 165.5, 166.2-3, 167.6-8, 169.5, 187.4, hint. Vors. 2 li.u. | Reinold, Ulrike: 156.1, 160.1, 164.1 | Schrempp, Breisach-Oberrimsingen: 78.3, 94.1, 190 li., hint. Vors.1 re.o.. | Schuster, R.: 122.2 | Schütte, N., Berlin: 154.1 | SeaTops/Frei: 66.1 | Seilnacht, Thomas: 22.2 | Silvestris: 77.3, 165.4 | Simon, S.: 224.1 | Sony Deutschland GmbH: 9.4, 26.5 | Spörhase-Eichmann, U.: 195.7, 226.2 | STOCK4B: 236.1, /Sudek: 196.1 | Strunk, Birgit: 11.3 | Superbild/BSIP: 250.1.1, 257 re.u., /Phania: 195.4, / Schmidbauer: 108.1 | Theuerkauf, H., Gotha: 42.2, 54 li.u., 73.5, 110.3, 112.4, 113.6, 119.5b, 119.6b, 123.7, 136.3, 137.4, 150 re.u., 151 li.o., 152.2, 232 li.u. | Thomas, H.: 79.4 | Topic Media/Martin Rüger: Titelbild | Vario images: 231.6, 235.6 | WaterFrame/Dirscher: 188.1 | Whiskas: 52.1(Katze) | Widmann, Peter: 226.1, 239.4 | Wikipedia/Jerzy Opiola: 115.4, /KENPEI: 22.1, /Köhler, Nicole: 51.3, /Patrick Gijsbers: 77.4, /public domain: 23.4, /Schmidti: 111.5, /Spaedke: 172.4, /Stanley Trauth: 77.5 | Wildlife: 4.2, 59.4, 84.1, hint. Vors.1 li.o., Wildlife/Cole: 68.3, /Freund: 75.5, /Harms: 67.3-4, 140.2, /Harvey: 81.6, /HPH: 99.5, / Kottmann: 168.2, /Mallwitz: 110.1.1, /Mavrikakis: 188.2, /Muller: 97.5, /Usher: 88.1, /Wilmshurst: 132.2 | Zahnklinik Charité: 209.4 | Zapf Creation: 16.1

Struktur und Funktion

Der Aufbau biologischer Strukturen hängt eng damit zusammen, welche Funktion die Struktur erfüllt.

Vogelflügel sind sehr leicht gebaut.
So sparen Vögel Gewicht.
→ S. 84

Steuerung und Regelung

Alle Lebewesen sind darauf angewiesen, bestimmte Vorgänge zu steuern und zu regeln, damit sie ihren Zustand erhalten und auf Veränderungen reagieren können.

Säugetiere und Vögel können ihre Körpertemperatur gleichwarm halten. Wechselwarme Tiere müssen Wärme aus der Umgebung aufnehmen.
→ S. 78, 90, 100

Biologie verstehen mit Basiskonzepten

Stoff- und Energieumwandlung

Alle Lebewesen müssen Stoffe und Energie umwandeln, um zu leben.

In den Blättern der Pflanzen werden Licht, Wasser und Kohlenstoffdioxid in energiereichen Zucker umgewandelt.

Die mit der Nahrung aufgenommenen Stoffe werden im Körper umgewandelt.
→ S. 113, 114, 196, 202

System

Jedes Lebewesen bildet einen Organismus, in dem mehrere Organe zusammenwirken. Der Organismus stellt ein System dar.

Die Organe des Menschen spielen zusammen: Bei Bewegungen sind Muskeln, Knochen und Gelenke, aber auch das Gehirn und die Sinnesorgane beteiligt.
→ S. 196, 210, 212, 222

Funktionsteilung

Bei allen Lebewesen sind verschiedene Bereiche des Körpers für unterschiedliche Aufgaben (Funktionen) „zuständig". Die Bereiche teilen sich also die Funktionen des gesamten Körpers.

Das Skelett gibt dem Körper Stabilität, für die Bewegung des Körpers sind die Muskeln zuständig.
→ S. 210, 212